卓越学术文库 ■■

清至民初卫河流域水灾与人地关系研究

QING ZHI MINCHU WEIHE LIUYU SHUIZAI YU RENDI GUANXI YANJIU

河南省高等学校哲学社会科学优秀著作资助项目

孟祥晓 著

U0339233

郑州大学出版社

郑 州

图书在版编目(CIP)数据

清至民初卫河流域水灾与人地关系研究/孟祥晓著. —郑州:郑州大学出版社,2019.12
(卓越学术文库)
ISBN 978-7-5645-6810-8

Ⅰ.①清…　Ⅱ.①孟…　Ⅲ.①水灾-人地关系-研究-华北地区-近代
Ⅳ.①P426.616②K922

中国版本图书馆 CIP 数据核字(2019)第 233172 号

郑州大学出版社出版发行
郑州市大学路 40 号　　　　　　　邮政编码:450052
出版人:孙保营　　　　　　　　　　发行电话:0371-66966070
全国新华书店经销
河南龙华印务有限公司印制
开本:710 mm×1 010 mm　1/16
印张:20.25
字数:388 千字
版次:2019 年 12 月第 1 版　　　　印次:2019 年 12 月第 1 次印刷

书号:ISBN 978-7-5645-6810-8　　　定价:96.00 元
本书如有印装质量问题,请向本社调换

序 言(一)

　　《清至民初卫河流域水灾与人地关系研究》，原本是一篇博士学位论文。论文现经作者修改后即将正式出版成书，这对学术界及相关部门更便利地了解、评论、借鉴论文的研究成果更加有助益。说到今天历史地理学研究的发展趋势，我觉得在空间、时间以及涉及的学科领域，都有了新的变化。具体来说就是：过去不太受关注的区域开始进入研究者的视野；研究涉及的时间段向近现代延伸；研究的领域不再单一，而是呈跨学科态势。这三个变化趋势，在这本书中都得到了充分的体现。

　　先看研究涉及的区域。卫河流域与黄河、长江、淮河等大流域相比，在等级上显然不可同日而语，因而过去很长一段时间，卫河流域不大被人重视。但是作者却看重了卫河流域开发历史悠久、人口众多、聚落密集、区域相对自成体系、以往研究成果较少等特点，决心选择卫河流域为研究区域，用心用力，长年积累，终于发前人所未发，取得了填补学术研究空白的高水平成果。

　　再看研究涉及的时间。作者将研究的时间段放在了清朝至民国初年，除去考虑时段距离今天较近，各类史料比较丰富，环境变迁不太过剧烈，可供研究比照的样本较多之外，恐怕还有更深层次的原因。统计证明，近500年来我国中原地区气候变迁特点是：16—17世纪旱灾多于涝灾；18—19世纪涝灾多于旱灾。由此看来，清朝至民国初年，正是处于旱涝交替的"多事之秋"。如果再从社会角度考虑，此时社会发展也正值大变动时期。截取这样一个时间段进行研究，对于充分揭示各个矛盾点的内部结构及运动规律，无疑是大有好处的。

　　最后看研究涉及的学科领域。作者以卫河流域水灾为切入点，下功夫收集了大量史料，考订了不少史实。但是作者决不是把研究领域仅仅局限在河流水灾史实的罗列上，而是将历史自然地理与历史社会地理两个领域结合起来，以人地关系、人地互动为基础，着力把握水灾所引发的人地关系危机的各个矛盾点。详细分析诸如卫河流域水灾最主要的社会原因、社会应对水灾的措施、水灾对聚落的影响、水灾引起的社会矛盾、水灾对流域内人民群众生活方式和社会风俗的影响等重大问题。这种跨学科领域的研究,对于复原当时卫河流域自然与社会的整体面貌起到了很好的作用,大大提高了此项研究的学术价值。

总之,作者在选题及对课题研究进行整体设计时是动了一番脑筋的。在充分继承中国历史地理学优良传统的基础上,作者更注重了现代科学研究思维的运用,力求使研究成果学术价值更高,实际借鉴意义更大。摆在我们面前的这部著作,已经生动地证明了作者达到了他追求的目标。

除了上述这些宏观上的创新之外,本书还有许多可圈可点之处,下面举三例为证。

其一,善于收集驾驭史料。考证史实是中国历史地理研究者的基本功。考证史实的前提,是要掌握和鉴别浩如烟海的史料。我注意到,作者收集史料的眼光十分广阔,举凡正史、档案、地方志、前人论著、文集、报刊及碑刻资料,均在作者掌握之中。非但如此,作者驾驭史料的功力也很深厚。比如说,本书对地方志资料的运用就是明显例证。搞历史地理研究的同仁都知道,运用明清地方志资料要十分小心,它既是一座各类资料的富矿,又有诸如追述前代史实多有舛误、张冠李戴、修纂失例等许多通病。从书中可以看出,作者运用方志资料是十分得当的,并且总结出了三种方法,即:尽可能使用相对来说时间较早的方志;高度关注方志中的杂记;利用正史和其他史籍与方志中的记载互证等,从而既大量挖掘使用了地方志中的宝贵史料,又避免了被地方志中不实史料带入歧途的误区。

其二,研究问题的技术路线设计得当。这一点关系到研究的结论是否科学,进而影响整项研究课题的质量。作者在这方面成功的例子不少,这里仅举其中一例。本书的研究内容决定了,搞清楚漳河南路河道的变迁(此河道汇入卫河),对于梳理卫河流域水灾发生的规律是很重要的。但恰恰是这一点,由于漳河南路河道变迁频繁,彻底搞清楚是很难做到的。面对这个难题,作者设计了正确地解决问题的技术路线。漳河南路河道不论怎样变化摆动,其入卫的河口变化是清晰的。从这一点入手,再由此上溯,找出合理的河道就比较容易了。按照这个思路,作者居然在纷乱矛盾的史料中成功考订出漳河南路的4条主要河道,并总结出漳河南路变迁的规律和特点,从而为完成整个课题研究打下了坚实的基础。

其三,研究问题运用辩证思维。也举两个例子予以说明。比如,作者在描述灾情及其社会反映时,运用了综合统计和个案举证相结合的方法。综合统计为的是说明概貌,个案举例则不同,个案举证需要研究者认真选择最典型的事例,对自己的观点予以说明。在这本书中,个案举证最精彩之处,莫过于水灾对魏县县城影响的论述。清代魏县城位于当时大名府的西境，地处漳、卫二水所形成的三角区域内，每至夏秋汛期洪水暴发，县城经常受到洪水威胁。在清乾隆二十年（1755）、二十一年（1756）、二十二年（1757）连续三年洪水冲城之后，清廷无奈，只得将魏县撤销，将其地省入大名、元城两县。这种结果给当地的行政运作和民众生活都带来了极大的不便，对当地社会造成了极大的负面影响。作者点面结合的辩证思维及研究方法，使读者既获取了面上的信息，又得到了典型事例的强烈印象，从而大大加深了读者对本书所揭示的人地关系的理解。

又比如，水灾对当地农业的影响，本书也不是一概而论。在历数了水灾毁坏农田、冲毁城镇、造成土地沙化和人口锐减等恶果的同时，作者注意到了问题的另一面，指出在具备一定条件的地方，水灾过后淤积的泥土反而具有改良当地土壤的功效。其中的临漳县，由于地理位置特殊，这一段漳河被当地人称为"富漳"，漳河决口之后，人们往往不愿去堵塞，因为洪水过后第二年，淤积的泥土肥力很高，往往可致小麦丰收。故当地有"一水一麦"，"一麦抵三秋"之说。作者经过认真分析，得出了洪水既有对大部分地区沿岸土壤沙化、盐碱化的负面作用，也有对个别地方农田淤肥增产的正面作用的结论。当然，作者也指出，正面作用只是少数现象，不能因小利而忽视了河流水灾的大患。

总而言之，《清至民初卫河流域水灾与人地关系研究》是一本选题新颖，学术价值和实际借鉴价值都很高的好书。作者能取得这样丰硕的成果，除去"乡梓情怀"之外，恐怕与多年持续的学术追求有关。作者还很年轻，学术研究的道路还很长，真心希望作者能以这本书的研究成果为节点，再接再厉，向着新的学术目标迈进。

靳润成
二〇一八年十二月六日于摭言斋

序 言（二）

　　中国是文明古国，起源于农业的中华文明源远流长。作为一个农业大国，同时又是一个灾害多发的国家，灾害直接影响农业经济的发展及政府的经济命脉，是故灾害史研究很早就被学界关注，成为史学研究的热点问题之一。同时，灾害又是人地关系的一种体现，不同地区人类活动方式、自然社会环境不同，灾害发生的特点、影响的范围、程度与方式亦有很大区别，所以，区域灾害史的研究就显得很有必要。要研究区域灾害史，就要选择一个合适的区域，即要考虑该区域的代表性与典型性，又要兼顾文献资料的丰富程度，卫河流域的情况正是如此。可见，作者的这本《清至民初卫河流域水灾与人地关系研究》学术成果可谓高瞻远瞩、独具匠心。

　　首先，选题有很强的理论和实践意义。卫河流域系中华文明的发祥地之一，著名的安阳殷墟即位于此。卫河流经古卫国之地，《诗经》中有《卫风》一章，《诗经·卫风·氓》云"淇水汤汤，渐车帷裳"，描述了今卫河支流淇河的风貌。早期的卫河(新乡至淇县段)因"历涧飞流，清泠洞观"而称"清水"。隋朝炀帝开通大运河，将卫河纳入运河系统而成永济渠，宋元时期卫河被称为"御河"，明清以后仍承担着河南漕运及京杭运河水源补给的重任。历史时期的卫河，不仅在沟通南北交流、左右王朝兴衰等方面关系重大，对沿岸区域的社会、政治、经济、文化等方面亦影响深远。今卫河流经河南北部、河北南部及山东西北部，至山东临清入运河，是海河水系的重要支流，横跨河南、河北、山东、天津四省市，是重要的农业产粮区，地位依然重要。在这样一个重要而学界较少关注的区域，祥晓博士的此著有机地将二者结合起来，即为灾害史内容，但又非单纯的灾害史研究，而是以水灾为切入点，将灾害史与流域史融合起来，试图在清至民初这个社会变动剧烈的时代，探究卫河流域水灾与社会之间的互动关系，这是他选题眼界的高瞻与独到之处。

　　其次，多学科交叉方法的运用。作者综合运用历史学、历史地理学、社会学、考古学等多学科交叉的方法，具体运用个案分析、定性分析与定量分析、历史文献对比分析、图表分析、田野调查等方法，全面考察清至民初卫河流域自然社会环境下的水灾特点、人类如何应对水灾、水灾与河道变迁、水灾与农业发展、水灾与城镇村落的变迁、水灾与地方社会的生产方式与生活习俗等内容,为我们展示了水灾与人类社会互相影响的立体图景。在严密分析论证的基础上指出,一方面,人类的活动必然影响自然环境的改变;另一方面,环境的改变又反作用于人类社会,制约人类社会的发展。视野开阔,逻辑性强,展现了作者深厚的功力。

再次,引用资料丰富翔实,论证严谨。作者资料收集十分广泛,不仅采用正史等文献,更大量运用地方志、碑刻、考古资料以及档案奏折、报纸等,弥补正史资料之不足,说明作者下了很大功夫。在此基础上,按照"发生水灾—人类应对—水灾对人类社会的影响"之逻辑关系,层层论述,在比较完整的区域、时段内建立了水灾与人类活动和社会变迁即人地关系变化的一个模式,综合研究了水灾对自然及社会诸方面的影响,以及人类活动对水灾的反作用。通过对这个人地关系系统的研究,一方面可以体现历史时期人类治理水患的成就与成果,另一方面我们也要看到,不当的人类活动又会导致水患的频繁发生,从而对自然及社会产生更为严重的影响。

最后,对问题的论证有理有据,条理清晰,观点鲜明,结论有借鉴与启发性。具体来说,本著中作者的创见包括(但不限于)以下几点:①清至民初时期,随着卫河流域地区人口的增加,平原、山区的开发加速发展,上游太行山区植被的破坏,造成卫河流域水灾多发,并呈现出一定的特点和规律。这种特点与卫河流域的自然条件有相当大的关系,同时亦有不可忽视的人为因素。②水灾的多发,造成卫河干流及支流河道发生变迁,漳河夺洹入卫、卫河干流逐渐东移南压、支流多在北岸入卫等因素共同作用影响河道变迁。③水灾影响城镇村落的兴衰,甚至导致行政区划的改变。④面对环境变动造成的不利影响,人们并非无所作为,而是因地制宜,自救图存,总结出了许多值得借鉴的经验与方法,这是人类与自然斗争的结果,也是水灾背景下人地关系的重要方面。⑤在一些具体内容上有开创之力。如清至民初时期卫河干流及其主要支流的变迁情况,作者的研究尚属首次。同时也纠正了一些前人研究中的偏颇看法与认识,比如对环境变动导致行政区划调整时的"县域归并""人与水争地为利"等观点进行了辨析等。

总之,本著的出版不仅有利于加强卫河相关内容的研究,推动区域史、生态环境史等研究领域的进一步深化,亦可为今天农业减灾避灾,如何处理人与自然、经济发展与社会变迁之关系提供借鉴与参考。这是对习近平主席加强运河文化研究要求的响应,更是对 2018 年 10 月 10 日中央财经委员会第三次会议上,习主席要求高度重视自然灾害防治指示的践行,具有很强的学术价值和现实意义。

听闻祥晓的本著入选 2019 年度河南省高等学校优秀著作出版资助,我很是高兴,这是对他多年辛勤努力、不懈追求的肯定,更是对他学术水准的认可,所以,我乐意应邀在本著出版之际,谈以上几点看法,权作对本著的评介与推荐。亦希望他能再接再厉,在学术的道路上勇攀新的高峰,取得更大的成绩。

　　是为序。

袁祖亮

2018 年 12 月 18 日于郑州

目录

一、选题原因及意义

（一）卫河的重要地位及个人的历史责任感

卫河是流经河南北部、河北南部及山东西北部的一条重要河流,系天然河流,是海河五大支流之一,全长900余公里,跨河南、山东、河北、天津四省市。卫河流域是中华民族的发祥地之一。早在远古时代,我们的祖先就在这里繁衍生息,并创造出光辉灿烂的文化。4000多年前,大禹就在这里留下治水的足迹。春秋战国时,西门豹兴建引漳十二渠治邺,使当地富足殷实。诗歌总集《诗经》中专门有《卫风》一章,记载卫国风土人情。《诗经·卫风·氓》就有"淇水汤汤,渐车帷裳"之句,足见当时淇卫水势之盛。

隋朝以前,新乡市境内至淇县段的卫河称为清水,因其"历涧飞流,清泠洞观"①而得"清水"之名。隋炀帝杨广于公元605—610年兴修大运河,以洛阳为中心,北通涿郡(今北京)南到余杭(今杭州),全长2000多公里,包括永济渠、通济渠、邗沟、江南河四部分,清水在汲县(今卫辉市)城西被连入其中,遂成永济渠的一部分。据新乡市《水利志》记载:当时引沁河水在武陟东岗头村分水,一股入黄河,一股入沁水泛道,沿东孟姜女河旧道东北去,经获嘉县(王井村)、新乡县(刘八庄、张堤村)、延津县(西马村)。在卫辉城西流入新乡方向来的清水,再向东北到淇县出境。② 后来,沁水断流,永济渠

① 郦道元注,杨守敬、熊会贞疏,段熙仲点校,陈桥驿复校:《水经注疏》卷9,江苏古籍出版社1989年版,第799页。

② 道光《修武县志》卷2,《舆地志·山川》,道光二十年刻本,第33页。新乡市水利局编:《新乡水利志》引有相同内容,黄河水利出版社2005年版。

源头只有清水，又因清水和永济渠海河以南段所经之地，大多在古卫国范围内，故此段又称卫河，清水之名逐渐被人遗忘。宋元时期称为御河，发挥过非常重要的作用。明代卫河的作用，虽然不能与宋元时期的御河相提并论，但也不可低估。[①] 清至民国时期，随着运河漕运的衰落，卫河的地位亦有所下降，但卫河的航运却一直没有间断，直到 20 世纪 60 年代才因水源枯竭等原因而停运。卫河畅流对于沿岸各地的经济发展起到了巨大的促进作用。同时，卫河的水灾也给两岸居民带来无尽的灾难。

然而，这样一条重要的河流，在以往的研究中却鲜有人给予足够关注。2010 年 8 月，甘肃舟曲特大水灾引发泥石流灾害，造成了巨大的生命财产损失，这给我们敲响了关注中小河流的警钟，也使我更坚定了关注中小河流流域水灾与生态环境问题的信心和决心。卫河就是一条中小河流，该流域内的生态环境同样应该受到重视。2016 年 7 月 9 日新乡特大暴雨，12 小时内降雨量高达 404 毫米，为新乡有气象记录以来最大降雨量。据新乡市民政部门初步统计，截至 9 日 18:55，灾害已造成约 32.9 万人受灾，转移安置近 2000 人，其中分散安置 1599 人，集中安置 330 人，农作物受灾面积 21 974.86 公顷，其中成灾面积 8 435.43 公顷，绝收面积 493 公顷，倒塌房屋 80 户 187 间，严重损坏房屋 8 户 24 间，一般损坏房屋 623 户 404 间，直接经济损失 23 071.05 万元，其中农业经济损失 18 601.9 万元，工矿企业损失 1 051.3 万元，基础设施损失 408 万元，家庭财产损失 3 047.85 万元。[②] 所以，历史的使命感促使我去关注、研究其在历史时期的人地关系，探索人与自然和谐相处的方法与途径，以期能从中汲取经验和教训，建设我们的美好家园，也为当今卫河的治理提供一些参考，使历史研究能够"有用于世"。

（二）卫河流域是一个相对完整的独立区域

邹逸麟先生曾经说过："研究当今环境问题，或想在制定保护措施和政策上，有科学的依据，就有必要对我国环境变迁的历史背景作比较深入的了解，对我国环境变化和人类活动之间的互动关系有较深刻的研究，而这种研究又必须从区域研究入手。"[③]鲁西奇先生也曾经说过："'区域'是地理学的基本范畴，地理学考察的主要特征在于其区域性。历史地理研究中区域的

---

① 孟祥晓：《明代卫河的地位及作用》，《中国水利》，2010 年 16 期，第 66-67 页。
② 《河南商报》，2016 年 7 月 10 日。
③ 冯贤亮：《太湖平原的环境刻画与城乡变迁（1368—1912）·序》，上海人民出版社 2008 年版，第 1 页。

划分与设定应遵循自然性、历史性、完整性与现实性相结合的原则。"①鉴于此,我们选取卫河流域作为研究区域:

首先,从卫河上源的辉县至临清,是一个相对独立完整的区域,"水灾一条线,旱灾一大片"的特点表明,水灾本身的发生是按照河流水道的分布状况呈线状分布,它对经济与社会生活的危害往往也具有线状特点。所以,对它的研究,能够反映出卫河流域的区域特征。同时也有利于探讨这一长期不被专家学者注意的区域之历史发展进程,从而充实并完善与该地相关的区域史研究内容。随着环境史学的兴起,对某一流域范围内环境变迁尤其是环境内部诸要素之间的相互关系以及自然与人类活动的相互影响和制约进行深入的探讨具有很强的现实意义和学术价值。

其次,卫河在临清与运河交汇后,继续下流至天津注海河入海。虽然临清以下河段为卫运共用河道,但因明清时期的运河关系重大,故其相关问题的研究很早就被学界前辈关注,并取得了丰硕的成果。如果截取整个卫河河段,势必会牵涉运河。在明清"保漕护运"原则的制约下,运河的一些情况又与黄河息息相关,这样就容易把卫河流域的人地关系淹没在运河及黄河的大背景中,从而无法反映卫河流域水灾情况与人类活动的关系以及水灾对社会各方面的影响。

(三)水灾与社会互动的典型性及以往研究的欠缺

我国自古就是一个多灾的国家。自然灾害对于人类社会有着巨大的危害,最主要的是人员伤亡和财产损失,其破坏形式有多种表现,或压杀人畜,或倒塌房屋,或农业歉收、无收,或工业停滞,或吞噬村庄,或毁灭城市,不一而足。从长期的历史观察,自然灾害所危及的范围往往超出自然灾害的本身,对于整个社会的政治、经济、文化、科学等各个方面都有深刻的影响,严重地影响着社会生活、社会生产和社会进步。然而人类"吃一堑长一智",严酷的自然灾害又促使人类保持头脑的清醒,加强防御,改进措施,研求对策,因而自然灾害在一定程度上又反促社会的发展与进步。

在诸多的灾害中,水旱灾害是最常发生,也是最为严重的两种灾害。水灾又称"水患",是因久雨暴雨、山洪暴发或河水泛滥等,使人民生命财产、农作物等遭受破坏或损失的灾害。它给人类带来的危害往往是瞬间性的,它能在很短的时间内给灾区人民以致命的打击。② 在古籍文献中,通常都把禹

---

① 鲁西奇:《历史地理研究中的"区域"问题》,《武汉大学学报》(哲学社会科学版),1996 年第 6 期,第 81 页。

② 苏新留:《民国时期河南水旱灾害与乡村社会》,黄河水利出版社 2004 年版,第 33 页。

治的大水称为洪水,《孟子·滕文公下》云:"昔者禹抑洪水而天下平。"后人则把江河泛滥等凡能酿成灾害的大水都称为洪水。在历史时期,面对洪水的威胁,人类为了生存与发展,采取了许多治水措施积极应对,这是人类对地理环境施加影响的一种体现。这些措施如果不当,则会造成更大更频繁的水灾发生。同时,洪水也对人类生存环境产生严重的制约,它能冲刷土壤,冲走作物,又能使作物遭受泥沙覆盖或被水淹没。洪害过后由于积水,还能造成涝害及渍害,对农业生产影响很大。① 更为重要的是,洪水对于河流沿岸的城镇来说,更是影响至深,除了上述可能的损失外,甚至在水患的威逼下不得不迁城另建新址,从而给国家的统治管理以及当地百姓的日常生活带来诸多麻烦和不便。通过对生产力的影响,进而影响着人类社会的上层建筑。②

笔者选择以水灾为切入点,正是基于上述目的之考虑。正因为无论是对自然环境、人类生活还是社会的动荡与稳定,水灾均会产生巨大而深远的影响。故在水灾与人类活动的互动中,如何做到人与自然的和谐共处是非常值得研究的问题,且对今天建设生态文明与和谐社会目标亦有很强的现实意义。

传统的灾荒史研究虽然不在少数,但大多从整体或一个较大的范围予以研究。中国面积广大,不同地域有不同的灾害特点,即使相同的灾害对不同地区造成的影响亦有很大差异。因此,区域性灾荒研究便显得重要起来。况且,大多研究缺乏"人文化倾向",对此,夏明方先生指出:"历史学家的长期缺场以及由此造成的灾害史研究的自然科学取向乃至某种'非人文化倾向',已严重制约了中国灾害史乃至环境史研究的进一步发展。"③为此,笔者将研究范围限定在卫河流域,从灾害史、环境史、社会史的契合点入手,尽可能深入细致地探讨水灾这一灾害与社会诸因素之间的复杂关系,试图"揭示出有关社会历史发展的一些本质内容来"④,从而充实区域史、流域史等研究内容,推动卫河流域相关研究走向深入。

总之,研究卫河流域的水灾及其影响,不仅具有学术价值,而且有助于认识该流域水灾的特点、规律以及历史时期人与自然的互动关系,这对今天

---

① 孟昭华:《中国灾荒史记》,中国社会出版社 1999 年版,第 4-5 页。

② 王恩涌:《关于"人地关系"的发展与认识》,《人文地理》,1991 年第 3 期,第 1-7 页。

③ 夏明方:《中国灾害史研究的非人文化倾向》,《史学月刊》,2004 年第 3 期,第 16 页。

④ 李文海,林敦奎,周源,宫明:《近代中国灾荒纪年·前言》,湖南教育出版社 1990 年版。

如何建立人与自然的和谐社会以及防灾、减灾、救灾工作,促进该流域社会经济的协调发展,都有重要的指导意义和价值。

二、研究对象的时空界定

(一)卫河流域的界定

通常所称的卫河,指的是新乡县西合河村到河北馆陶的秤钩湾一段,长约347公里。合河村以西的上段称运粮河(亦名小丹河,今称大沙河)。[①] 据《明史》记载:卫河源出河南辉县苏门山百门泉。经新乡、汲县而东,至畿南浚县境,淇水入焉,谓之白沟,亦曰宿胥渎。宋、元时名曰御河。由内黄东出,至山东馆陶西,漳水合焉。东北至临清,与会通河合。[②] 本书所指的卫河即是指从其发源到临清与会通河交汇止这一段。主要的支流有:淇河、汤河、洹河、漳河等。其中以漳河最大。因为漳河在清代以南流为主,所以自临漳以下多南北摆动而注入卫河,有时甚至夺洹入卫,给卫河及附近地区造成很大影响,加重了当地水灾的发生。考虑到这种原因,所以本书将临漳以下的漳河区域亦包括在内。故此,按现今行政区划,本书所指的卫河流域主要包括:现属河南省的修武、获嘉、新乡、辉县、汲县、淇县、滑县、浚县、林县、汤阴、安阳、内黄、清丰、南乐;现属河北省的临漳、魏县、大名、元城、馆陶和现属山东的冠县和临清(清顺治初年为山东东昌府所辖冠县、馆陶和临清州。[③] 乾隆三十八年,临清州升为临清直隶州[④],邱县、夏津、武城三县往属,领州一县九。)需要指出的是,清至民国时期,也有一些县发生过合并或分离,或归属有所变化,比如,魏县在乾隆年间曾合并入大名和元城县;雍正三年,内黄县往属河南省之彰德府,浚、滑二县往属河南省之卫辉府等。[⑤] 虽然个别县的政区或隶属稍有变化,但总体来说不是很大,基本上仍是现今的区域范围。

① 新乡县史志编纂委员会编:《新乡县志》,生活·读书·新知三联书店1991年版,第55页。

② 张廷玉:《明史》卷87,《河渠五》,中华书局1974年版,第2128页。

③ 嘉庆《东昌府志》卷1,《沿革》,嘉庆十三年刻本,第6页。

④ 嘉庆《东昌府志》卷1,嘉庆十三年刻本,第6页,《沿革》记载"临清升直隶州在乾隆三十八"。民国《山东通志》卷12,《沿革》载系乾隆三十九年临清升直隶州,山东通志刊印局,民国四—七年铅印本,第2页。民国《临清县志》,《大事记》为"乾隆四十一年升临清州为直隶州",民国二十三年铅印本;嘉庆《一统志》,《东昌府一》亦为乾隆四十一年,第1页。《清史稿》卷61,《地理志八》亦为乾隆四十一年,第2045页。互有不同,另文待考。

⑤ 清《世宗实录》卷33,中华书局1986年影印本,第508页。

（二）研究的时间范围

本书时间断限为清至民初（1644—1927），之所以选取这一段时间主要有三点考虑：其一，因为中央救灾防灾措施的实践效果和国家的政治经济状况是密切相关的。清代前期以其开明统治和雄厚的经济实力为保障的救灾实践是积极而卓有成效的。特别是乾隆时期，更是中国封建社会达到的一个顶峰。而清代中后期以后，随着清政府政治经济形势的日渐衰落，加以社会动荡不安，救灾防灾的措施和实践效果也与前期有了很大的不同。尤其是由清末到民初的朝代更替时期，社会的变化对卫河水灾有哪些影响？这些变化对流域内的自然环境、政治、经济及社会各方面产生了怎样的影响？政府及社会对于灾害的治理与盛世时期又有何不同？等等。弄清这些，对于卫河流域的治理及处理好社会转型时期人与自然的和谐关系都有一定的借鉴意义。其二，资料的丰富性也是本书时间断限的重要原因。清以来的各种典籍、档案、地方志、文人文集等存量和记载都很丰富，为本书的研究提供了坚实的基础。其三，清以来的时间去今不远，自然环境等条件的变化不是很大，故选择该时段有助于从历史研究中吸取经验教训，对今天的减灾防灾及如何处理人地关系、保持社会和谐发展的借鉴意义更大。所以，我们把时间的下限定为1927年。当然，在论述某些具体问题时，出于完整性考虑，时间断限或会有所突破。

（三）水灾的概念

按照全国重大自然灾害综合组的定义，"水灾一般是指河流泛滥而淹没土地、农田所引起的灾害。涝灾则指的是因长期大雨或暴雨而产生大量的积水和径流，淹没了低洼的土地所造成的溃水或内涝灾害。由于水灾和涝灾往往同时发生，有时难以辨别，所以常统称为洪涝。由于水涝常与异常大量的降水密不可分，故又常称为雨涝"①。在历史典籍中，由于史料记载洪水、雨涝往往不分，为了叙述和理解的方便，我们将在所定卫河流域内，因降雨或其他因素所导致的地表径流河槽不能容纳，洼地积水不能及时排出而泛滥所形成的灾害统归为水灾。对于灾情的等级划分，笔者采用普遍为大家接受的分级方法，即《海河流域历代自然灾害史料》等论著中所采用的五级标准法。

  1级——持续时间长而强度大的降水、洪涝灾害严重。典型描

---

① 国家科委全国重大自然灾害综合研究组编：《中国重大自然灾害及减灾对策（分论）》，科学出版社1993年版，第120-121页。

述如"春夏大雨溺死人畜无算""夏秋大水禾苗涌流""大雨连日""陆地行舟",数县"大水""漂没田庐""春夏霖雨""大水大饥"以及"淫雨不止"等。

2级——单月、单季成灾不重的持续降水。典型描述如局地"大水""春霖雨伤禾""秋大水""四月大水,饥""大水害稼""六月大水注"以及"春旱秋大雨"等。

3级——年成丰稔,无大旱、大涝。典型描述如"大有年""大稔""秋有""虫不害稼""春旱夏雨水"以及"春大饥,秋大有"等。

4级——单月、单季干旱成灾,但灾情不重。典型描述如"春旱""秋旱""旱蝗""旱饥"以及"风暴"等。

5级——持续数月干旱或跨季度干旱,灾情严重。典型描述如"春夏旱,赤地千里,人相食""春秋旱禾尽大槁""夏亢旱饥""河涸""井泉竭"以及"大旱饥"等。①

三、研究理论及方法

所谓历史地理学,史念海先生说过,简而言之,就是研究历史时期内的人地关系。英国著名历史地理学者 H. C. 达比在 20 世纪 50 年代发表的《论地理与历史的关系》中谈道:"历史地理学的材料是历史的,研究方法是地理的","在把地理变成历史的方式是一个过程,地理就是历史地理,或者是潜在的历史地理。"②要充分认识自然环境变化的规律,我们就必须上溯历史,在一定的时期内,将自然环境的变迁与长时期的历史阶段联系起来,建立长时段的环境因素变化的序列,这在历史气候学研究中最突出。竺可桢先生《中国近五千年来气候变迁的初步研究》就是这方面的典范,这体现了历史地理学研究的必要性、现实性。而研究全球环境变化及人类活动对环境的影响亦是当今国际上地理学的主要研究课题之一③,同时也是历史地理学研究的主要内容。

正因为本书的研究内容是以灾害为切入点的历史地理范畴,所以,研究理论必然以历史地理有关理论为指导。在历史地理学有关理论的指导下,

① 河北省旱涝预报课题组编:《海河流域历代自然灾害史料·说明》,气象出版社1985 年版。

② [英]H·C·达比:《论地理与历史的关系》,姜道章译,载《历史地理》第十三辑,上海人民出版社 1996 年版。

③ 吴传钧:《国际地理学发展趋势述要》,《地理研究》,1990 年第 3 期,第 10 页。

在比较完整的区域、时段内建立了水灾与人类活动及社会变迁即人地关系变化的一个模式,综合研究了水灾对自然及社会诸方面的影响,以及人类活动对水灾的反作用。通过对这个人地关系系统的研究,一方面可以体现历史时期人类治理水患的成就与成果。另一方面从中我们也要看到,不当的人类活动又会导致水患的频繁发生,从而对自然及社会产生更为严重的影响。恩格斯在《自然辩证法》一书中告诉我们:"不要过分陶醉于我们对自然界的胜利。对于每一项这样的胜利,自然界都报复了我们。每一次胜利,在第一步都确实取得了我们预期的结果,但是在第二步和第三步却有了完全不同的、出乎意料的影响,常常把第一个结果又取消了。"所以,为避免这种情况的发生,我们应该充分综合考虑某一地区的实际情况,正确处理人地关系,在水患发生前,及时采取措施,防患于未然。在水患发生后,正确运用自然规律,对水灾进行疏治,从而达到人与自然的和谐发展。

本书的史料来源主要包括正史、档案资料、地方志、各类论著、文人文集、报刊资料、碑刻、文史资料等。关于方志在历史研究中的价值,历来有所争论,这亦可以从谭其骧先生《地方史志不可偏废,旧志资料不可轻信》一文中得到很好的说明。谭先生说:"(地方志)是我国特有的巨大的文献宝库。这些方志中包含着大量可贵的史料,给我们今天进行社会科学和自然科学的研究,提供了重要资料。"谭先生同时指出,地方志的资料,"关键在于我们如何利用,如何通过分析、比较、核对,确定哪些是第一手的资料,哪些是可靠的资料,哪些是可以利用的资料"。

地方志的特点主要有以下几点:首先,地方志以记叙现状为主。其次,地方志的记载内容兼顾自然、社会,二者并重。他还强调现代方志的编纂"应将当地的地形、气候、水文、地质、土壤、植被、动物、矿产等各方面都科学地记载下来"。最后,则是地方志的内容主要依靠调查采访获得。① 这种当朝人记当朝事的方志体例对自然环境变迁的研究是十分宝贵的。但问题是历代方志修纂的水平是参差不齐的。这主要表现在两个方面:一是修志人的水平高低不齐,方志质量就有问题。谭先生就此在文中举例说明了这点。二是修志态度不一,认真的能比较客观地反映真实情况,但修纂者不乏马马虎虎者,更有甚者是照抄前志,有的全文照抄,使记录内容失效,有的抄一部分并与后补的志混在一起,更增加了后人读志的难度。笔者在按时间顺序查阅历代各地方志时就经常碰到这类问题。②

---

① 谭其骧:《长水集续集》,人民出版社 1994 年版,第 256–268 页。

② 韩昭庆:《黄淮关系及其演变过程研究——黄河长期夺淮期间淮北平原湖泊、水系的变迁和背景》,复旦大学出版社 1999 年版,第 6 页。

但方志中存在问题,并不是说方志不能用,只要处理得当,方志仍不失为很好的史料。本书在对待方志史料时注意了以下几点。

其一,尽量用早期方志。

其二,留意方志中收录的时人记时事的杂记,这里找到的史料往往是第一手材料,可靠性强。

其三,多用方志中地方官本人记载当地水利的内容,因为地方官对本地自然状况最了解,尤其是水利事业,因此从地方官处获得的是最直接的第一手资料。

其四,依靠相关史料进行补充或论证。

其五,民国时期的情况主要采用 20 世纪 80 年代后新修方志,民国时期的方志作为参考和补充。

在研究方法上,历史地理学研究采取的手段很多,本书则主要采用历史文献对比分析的方法、图表分析法、实地考察法以及对比研究法等。突出运用历代史料层叠对比,找出不同点的方式,以期达到接近现实之目的。

四、有关研究概述

灾害对社会经济的发展是一巨大障碍,尤其是对乡村、城镇的经济发展起着相当大的制约作用。然而之前学术界却缺乏相关的专门研究。灾荒史的开创之作是 20 世纪 30 年代邓云特(即邓拓)的《中国救荒史》,就中国历史上的救荒情况做了总体论述,对社会应对灾害的情况有一个宏阔的把握。① 此后直到 20 世纪 80 年代以后,才陆续出现一些研究成果。

首先是一批资料整理的汇编。主要有:中央气象局编的《中国近五百年旱涝分布图集》②,该书利用地方志等资料,按不同的标准把旱涝分为五个等级,在全国选择了 120 个站点,首次勾勒出近 500 年中国旱涝变化的主要特征和历年旱涝的基本情况。夏明方先生称其"具有重大的学术意义和经济价值"③。《华北、东北近五百年旱涝史料》④与《海河流域历代自然灾害史料》⑤,它们都对海河流域的许多地区近五百年来的旱涝等级进行了逐年的分析和判断。无论是从研究方法来看还是从研究结论而言,两种成果也都

① 邓云特:《中国救荒史》,商务印书馆 1937 年版,第 61 页。

② 中国气象局编:《中国近五百年旱涝分布图集》,地图出版社 1981 年版。

③ 夏明方:《民国时期自然灾害与乡村社会》,中华书局 2000 年版,第 11 页。

④ 《华北、东北近五百年旱涝史料》,中央气象局研究所 1975 年版。

⑤ 河北省旱涝预报课题组编:《海河流域历代自然灾害史料》,气象出版社 1985 年版。

具有很大的相似性。但综合而言,后者的可靠性和价值更高于前者。① 故后者这部很有参考价值的资料汇编中清至民国时期的灾害资料,为本书进行水灾研究提供了研究基础。另外还有:河南水文总站王邨、王挺梅编的《河南省历代旱涝等水文气候史料》(1982 年)以及河南省水文总站编的《河南省历代大水、大旱年表》等也有一定的参考价值。水利水电科学研究院水编的《清代海河滦河洪涝档案史料》(中华书局 1981 年版),收集了清乾隆元年至宣统三年(1736—1911)有关洪涝的档案的奏折部分,是本书研究卫河流域水灾的重要参考资料。不过,这些著作都是资料汇编性的。最早有关河南水旱灾害研究的专著是《河南水旱灾害》②,但该书作为一部区域性水旱灾害的著作,研究的重点是新中国成立后河南的水旱灾害,对于新中国成立前的则要简略得多。王邨编著的《中原地区历史旱涝气候研究和预测》③则利用中原地区考古遗址发掘的遗存、遗物和历史文献记载的旱涝史料,并通过旱涝级别的划分与同步期内实测降水资料建立关系,重建了从秦朝至今 2200 余年来具有定量性质的相当年降水量变率的连续序列,探讨了中原地区气候与旱涝关系的规律。

20 世纪 90 年代以来,随着灾害史成为研究的热点,国内相关的成果也多了起来,主要有《近代中国灾荒纪年》④,《近代中国灾荒纪年续编 1919—1949》⑤,以翔实的史料,以编年的形式对近百年中国的灾荒进行了描述,成为许多学者研究近代史的参考资料。不足之处在于只是水旱等灾害资料的罗列,没能做更深入的研究。《中国近代十大灾荒》⑥则详细叙述了十个典型的灾荒时段。夏明方先生的《民国时期自然灾害与乡村社会》,利用丰富的资料,对灾害与乡村社会的内在机制进行了深度剖析,是书以案例形式,涉及河南灾荒及其相关影响。涉及民国时期的还有:马罗立著、吴鹏飞译的《饥荒的中国》(上海民智书局 1929 年版);张水良的《中国灾荒史(1927—1937)》(厦门大学出版社 1990 年版),对国民党统治时期所发生的灾荒从灾情到灾荒的特征、灾荒形成的原因及灾荒对社会造成的危害都做了详细的论述,该书对河南区域的灾荒状况论述较为丰厚;骆承政、乐嘉祥主编的《中

---

① 石超艺:《明以来海河南系水环境变迁研究》,复旦大学博士论文,2005 年。

② 河南省水利厅水旱水灾专著编辑委员会编:《河南水旱灾害》,黄河水利出版社 1999 年版。

③ 王邨:《中原地区历史旱涝气候研究和预测》,气象出版社 1985 年版。

④ 李文海,林敦奎,周源,宫明:《近代中国灾荒纪年》,湖南教育出版社 1990 年版。

⑤ 李文海,林敦奎,程歊,宫明:《近代中国灾荒纪年续编 1919—1949》,湖南教育出版社 1993 年版。

⑥ 李文海:《中国近代十大灾荒》,上海人民出版社 1994 年版。

国大洪水》（中国书店1996年版）；胡明思、骆承政：《中国历史大洪水》（上下卷）（中国书店1988、1992年版），从自然科学立论，成为灾荒史研究的重要参考书；孟昭华的《中国灾荒史记》（中国社会出版社1999年版），较为系统地整理了包括卫河流域在内的从远古时期到1988年间的各地灾害资料；魏丕信以18世纪中期直隶地区方观承的《赈纪》为中心，研究了当时的中国政府在自然灾害期间为维持民众生产和生活所发挥的巨大作用，文献中对于"皇恩"的称颂、对赈灾成效"全活无数"的炫耀，认为都是符合历史事实的，不是空话。尽管救荒日益成为地方绅士富商的主导性事业，但官方的活动、监控与鼓励仍起着相当重要的作用①；李向军对于清朝的荒政也作了专门探讨，他认为有清一代是中国历史上荒政的集大成者，是中国古代荒政发展史上的鼎盛时期。主要表现在：统治阶级高度重视、各项救灾措施完全制度化并不断完善、救灾支出浩繁且蠲赈面广、办赈组织严密效率较高、立法严格陟黜分明等。② 蔡勤禹的博士论文《国家、社会与弱势群体——民国时期的社会救济（1929—1949）》对民国时期国民政府的社会救济措施以及社会救济制度的建立等作了较为深入的分析，指出民国社会的救济制度建立在中西方思想的基础上，已具备现代社会的制度形态，具体表现在社会救济立法、社会救济设施、社会救济思想、社会救济体制以及社会救济措施等诸多层面。③ 吴德华对民国时期灾荒论述较为系统，他将民国时期的灾荒特点归纳为四点，即灾荒连年，多灾并发，灾域广泛，东南以水灾为主，西北以旱灾为主。将灾荒的社会危害总结为灾民遍地，农业受损，城市遭劫，阶级矛盾激化。同时论述了灾荒的成因，地理、气候、统治阶级的严重剥削、战争的破坏、水利失修及生态环境恶化等因。④ 值得一提的是袁祖亮主编的《中国灾害通史》，这是一部"贯通古今，囊括主要灾种为一体的多卷本中国灾害史著作"，对我国历史上数千年来所发生的主要自然灾害的具体情况、时空分布、频次规律、涉及区域、危害程度、相互之影响及有关规律进行了探讨，且对古人的防灾理念、防灾思想、防灾措施进行了阐述等，是迄今为止较有价值的一套著作。⑤

① 魏丕信著，徐建青译：《18世纪中国的官僚制度与荒政》，江苏人民出版社2003年版。

② 李向军：《清代荒政研究》，中国农业出版社1995年版。

③ 蔡勤禹：《国家、社会与弱势群体——民国时期的社会救济（1927—1949）》，天津人民出版社2003年版。

④ 吴德华：《试论民国时期的灾荒》，《武汉大学学报》，1992年第3期，第114—118页。

⑤ 袁祖亮：《中国灾害通史》，郑州大学出版社2009年版。

除上述专著外，李文海、周源著：《灾荒与饥馑（1840—1919）》①；钱钢、耿庆国主编：《20世纪中国重灾百录》②；池子华：《中国流民史》③；朱玉湘：《中国近代农民问题与农村社会》④；苑书义、董丛林：《近代中国小农经济的变迁》⑤；何炳棣：《明初以降人口及其相关问题（1368—1953）》⑥等，这些著作或者是就近代某些大的灾荒，或者是在相关的论述中涉及卫河流域的灾害问题，即使有所涉及，也多与本书研究时段差别较大。内容方面，多数仍然是简单描述某次灾害发生后的社会状况，没有系统地剖析灾害与自然环境及社会诸方面的互动关系，更没有相关方面的专著出现。

明清时期有关荒政研究的代表性成果，还有叶依能的论文，他对清代荒政的特点、荒政措施、荒政效能等做了深入的研究⑦。此外，杨明、谷文峰、郭文佳也对清代的荒政做了不同程度的论述。⑧

与卫河流域有关的著作有：《海河史简编》编写组编的《海河史简编》⑨，从内容来看，更像是一部海河水利发展史。《漳卫南运河志》编委会编的《漳卫南运河志》⑩，该书遵循"统合古今、详今略古"的原则，突出漳卫南运河水利的特点，翔实、准确、系统、全面地记述本河道及其流域水利事业的历史和现状。《黄淮海平原历史地理》⑪一书是一部有关海河流域研究的重要著作，内容包括海河水系的形成与变迁，以及海河流域的气候、农业、人口等多个方面。石超艺的《明以来海河南系水环境变迁研究》⑫，复原了漳河、滹沱河平原河段的变迁以及宁晋泊、大陆泽的演变过程，同时分析了海河南系水环境变迁状况、原因及影响，并探讨了整治水环境的方式。但是，该文的研究范围是"今安阳河、卫河以北，卫运河、南运河以西，磁河、潴龙河以南"的地区，与本书的范围只有较小的部分重合，且研究侧重亦有很大不同。

————————————

① 李文海、周源：《灾荒与饥馑（1840—1919）》，高等教育出版社1991年版。

② 钱钢、耿庆国：《20世纪中国重灾百录》，上海人民出版社1999年版。

③ 池子华：《中国流民史》，安徽人民出版社2001年版。

④ 朱玉湘：《中国近代农民问题与农村社会》，山东大学出版社1997年版。

⑤ 苑书义、董丛林：《近代中国小农经济的变迁》，人民出版社2001年版。

⑥ 何炳棣：《明初以降人口及其相关问题》（1368—1953），三联书店2000年版。

⑦ 叶依能：《清代荒政述论》，《中国农史》，1998年第4期。

⑧ 杨明：《清朝荒政述评》，《四川师范大学学报》，1988年第3期；谷文峰、郭文佳：《清代荒政弊端初探》，《黄淮学刊》，1992年第4期。

⑨ 《海河史简编》编写组：《海河史简编》，水利水电出版社1977年版。

⑩ 《漳卫南运河志》编委会：《漳卫南运河志》，天津科学技术出版社2003年版。

⑪ 邹逸麟：《黄淮海平原历史地理》，安徽教育出版社1993年版。

⑫ 石超艺：《明以来海河南系水环境变迁研究》，复旦大学博士论文，2005年。

与卫河有关的论文主要有：谭其骧的《海河水系的形成和发展》，以丰富的史料考证了海河水系的形成过程，认为海河水系初步形成于东汉建安十一年（206 年），以后又经过发展，范围渐大，逐渐形成现在海河水系的面貌。① 张修桂的《海河流域平原水系演变的历史过程》②，在前人研究的基础上，对海河流域平原水系演变的历史过程和时间进行了论证，把这一领域研究推向一个新高度。钮仲勋的《百泉水利的历史研究——兼论卫河的水源》主要论述了卫河的形成过程及其水源问题，指出卫河是在众多自然河道的基础上，经历代不断修治而形成的。历史上百泉牵涉卫河的水源，因之产生灌溉与漕运的矛盾，虽提出过一些建议和措施，但由于历史条件的局限，有些问题难以解决，因此矛盾一直比较突出。③ 胡惠芳的《民国时期海河流域的生态环境与水患》④，认为民国时期海河流域水患频仍，原因是多方面的。其中，以太行山区森林破坏、水土流失和海河平原湖泊淤废为特征的生态环境恶化是主要原因。同时，海河流域水患频繁、堤溃河决又加剧了生态环境的恶化。刘红升的《唐宋以来海河流域水灾频繁原因分析》⑤亦认为唐宋以来，之所以海河流域灾情愈来愈重，主要是由于太行山区森林破坏引起的水土流失、淀泊淤塞所致，太行山区森林的破坏是酿成水灾的根本原因。朱汉国、王印焕的《1928—1937 年华北的旱涝灾情及成因探析》⑥，认为导致华北旱涝灾情的原因，固然与华北特殊的气候和地质有关，但人为的生态破坏和水利设施的严重不足，是其根源所在。这些文章要么着重海河水系形成的考察，要么注重灾害的原因分析及灾害的悲惨描写，对水患与社会的互动则相对欠缺。

近年来，随着 2014 年卫河滑浚段入选世界非物质文化遗产，开始有学者关注卫河的研究，如姜建设、陈隆文的《从"卫河三便"之策看卫河水运

① 谭其骧：《海河水系的形成和发展》，《历史地理》，第 4 辑。

② 张修桂：《海河流域平原水系演变的历史过程》，《历史地理》，第 11 辑。

③ 钮仲勋：《百泉水的历史研究—兼论卫河的水源》，《历史地理》创刊号。

④ 胡惠芳：《民国时期海河流域的生态环境与水患》，《海河水利》，2005 年第 2 期。

⑤ 刘红升：《唐宋以来海河流域水灾频繁原因分析》，《河北大学学报》，2002 年第 1 期。

⑥ 朱汉国：《1928—1937 年华北的旱涝灾情及成因探析》，《河北大学学报》，2003 年第 4 期。

价值》①以及陈隆文的《水源枯竭与明清卫河水运的衰落》②。周媛《河流主导的浚县古代城市发展》③主要探讨了河流因素在浚县古代城市发展过程中起了主导作用。除此之外,人类对以河流为主体及与河流相关的自然环境的因应方式也影响该区城市的发展。王维④和刘卫帅⑤则主要探讨了卫河水运与沿岸城镇的兴衰关系。郑民德、李德楠的《明清漳、卫交汇及其对区域社会的影响》⑥,论述了漳、卫两河交汇地区的变化及对农业、商业及生态环境的影响。他还以馆陶县为例,探讨了运河与馆陶的兴衰关系⑦。闫金伟⑧则探讨了引漳入卫对鲁北沿运地区的影响,认为引漳入卫保障了漕运的畅通,但也导致水灾、淤塞运道等后果。刘燕宁⑨也主要就南运河水环境变化与农业之间的关系进行了考察。胡梦飞⑩通过对清代漳河下游地区河神信仰的考察,认为沿河民众对漳河复杂的情绪和感情共同导致了河神信仰的盛行。而漕运的重要性以及临清运道对漳水的依赖是临清漳河神信仰的主要原因⑪。这些研究主要着眼于卫河水运或局部区域的相关问题,而将卫河流域作为一个整体,以水灾为视角研究该流域的人地关系仍鲜有所闻。

① 姜建设、陈隆文:《从"卫河三便"之策看卫河水运价值》,《河南科技学院学报》,2015 年第 5 期。

② 陈隆文:《水源枯竭与明清卫河水运的衰落》,《河南大学学报(社会科学版)》,2016 年第 5 期。

③ 周媛:《河流主导的浚县古代城市发展》,郑州大学学位论文,2011 年度。

④ 王维:《明清时期卫河水运及沿岸城镇发展趋向研究》,郑州大学硕士学位论文,2017 年度。

⑤ 刘卫帅:《水运与卫河流域中小城镇的发展》,《华北水利水电大学学报(社会科学版)》,2015 年 1 期。

⑥ 郑民德、李德楠:《明清漳、卫交汇及其对区域社会的影响》,《中原文化研究》,2017 年 5 期。

⑦ 郑民德:《明清华北运河城市变迁研究——以馆陶县为例》,《城市史研究》,2017 年 2 期。

⑧ 闫金伟:《引漳入卫及其对鲁北沿运地区的影响》,《聊城大学学报(社会科学版)》,2011 年 2 期。

⑨ 刘燕宁:《明清时期南运河水环境的变迁及其对区域农业的影响》,聊城大学硕士学位论文,2015 年度。

⑩ 胡梦飞:《河患、信仰与社会:清代漳河下游地区河神信仰的历史考察》,《山东师范大学学报(人文社会科学版)》,2016 年 6 期。

⑪ 胡梦飞:《漕运与信仰:清代临清漳神庙的历史考察》,《聊城大学学报(社会科学版)》,2016 年 6 期。

五、结构及突破点

基于学界前辈在卫河水灾与人地关系方面研究的不足，按照"发生水灾—人类反应（人对地）—水灾对人类社会的影响（地对人）"这样的逻辑关系，故本书拟从以下几个方面予以论述，并力图在前辈研究的基础上有所突破与发展。

（一）结构

绪论：选题原因、意义；研究对象的时空界定；研究现状及研究理论、方法；论文结构及创新点

第一章主要依据《清代海河滦河洪涝档案史料》《海河流域历代自然灾害史料》以及正史、地方志等文献为补充，统计出清至民国初期卫河流域的水灾情况，分析其年际、地区水灾的分布特征，并总结卫河水灾发生的特点及自然和社会原因，尤其是人类不合理的垦荒拓土、砍伐森林，不合理的水利工程对水灾的发生影响最大。

第二章主要论述社会对水灾发生后所采取的措施，是人类对自然环境施加影响的一种方式。本章分为对河道的治理及对灾民的救助两部分。通过分析，前者不管从对河道治理的形式、资金来源、还是实施主体都随着社会的大环境的变化而有所改变。对河道的治理工程多数是卓有成效的，但也应该看到，一些水利工程因缺乏统一配合与全局观念，着重解决当时存在的主要问题，如防洪、除涝、灌溉等，而在对这些问题解决时产生的对生态环境的影响却并没有引起足够的重视，因而使治理效果大打折扣，甚至加重水灾的发生，淤塞陂塘和水道，致使河道改变，民众遭受更大的灾难。后者是在灾害发生后，政府采取的各种救灾办法。以政府为救灾主体的特点到了清代中后期，随着清朝政治的动荡及经济形势的衰退而变得日渐势微。代之而起的是地方乡绅及社会团体参与救灾的活跃。在以往的研究成果中，研究者对政府及其他救灾的效果多有批评，近年来对政府以外的其他主体的救灾多有正面肯定，然而，通过本书的研究发现，不管是政府还是地方或慈善团体，对其救灾的形式与效果都要辩证来看。

第三章主要论述水灾对自然环境的影响之大。洪水一旦发生，河流决口、陂塘淤塞，淹没田禾，摧毁村庄，极大地改变了原来的地形地貌。本章主要通过对卫河干流及其支流洹水、汤水及漳河入卫地点的实证考察，来说明水灾对自然环境，尤其是河道变迁的严重影响。

第四章系水灾对社会影响的一个侧面。主要论述水灾对城镇、村落的危害和人类为此而采取的措施，以及由此而引起的诸多问题。通过对因水灾而导致迁城或淹城情况的统计分析，可以看出卫河流域水灾之严重。更

有甚者,还有因水灾而导致村庄的重新划分或县级政区的调整。由此,又会带来连锁反应,引起一系列的社会问题。同时,水灾也使城镇和村庄的生态环境遭到破坏而变得萧条。当然,在有些地区,水灾过后淤泥往往能起到肥田的作用,在客观上也算对灾害损失的一种补偿。

第五章重在探讨水灾引发的社会矛盾。由于水灾在本流域内具有时间上的衔接性,而河道管理却处于各自为政的分散状态,只顾自己,不管整体的地方保护本性不可避免地会引起邻村、邻县等不同区域的水利纠纷。这种纠纷处理不当,甚至会导致地方的动乱或反官府斗争,严重影响到地方社会的稳定。同时这种各自为政的状态也会加重各地水灾的发生。

第六章主要讨论卫河流域水灾对当地生产生活方式及社会风俗的影响。水灾的发生,亲身经历者往往无法接受瞬间发生的沧海桑田变化,加以灾后生活的困苦,政府救济若不能及时到位,对灾民的心理是巨大的打击。以致在灾后会出现种种难以想象的极端事件和行为。当然,也有积极乐观之灾民,在灾后积极寻求谋生之道,因地制宜,发展图存。

余论:通过全书的论述,可以发现,人类与自然的和谐相处是多么的重要而艰难! 也许人类无意识的或看似正确的活动,从长远来看都可能导致对自然生态环境的破坏,并使得灾害发生更加频繁和损失放大,从而对人类产生更大的危害。所以,在人类征服自然与改造自然的过程中,所有的行为方案在付诸实践时,一定要慎之又慎。必须尊重自然规律和事物特性,因势利导。必须注意社会进步和经济发展带来的新的致灾因素,注意经济发展和生态环境与灾害的关系。唯如此,人与自然的和谐相处或成为可能,社会发展才能进入可持续发展的良性发展轨道。

(二)创新点

1. 视角新:概而言之,本书选择以往研究中非常薄弱(即使前人有所涉及,也往往只是在有关的研究中一笔带过)、更无专门研究论著以卫河流域水灾为研究对象,并把研究的时间范围界定在清代至民国初期,以此为基础来探讨该时空内的人地关系,揭示出人地关系的互动性,指出人与自然的相辅相成。此研究对象和时空划限均为前人所未曾有的。

2. 内容新:本书对于清至民初时段内卫河流域水灾的统计及其时空特征分析、卫河干流及其支流洹河、漳河等河道变迁的考证等均为首创,为后人进行卫河流域相关问题研究提供了翔实的资料基础和坚实的研究基础。

3. 观点新:主要表现在水灾对社会诸方面的影响中,包括但不限于以下几点:首先,水灾的易发地点集中在卫河滑县以下的河段,但严重水灾的发生区域则主要在浚县以上的上游。其次,重新审视水灾影响及因地而异的认识差异性。水灾的影响具有双重性,有其对自然环境、社会生态以及

人类生活等破坏性的一面,还有其淤灌肥田之后出现"一麦抵三秋"的有利一面,因之呈现不同地域的人对水灾认识的差异性。再次,人与自然关系的辩证性。人们为了生存,增加耕地面积,不断向自然界推进,开垦陂塘湿地等,从长远来看,人与水争地为利的做法并未取得理想的成效,但却导致水与人争地为殃的严重后果等。最后,对于社会及民间组织在救灾中所起的作用,应客观辩证地看待,在肯定其发挥一定作用的同时,也要注意其局限性等。

本书上述这些观点和看法既有对前人观点的补充或修正,更有自己的全新认识与创建。

第一章

卫河流域水灾概况

    本书所指的卫河指从其发源到临清与会通河交汇处止。卫河流域主要包括：现属河南省的修武、获嘉、新乡、辉县、汲县、淇县、滑县、浚县、林县、汤阴、安阳、内黄、清丰、南乐；现属河北省的临漳、魏县、大名、元城、馆陶和现属山东的冠县和临清。这个区域大致位于东经112°～116°，北纬35°～37°，该流域左起太行山东侧，沿太行山东北至西南的走势向东北流去。卫河流经地区是古黄河泛滥区，其地势相对较低，至今仍遗留有许多大小不等的坡洼，如广润陂、长丰泊、鸬鹚陂等。

    为了便于了解卫河流域水灾发生的总体概况，我们需要在本书研究的时空范围内对水灾进行统计。笔者在绪论里已经指出，通常所指的水灾，是指河流泛滥而淹没土地、农田所引起的灾害。涝灾指的是因长期大雨暴雨而产生的大量的积水和径流，淹没了低洼的土地所造成的溃水或内涝灾害。[①] 但是，在史料的记载中，往往没有洪水和雨涝的区分，而大多都是以"洪涝"称之，所以，为了叙述和行文，我们将所有卫河流域的降雨或其他原因导致的地表径流河槽不能容纳，洼地积水不能及时排出而泛滥所形成的灾害统称为水灾。需要指出的是，水灾的发生往往也与当时的气候大环境息息相关，据研究，近五百年来，总体上旱灾多于水灾，并以南涝北旱为常见。其中，16、17世纪旱灾多于涝灾，而18、19世纪涝灾多于旱灾。这是当时中国的一个气候变化大背景。[②] 本书的研究就是以此为背景而展开的。

---

    ① 张晓，王宏昌，邵震：《中国水旱灾害的经济学分析》，中国经济出版社2000年版，第6页。

    ② 冯贤亮：《太湖平原的环境刻画与城乡变迁（1368—1912）》，上海人民出版社2008年版，第259页。

第一节　卫河流域水灾统计分析

一、卫河流域水灾统计

中国的史籍浩如烟海,在这样庞杂的历史文献资料中,为了更准确地把握清至民初卫河流域水灾发生的情况并对其特点有个全面的了解,笔者对卫河流域各地的水灾发生进行统计。统计主要是根据清至民国时期的地方志、《海河流域历代自然灾害史料》、《清代海河滦河洪涝档案史料》、民国各有关报刊以及 20 世纪 80 年代以后各地新编写的地方志等而进行的。《海河流域历代自然灾害史料》是一部相对较全面的资料汇编,它的史料主要来源于地方志、史书和天灾年表等,具有很高的参考价值。不过,尽管如此,该书还是存在一些不可避免的错误之处,或句读不恰,或地名错谬,不一而足。比如:河北旱涝预报课题组编的《海河流域历代自然灾害史料》第 601 页中转引《大名县志》乾隆二十年的史料"五月漳水决陷,魏县城六月御河决圮大名县城"一条明显有误,正确的句读当为"五月漳水决,陷魏县城。六月御河决,圮大名县城"。再如:光绪十年(1884 年),有临清"汶河水大涨"的记载,但同书中引《旱涝史料》载"济河水大涨"[①]。查《民国临清县志》有卫河"再北过南水关穿土城之南水门,至漳神庙南会于汶河,以上由尖塚镇至汶河口计水程六十里,是为卫河南段"的记载,故此当为"汶"而非"济"。像此种错谬,还有许多,在此不一一列举,但在进行统计的过程中,对于一些文字或资料互相矛盾的地方,本人均做了一一订证。在此基础上,得到了一个卫河流域各州县的水灾统计表(见附录一)。

竺可桢先生民国十六年的研究表明,水灾为直隶主要灾害,成因与直隶大面积农田开发,水文环境遭到急剧破坏有关。[②] 卫河流域的水灾原因当然也与当地大面积的农田开发、水文环境遭到急剧破坏有关,但还不仅仅如此,更为重要的是,水灾亦是卫河流域的主要灾害。从统计资料中可以看

---

① 河北旱涝预报课题组编:《海河流域历代自然灾害史料》,气象出版社 1985 年版,第 780 页。以下简称《自然灾害史料》,编者及版本不再重复出注。

② 竺藕舫(即竺可桢)、王勒坼:《直隶地理的环境和水灾》,《科学》,1927 年第 12 卷 12 期(后收入《竺可桢全集》第 1 卷,上海科技教育出版社 2004 年版,第 580–587 页)。

出,在有清一代至民国初期这 284 年(1644—1927)中,卫河流域的水灾发生情况是相当严重的,在 21 个州县中,共发生水灾 1117 年次,平均每年有约 4 个州县发生水灾。可见,在水灾是卫河流域主要自然灾害这一点上,与竺可桢先生研究直隶地区的结果是一致的。

二、年际分布状况分析

从时间的序列来看,卫河流域的年际分布状况随时间的推移而有所变化(见附表二),由附表二中可以清楚地看出卫河流域的水灾规律:

第一,在 1644 年到 1927 年这 284 年中,卫河流域内一年有 10 个以上的县发生水灾的年份共有 38 年(分别是<u>1653</u>、<u>1654</u>、<u>1679</u>、<u>1703</u>、1737、1738、1739、<u>1751</u>、<u>1757</u>、<u>1759</u>、<u>1761</u>、1779、<u>1794</u>、1815、<u>1816</u>、1818、1819、<u>1822</u>、<u>1823</u>、1830、1832、1834、<u>1843</u>、1846、<u>1849</u>、<u>1851</u>、<u>1854</u>、1866、1873、1876、<u>1883</u>、1888、<u>1889</u>、1890、<u>1892</u>、<u>1894</u>、<u>1895</u>、<u>1917</u>年),平均约每 7.3 年就有一次流域性的大水。在这 38 次流域性水灾年份中,又有 24 次(上面所列加横线的年份)流域性的特大水灾,平均约每 11.8 年就发生一次。

第二,卫河流域水灾的发生有着明显的几个高发密集阶段:①分别是顺治九年至十一年(1652—1654);②乾隆二年至四年(1737—1739);③乾隆二十二年至乾隆二十六(1757—1761);在这三个时段中,近半数以上的县发生了水灾,且大多为造成巨大损失的大水灾。之后到嘉庆初年,卫河流域的水灾均不太严重,期间只有乾隆四十四年(1779 年)和乾隆五十九年(1794 年)发生了涉及流域内大部分地区的水灾,不同的是,前者灾情较轻而后者灾情较重。④嘉庆十年到光绪二十四年(1805—1898),卫河流域的水灾愈来愈严重,仅发生水灾地区超过该流域半数以上地区的年份就有 26 个(1815、1816、1818、1819、1822、1823、1830、1832、1834、1843、1846、1849、1851、1854、1855、1866、1870、1873、1876、1883、1888、1889、1890、1892、1894、1895 年),平均 3.57 年就有一次全流域的大水灾,相对整个流域发生全流域性水灾的概率 7.3 而言,水灾的频发增加了一倍多。可见,自嘉庆年间至清末,卫河流域水灾的严重性。在这近百年中,其中又有 3 个全流域性的水灾密集时间段,分别是 1815—1823 年,1843—1854 年,1883—1895 年。⑤民国初期只有民国六年(1917 年)的水灾相对严重,在全流域 21 个州县中有 10 个县发生了水灾,其中 9 个县的旱涝等级达到了 1 级。

第三,由附表二我们还可以计算出各地的水灾指数,(水灾指数是指水灾级别为 1 级的年数/发生水灾的年数,该数值越大表明该地发生 1 级水灾的概率越高。)从而看出各地重大水灾的发生情况。依此并采取四舍五入、保留两位小数的原则,我们可以得到卫河流域各地水灾指数如下:修武

0.55、获嘉 0.51、辉县 0.36、新乡 0.55、汲县 0.55、淇县 0.49、滑县 0.77、浚县 0.54、林县 0.71、安阳 0.39、汤阴 0.38、内黄 0.48、清丰 0.33、南乐 0.31、大名 0.33、元城 0.14、馆陶 0.41、冠县 0.41、临清 0.43、临漳 0.29、魏县 0.42。滑县水灾指数最高当与该县东部区域经常受黄河洪流冲淹密切相关。有意思的是,水灾指数排在第二的竟然是发生水灾次数最少的林县,这可能与林县地处山区的地理环境有关。当发生洪水时,更容易引起泥石流或山体滑坡,造成比平原更大的损失。除此之外,水灾指数超过 0.5 的地方全在浚县以上的卫河中上游,可见这些地区水灾次数并非很多,但往往容易发生比较严重的水灾,这一特点应该引起我们的注意。

总之,在乾隆朝之前,卫河流域的水灾相对较轻。在此之后,水灾逐渐进入高发期。到了民国初年,虽然同一年份发生水灾的县的个数有所减少,但却大多为较严重的大水灾。

如果以清代各朝为统计单位,把民国初的 15 年也当作一个时段,根据附录一可以制表如下,从中观察历朝水灾发生的情况。(见表 1-1)

表 1-1　1644—1927 年卫河流域水灾历朝年次分布表

年号	起讫时间	年数	无水灾年份数	有水灾年份数
顺治	1644—1661	18	4	14
康熙	1662—1722	61	27	34
雍正	1723—1735	13	0	13
乾隆	1736—1795	60	21	39
嘉庆	1796—1820	25	5	20
道光	1821—1850	30	1	29
咸丰	1851—1861	11	0	11
同治	1862—1874	13	1	12
光绪	1875—1908	34	6	28
宣统	1909—1911	3	1	2
民国	1912—1927	16	0	16
总计		284	66	218

表 1-1 是以县为单位,以历朝皇帝在位时间为时段进行统计的。只要某县某年出现水灾便为“水灾年”。通过对清朝十代及民国初年的统计,可以得到该时间段内“水灾年数”的最大值。通过表 1-1 的统计可以看出,在

清至民初的 284 年中,有 218 个水灾年,也就是说在这 218 年中,至少有一个以上的县发生了水灾。而 218 年也是清至民初卫河流域"水灾年"年数的最大值。按此计算,则清至民初卫河流域每 10 年就约有 7.6 年有水灾,足见"北方……不甚惧旱,惟水潦之是惧,十岁之间旱者十之一二而潦恒至六七也"①所言非虚。卫河流域水灾的严重性由此可见一斑。其中,前 100 年间(1644—1743),有水灾年份为 67 年,后 100 年间(1812—1911 年),有水灾年份则高达到 90 年,明显比前期高出许多。特别是在道光、咸丰、同治三朝的54 年间甚至到了"无年不灾"的程度。民国初年的 16 年里亦是无年不水灾。因此,从总的趋势上看,清后期比清前期水灾的次数要明显增多,有着更加频繁的趋势,民国初年则断续延续着这样的趋势。

道光年间是清朝由盛转衰的关键时期。"国初以来,承平日久,海内殷富,为旷古所罕有……至道光癸未(1823 年)大水,元气顿耗,然犹勉强枝梧者十年。逮癸巳(1833 年)大水而后,无岁不荒"②。后人的这段评述尽管简单,但基本上是准确的。据现代的研究,无论是从灾害发生的频率,还是收成的序列演变,都反映了这个转折。③ 卫河流域水灾年际分布状况反映的这种变化,正与当时的社会特点相吻合,可见社会经济的发展程度与水灾所造成损失之间的关系。

三、地区分布状况分析

从横向来看,卫河流域各地水灾的分布亦有很大不同,呈现出不同的地区特色,为直观和清晰起见,特根据附表一制图如下:(见图 1-2)

从图 1-2 中我们可以清楚地看出:卫河流域内发生水灾次数超过流域内平均次数的县有安阳、汤阴、内黄、南乐、大名、元城、馆陶、临清、临漳,这九个县加上接近 53.18 次的浚县,均位于漳卫河的中下游。这说明,卫河的水灾多发生在中下游河段,这与淇河、洹河等支流在此汇入以及漳河的迁徙入卫有很大的关系。由于卫河无法单独承受漳水全注,所以在漳河注卫期间,卫河两岸的水灾发生的频率就较高,"狭不能容,则泛滥入田,没禾稼,为民患"④。而康熙二十三年至四十五年(1684—1705 年),漳河曾经多路分

① 《泽农要录》卷 5,见于吴邦庆辑《畿辅河道水利丛书》,道光四年益津吴氏刻本,第 4 页。

② 赵尔巽,等:《清史稿》卷 121,《食货志二》,中华书局 1977 年版,第 3540 页。

③ 邹逸麟:《黄淮海平原历史地理》,安徽教育出版社 1997 年版。张丕远主编:《中国历史气候变化》,山东科学技术出版社 1996 年版。

④ 民国《大名县志》卷 7,《河渠》,民国二十三年铅印本,第 6 页。

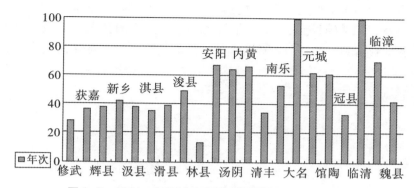

图1-2　1644—1927年卫河流域洪涝州县所占年次图

说明：1. 年次：每年以一次计。一年中出现两次或多次，均以一次计。

2. 上图中所示各县数值分别如下：修武29、获嘉39、辉县39、新乡44、汲县40、淇县37、滑县41、浚县51、林县14、安阳70、汤阴63、内黄67、清丰36、南乐55、大名101、元城73、馆陶63、冠县39、临清100、临漳78、魏县43，共计1117次，平均每县发生53.18次。尽管笔者收集资料可能还有疏漏，但大致可以反映出各地的水灾情况。

流，部分入滏，部分入卫，滏、卫水患均因此有所减少。[①] 尤其需要指出的是，水灾年次数高达100次的大名和临清，水灾之所以如此频繁、严重，除上述原因外，也与两地的地域环境息息相关。大名之地，"蠹为巨防，扼为要津。九河绵络之奥区。南距卫北负漳为险"[②]。这样南有卫河北有巨漳的交汇之区，自然是水灾的高发区。临清位于卫运河东岸……卫运河从西南向东北，沿西部边境流过……会通河由东南向西北，从市境中部穿过，至城区与卫运河会流。[③] 相比大名而言，临清则处于卫、运交汇之域，众水所归，一遇本地或上游大的降雨，河流交汇，宣泄不及，水灾自然不可避免。林县是本区内水灾发生率最低的县，出现此种情况的原因，与林县地处山区的自然环境有着根本联系。林县境内山高谷深，沟壑纵横，土薄石厚，水源奇缺，千百年来在民间流传的"光岭秃山头，水缺贵如油，豪门逼租债，穷人日夜愁，"就是封

---

① 李光地：《覆奏漳河分流疏》，光绪《畿辅通志》卷82，《河渠·治河说一》引，河北人民出版社1989年版，第426-427页。

② 《嘉庆重修一统志》，《大名府一》，四部丛刊本，上海书店1934年版，1984年11月重印，第5页。

③ 山东省临清市地方史志编纂委员会编：《临清市志》第五编，《水利》，齐鲁书社出版社1997年版，第157页。

建社会林县的真实写照。所以林县过去常常十年九旱,旱灾多于水灾。①

但是,图1-2只能从总体上了解各地水灾发生的情况。要想考察卫河流域各地在清到民初这284年间水灾发生的情况随时间变化而发生变化的趋势,就要从另一个角度对其进行统计。鉴于时间跨度较大,我们就以20年为间隔进行统计。(见图1-3)

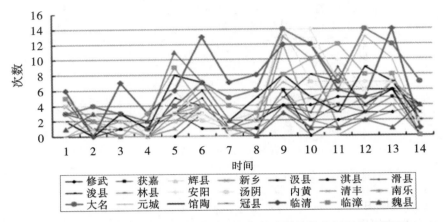

图1-3 清至民初卫河流域各地水灾次数分段统计表(1644—1923)

说明:1.为了便于以20年为时段的考察,故未对1924—1927年进行统计。在这四年中,全流域21个县共有10次水灾未计入,分别是新乡1次、浚县2次、汤阴1次、大名2次、馆陶1次、临漳1次、魏县2次。

2.表中的时间轴上数字1代表1644—1663年,2代表1664—1683年,依此类推直到14代表1904—1923年。

从图1-3中可以看出,在图中的1、2、3、4格,卫河流域各地水灾次数基本比较平均,到了第5、6格(即1724—1743年、1744—1763年)时,各地水灾次数均有不同程度的上升,特别是临漳、临清、魏县、馆陶、大名、元城六县,水灾次数显著增加。可见,此一时期水灾多发生在漳卫河的交汇区域。经过40年(表中7、8格)的相对平稳后,从表中第9格(1804年)开始,直到表中第13格(1903年)止,卫河流域各地水灾一直居高不下,处于高水平运行状态。尤其值得注意的是安阳、汤阴、内黄、清丰、南乐在这一时期的水灾迅速上升,成为与临漳、临清、大名、元城同样的水灾重区。可见,在清代中后期,卫河流域的水灾多发区有向中上游延伸的趋势。到了第14格(1903—

① 林县志编纂委员会编:《林县志》第一卷,《地理》,河南人民出版社1989年版,第7页。

1923），卫河流域各地的水灾又急速下降。

总之，从地区分布情况来看，浚县以下的各州县是卫河流域水灾的多发区，但是不同的历史阶段和时期，各地发生水灾的情况又不尽相同，它们表现出波浪起伏的特点。水灾多发地亦有从第5、6格（即1724—1743年、1744—1763年）时期的漳卫交汇处各地到第9格（1804年）以后从下游到中上游沿岸各地转移的特点。

第二节　卫河流域水灾的特点

通过对卫河流域水灾的统计和分析，可以看出卫河流域水灾具有以下几个显著的特点。

一、北漳南黄卫河贯中：洪水来源的多样性

卫河流域由于所处的地理位置位于华北大平原的南部，其西为丹、沁二河，其南为黄河巨浸，特别是咸丰五年（1855年）兰考铜瓦厢决口北流之后，丹、沁、黄更是把卫河流域形成了一个三面包围的区域，故上述三条河流一旦决口泛滥，洪水必然会淹及卫河流域的一些地方，这种"北漳南黄时虞溃溢，而卫河贯中可泛舟"①的地理环境使卫河流域水灾不仅有本流域内的山洪暴发、漳卫涨水及河道变迁引起的水灾，更有其他河流洪水侵入引起的淹浸，使本流域洪水呈现出多样性。

漳、卫河本身雨大涨水或山洪暴发引起的水灾自不必说，卫河上游的修武、获嘉、新乡、汲县、淇县等县还容易受到丹、沁的波及。如乾隆十六年（1751）沁水决，造成修武县"城门塞，房屋田禾多被淹没。"乾隆二十六年（1761）丹、沁两河及境内山水骤涨，平地水深丈余，倒灌入城，更是造成县属260村房屋庐舍秋禾尽淹的奇灾。② 获嘉及下游的新乡、汲县也常受丹、沁水患的侵扰，康熙二年（1663年）七月，"沁河决，至获嘉东注，水势汹涌，城欲坍裂，舟行至城下，秋禾荡然无存"③。这次沁河决口，洪水从获嘉东注，还

---

① 《清朝续文献通考》卷305，《舆地一》，商务印书馆，万有文库本，第10505页。
② 道光《修武县志》卷4，《祥异志》，道光二十年刻本，第53页。
③ 获嘉县志编纂委员会编《获嘉县志》，《大事记》《灾害性天气》，生活·读书·新知三联书店1991年版，第14、116页。

"水灌新乡县城,庐舍漂没,田禾俱尽,县城以土塞门"①,再往下游的汲县也因此"以土塞门"②,可见当年沁水之大。有时,沁水的洪流还可灾及更远的淇县之地,就在康熙元年(1662年),《河南通志》就有"七月淇县沁水溢,浸入民田甚众。八月大雨伤稼"的记载。丹、沁决口,淹及下游各地的路线多是顺着地势较低的小丹河东北流,建瓴而下。小丹河系卫河的上源,所以洪水就会由此直泄卫河,卫河宣泄不及而导致漫溢成灾。

同样,在靠近黄河的滑县就容易遭受黄流的冲击,且相比而言,受黄河水患的影响要比卫河大得多。因卫河濒临该县西境,而黄河临靠县东境,故卫河水灾大多在滑境西部卫河沿岸,而东部县境则多受黄河洪流之患。康熙六十年(1721年),"河自武陟之詹店、马营口,魏家口等处决口,同时并流直注滑县,经长垣、东明等县入运河,水患甚重"。当然,若黄河在开封以东的地方决口,对滑县尤其是滑县东部半境的危害更大。嘉庆二十四年(1819年),"黄河在仪封(开封东)决口,滑县被淹"。咸丰五年(1855年),"黄河决于兰阳铜瓦厢,直注长垣、濮阳、东明,滑境东部一片汪洋"。从此之后,黄河改道北流入海,滑县境内受黄河水灾的次数明显增多,灾情也一次比一次严重,"滑之东南半壁屡被水灾,古来堤埽无一可恃"③。同治二年(1863年),"黄河西迁,老岸、小渠、桑村一带皆水,人多居树"。光绪十二年(1886年)、十三年(1887年)的黄河决口,均造成滑境东部"大水灾"。更严重的光绪十四年(1888年),"黄河北决,卫南陂水深八尺"④。一次次黄河水害,对滑境东部而言,就是一次惨绝人寰的人间灾难!

清代的黄河决口多在郑州以下河段发生,在此段决口,对卫河流域的滑县、清丰等地影响较大。但也有在郑州以西河段北岸决口的情况,历史上获嘉、辉县、新乡、汲县等地就曾因此而遭黄流之灾。康熙六十年(1721年),获嘉因"河决武陟,亢村西南被淹"。嘉庆二十四年(1819年),"黄河北岸马营堤决口,水淹辉县南部村庄"⑤。新乡在乾隆二十六年(1761年)秋也因黄河决口而"田庐漂没"⑥。在此之前的乾隆十六年(1751年)的夏秋之交,新乡

① 新乡县志编纂委员会编:《新乡县志》第一编,《大事记》,生活·读书·新知三联书店1991年版,第12页。

② 乾隆《卫辉府志》卷4,《祥异》,乾隆五十三年刻本,第15页。

③ 民国《重修滑县志》卷11,《河务第九》,民国二十一年铅印本,第1页。

④ 民国《重修滑县志》卷20,《大事·祥异》,民国二十一年铅印本,第6页。

⑤ 辉县市史志编纂委员会编《辉县市志》,《大事记》,中州古籍出版社1992年版,第15页。

⑥ 新乡县志编纂委员会编:《新乡县志》第二编,《地理·自然灾害》,生活·读书·新知三联书店1991年版,第65页。

也因大雨如注,"黄、沁河决口成灾"①。这次黄、沁决口波及范围非常广泛,还淹浸到了汲县,使汲县不仅"田庐淊没",甚至"几至坏城"②。就连距离较远的元城县在此次黄河决口中也难以幸免③。足见当年水势之大。

总之,由于卫河流域所处地理位置的原因,流域内各地不仅受到漳、卫河及其支流洪水的危害,而且还受到周边其他河流的侵扰,这种情况决定了本地区水灾的多发性与严重性,同时也表明本流域水灾的复杂性。

二、河弯槽窄水聚则泛:水灾突发与不均衡性

卫河之水多自太行山中流出,流域面积大,而卫河干流弯曲,河槽窄深,是一条蜿蜒形河道,所以当大雨时行,洪流骤集,河道宣泄不及,就会突发洪水,历史上该流域许多次洪水泛滥成灾即是如此。比如乾隆二十二年(1757年)的大水灾,五月前的大名还是"春夏旱,漳浅,流几绝",到了五月就"漳河溢,堤决朱家河,下注魏县城。六月卫河溢,漂没田庐,大名、元城、长垣为甚,东明开州次之,南乐、清丰又次之",而大名城内,也因"卫河陡涨,漫入城内,街巷积水四、五尺"④。可见,从干旱到洪涝,往往在月际转换之间就可能发生。这种突发性洪水在清到民初这段时间内从春到冬都曾出现过。

一般来说,卫河在平常时段水源并不丰沛,只有当天降大雨,太行山水汇注时才会充裕。但正因为是这样的水源条件,加上卫河河道窄浅弯曲的特点,有时一连几天的大雨,就会使卫河干流及各支流洪水暴涨,卫河宣泄不及而造成严重水灾。乾隆五十三年(1788年)的情况即属此种情况,据六月十五日河南巡抚毕沅奏,当年卫河水源非常微弱,即使他亲赴卫源进行设法疏浚,效果也并不明显,"不能大有济益"。可是,当月初七、初八、初九、初十及十一日(7月10、11、12、13、14日)等节次大雨滂沱之后,淇河、洹河、漳河俱已普律盛涨,奔腾下注。他"自彰德来卫,复于途次连日遇雨,刻下察看卫河水已出槽,长至一丈有余……自初八日雨之后,漳卫两河发水奔腾,初十日馆陶一带已长水四尺"⑤。在上游大雨之后,各支河同时盛涨,导致卫河不能容纳出槽造成水灾,而两天之后下游馆陶的水位也已骤涨。

漳河也有洪水转瞬即汹涌而至,造成人员伤亡和财产损失的情况。当年李鸿章在阴雨之季护饷鞡涉渡漳河,本来水量不大,可刚行至河滩,突然

---

① 《自然灾害史料》,第597页。

② 《自然灾害史料》,第597页。

③ 《自然灾害史料》,第597页。

④ 《自然灾害史料》,第602、603页。

⑤ 水利水电科学研究院编:《清代海河滦河洪涝档案史料》,中华书局1981年版,第227页。以下简称《洪涝档案史料》,编者及版本不再重复出注。

漳水骤至,以致把夫役冲走。"(六月)二十四日(8月11日)适逢阴雨泥淖,未敢轻率行走。二十五日(8月12日)由安阳县……前进,未刻抵直豫交界之漳河,分起过渡,讵渡至北面沙滩,河水陡发,赶即竭力抢护,乃顷刻之间大溜已至,势极汹猛,致末后两车二十鞘连护解夫役随溜冲去。实因猝遇大水,事出不测,人力难施。"归其原因,就是因漳河"涨落无定,涨时面宽七八里,落时则一片沙淤,近来正溜南徙,中起沙梗,南来饷鞘等项,渡河后须经沙滩始抵北岸"①,人在河滩,洪水骤至而无处躲避所致。

洪水不仅来去迅速,而且表现出很明显的不均衡性。这种不均衡性表现在地区和时间两个方面。前者从图1-2中就可以看出,如林县,在本书统计的时间段内,仅仅发生水灾14次,而临清却发生了多达101次的水灾,两者相差7倍之多。可见,大多时候,当全流域性的水灾发生时,林县还是处于"赤地千里"的大旱之中。就时间上来说,可能春天大旱而夏季就出现洪涝,或者局部涝灾而大部分地区丰稔,这是与卫河流域所处的地理位置以及水灾的特性分不开的。比如乾隆二十二年(1757年)馆陶县在春夏之前"旱蝗为灾,人相食",而到了伏夏却"被水灾",但也不过是"二十余村被淹"。大概只是涉及卫河沿岸的低洼地区。可见,不同的时间或者同一地域在相同的时间内受灾与否并不一致,且有很大的区别。

正因为卫河洪水具有这种突发性,且其来去迅速,所以能在较短时间内退去而涸出田地,对作物影响不大,故时人认为当地涝灾的损失要轻于旱灾。据乾隆五十九年(1794年)七月十一日梁肯堂奏:"直隶一带地势平衍,河道纷歧,而接壤山西一带地方,又复众山壁立,形势嵯峨。每遇雨泽稍多,易致水发为患。不特低洼之处多被浸淹,而南北大道恒致水阻。迨天时晴霁,不过数日即可全涸,若时在秋前,仍能补种。是以每次积潦成灾,轻于旱魃为虐者,皆职此之由。"②此说虽指直隶而言,但卫河流域的大名府属即归直隶,其他地区虽不属直隶,但也与此情形大体相类。

三、夏天雨多生鱼虾:水灾发生的集中性

卫河流域水灾发生的时间,一年四季从春至冬均有发生。据笔者现在所查到的史料,最早的洪水是发生在乾隆元年正月初二日(1736年2月13日)的漳河泛涨。本年漳河从临漳县所属漳河南岸的显王村忽然泛涨,然后"由临漳流入安阳境内之孟村等处,阻滞行人",连当时直隶总督方受畴都颇

---

① 《洪涝档案史料》,第483页。
② 《洪涝档案史料》,第242页。

感意外,惊呼"漳河之水不等夏秋遽行不时涨发"①。洪水发生最晚的月份是冬季的十二月份。乾隆二十七年(1762年)的大名县,漳河在夏季伏汛期淫雨为灾,当年冬天又发生大水灾,"冬复水,伤麦苗,蠲赈有差"②。嘉庆二十四年(1819年),该县又一次在冬季十二月份发生水灾,"冬,漳御水溢,大元灾"③。其实,据《大名府志》记载,发生水灾的除了大名、元城外,还有开州、长垣④,可见此次水灾的范围还是相当广的。嘉庆二十五(1820年)年的冬天,元城、大名、南乐、清丰等四县,冬间卫河又发生洪水,洪水"由河南内黄漫溢下注,灾地毗连村庄续被水淹。其余灾歉之区,洼地积水难消,春麦未种"⑤。但总体而言,地处季风区的卫河流域,水灾多发生在夏秋之季。"漳、卫等河,每逢夏秋大雨时行,往往易于漫决。汲县等处,近依太行山麓,山水尤易为患。"⑥辉县当地有"辉县地区一大半,十年就有九年旱,夏天雨多生鱼虾,旱年遍地生蚂蚱"⑦的说法,生动形象地描述了当地水患集中发生在夏季的事实。在卫河流域各地,几乎至今都还流传着"伏里天,洼不干"的民谚。华北水利委员会也曾经指出:"河北各河,每年七八两月雨季时,例发洪水。而各河通病,上游坡陡流急,下游坡缓流驰;一遇洪水,下游低洼之处,淹没随之。"⑧这些都说明夏秋之季的三伏天是当地洪涝灾害的多发期。

卫河流域的降水大致是从五月中下旬开始的。这一时期,江淮的梅雨行将结束,据《光绪南汇县志》记载:"春二月苦雨至夏五月始略止。"⑨表明五月以后雨带开始北移,类似的记载在长江一线的其他地方也能看到。雨带北移,卫河流域即是雨带北移的首到之地,所以,卫河流域的雨季大致从五月中下旬开始,结束的时间大致在七月下旬。蒋攸铦在道光三年(1823年)的奏报中说:"七月下旬以来,晴霁日多,积潦渐次消落。"表明此后大的降水已经不多。

六月至七月是卫河流域集中降水的时间段,雨情往往较重,极易导致洪涝灾害的发生。如道光三年(1823年)的大水灾,就安阳一带而言,就是在从

---

① 《洪涝档案史料》,第64页。

② 乾隆《大名县志》卷27,乾隆五十四年刻本,第13页。

③ 民国《大名县志》卷26,《祥异》,民国二十三年铅印本,第9页。

④ 咸丰《大名府志》卷4,《年纪》,咸丰三年刻本,第94页。

⑤ 《洪涝档案史料》,第64页。

⑥ 《洪涝档案史料》,第587页。

⑦ 辉县志编辑委员会编:《辉县志》(第二卷),《农业·气象》,石家庄日报社1959年版,第212页。

⑧ 《独流入海减河工程计划书》,《河北月刊》,1935年第3期,第2页。

⑨ 满志敏:《评〈清代江河洪涝档案史料丛书〉》,《历史地理》第16辑,上海人民出版社2000年版,第342页。

六月初九到十七日的短短八天时间内,连续发生三次大的降水,致使"各河同时泛涨"。第一次是六月初九、初十等日出现的暴雨。据河南巡抚程祖洛的奏报,当地"大雨倾注,河水盛涨"。这场暴雨,未见受灾情况的奏报,可能河水出槽的情况并不严重。紧接着是十二日、十三日的第二次降水,"六月十二、十三日(7月19、20日)节次大雨后,北则漳、洹两河,南则汤河、羑河、卫河同时泛涨"。第三次是在六月十七日,"山水陡发,洹河又复暴涨"①。这几次连续的暴雨降水,虽未明示受灾地区,但可以肯定,泛涨各河沿岸村庄及田地首当其冲受到洪水的浸淹,灾区甚至可能波及下游的更广大地区。七月初三日,彰德府一带又出现暴雨,河南巡抚程祖洛赶到这一带视察时,看到"大雨倾注","七月初六日水势陡涨五尺二寸,连底水共深九尺","风狂雨大,巨浪奔腾","日来复接据彰德府属之临漳、汤阴、内黄、林县,卫辉府属之汲、淇、辉、浚等县,怀庆府之河内县禀报,或洹、卫、汤、羑、淇、丹六河水涨,或系山水涨发,多有村庄被淹"。七月初四、初五日(8月9、10日),又有大雨滂沱,通宵达旦,沁、丹两河同时猛涨。此时正遇黄河的洪峰,"长水三尺余",擎托水势,使两河下游去势缓慢。漫水由小丹河经行修武、获嘉、新乡、汲县、浚县一带归注内黄县境内的卫河,沿途大名、临清、清河以及南运河沿线各地主要受这股来水的影响。卫水共"积涨二丈一尺三寸之深,实属非常之涨,为往年未有之事"②。在漳河与卫河汇合处的彰德府一带,漳河、卫河及其支流洹河、汤河、羑河等亦同时泛涨,给当地及其下游造成严重水灾。

四、漳河南徙入洹、卫:附近地区水患加重

漳河,冀豫间一巨浸也,溯其源来自太行山右,汇清浊二漳东至旧闸口,闸以上山石夹护,虽湍流迅激,不能为患。自雀台以下一带平原旷野,夏月水势涨发,汹涌异常,往往淹及田畴甚或且城郭村墟之患③。所以,漳河经行南路,注入卫河,必然加重交汇附近各地的水灾,"河之决口更为频数"④。而且"北道地高,南道地卑,故漳溢北则患益轻,溢南则患益重"⑤。虽然水患轻重不容易判断,但对比漳河经行南路前后水患发生的频率还是可以看出其

①《洪涝档案史料》,第383页。

②《洪涝档案史料》,第385页。

③ 骆文光:《重修临漳县漳河神庙碑记》,光绪《临漳县志》卷13,《艺文·记下》,光绪三十年刻本,第18页。

④ 民国《临清县志》,《疆域志五·河渠》,民国二十三年铅印本,第22页。

⑤ 民国《大名县志》卷7,《河渠》,民国二十三年铅印本,第6页。

走南路与北路的不同。因为漳河迁徙频繁，变化较快，即使在以南流为主的时期内，它也经常改道北流，所以要想考察漳河南流入洹或入卫对附近地区的水患影响，选一个漳河入洹或入卫后相对固定的时间段就显得非常重要。

漳河经行南路的时间，据石超艺研究，漳河在清康熙三十六年（1697年）由分流到全漳入卫，自此后至民国的大部分时间里都是经行南路[①]，其实，从分流到全漳入卫大概又经过了十年左右的时间。康熙三十六年（1697年），"漳河骤至馆陶与卫河会。此后北流渐微"[②]。此年只是表明漳河开始从馆陶入卫，北流并未干涸。或者其间某年漳河又背卫而去，所以才有康熙四十五年（1705年）张伯行"以卫弱不可漕，请自馆陶决漳入卫"之请，如果漳卫当时已经合流，张伯行此请则无从谈起。康熙四十七年（1708年）遂全漳入卫[③]，北路与中路断塞，只是在"遇秋水暴涨，辄由故道北流，甚且横溢四出"[④]。康熙五十四年（1715年）又筑堤馆陶，"障勿使北"，直到雍正年间，漳河北路与中路干涸，南路支流与叉道纵横。这种局面一直到清末民初。

也就是说，漳河在主行南路期间还有部分时间北流或走中路，所以，要想准确观察漳河夺洹入卫或直接入卫对附近地区水灾发生频率的影响，就必须选取一个较恰当的时间段。因为漳河多道分流，水势变缓，在一定种程度上会减轻发生水患的概率，所以我们要选取的时间段中，必须是全漳入洹或入卫，唯如此才有利于分析其影响程度。好在据道光五年（1825年）程祖洛奏："自乾隆六十年（1795年）三台村决冲入洹河并流入卫，二十年来灾患频仍，以猛涨之漳助入激流之洹，而又束以长数十里、宽数十丈之堤，欲其无决势所不能，故自三台村至入洹处所并无堤岸，为害尚浅。惟自入洹处所至入卫之区，岁多决漫，为害甚巨，前年幸漳洹分流。"[⑤]从此材料中，我们可以推算出漳河夺洹入卫的时间是从乾隆六十年至道光三年（1795—1823年），故现就以该年为限，统计漳河入卫前后附近各县水灾频率的变化情况。（见表1-2）

① 石超艺：《明以来海河南系水环境变迁研究》，复旦大学博士论文，2005年，第91页。

② 乾隆《衡水县志》卷2，《地理》，乾隆三十二年刻本，第6页。

③ 乾隆《衡水县志》卷2，《地理》，乾隆三十二年刻本，第6页。

④ 乾隆《邱县志》卷1，《地理·山川》，济南平民日报社，民国二十二年铅印本，第11页。

⑤ 光绪《临漳县志》卷16，《艺文·杂志》，《节录徐中丞折语》，光绪三十年刻本，第43页。

表1-2　乾隆六十年(1795年)漳河夺洹入卫前后附近各县水灾对比

水灾次数	安阳	内黄	汤阴	南乐	清丰	大名	元城	馆陶	临清
漳河入卫前 水灾发生次数 (1766—1794)	4	1	2	3	1	9	7	6	3
漳河入卫后 水灾发生次数 (1795—1823)	16	16	15	14	12	16	8	9	5

　　说明:1.此表数据来源于附录一。

　　2.因为漳河夺洹入卫的时间是28年,为便于前后对比,故选取夺洹入卫前的时间段亦为28年。

　　3.本表统计的是水灾次数,因时间段相同,故亦可以表现其水灾发生的频率。

　　从表1-2可以看出,在漳夺洹入卫后的近30年中,附近的安阳、汤阴、内黄、清丰、南乐以及大名各县水灾次数明显大幅上升。这不能不说是漳河迁徙带来的灾难。可见,对于卫河来说,漳河的南行入卫,则明显加重了卫河相关地域的灾情及水灾发生的可能。

　　在史籍的记载中,漳河入洹或入卫后加重附近地区水灾的具体史料也相当丰富。比如清雍正初,漳河南徙,由魏县城下至馆陶入御河。当时"漳水势盛,卫河势弱,夏秋漳河盛涨横截河口,卫河水不能下"。漳河水落之后,则"沙塞河口以南,卫河不能冲刷,水常倒淀,由是上流数决"。漳河水势汹涌,卫河水势较弱,漳河一旦注卫,就会顶抬卫河口,水退之后泥沙则壅塞卫河口,卫河不能冲刷,常常由此引起上游的决溢,这完全是漳河入卫后影响卫河的畅流而引起卫河发生水灾。另一方面,漳河入卫亦常常造成更大的损失。乾隆二十二年(1757年)五月,"漳决,没魏县城,六月御河亦决,与漳接,复坏护堤城,入大名县城,居民皆去"。二十四年(1759年),"漳决旬日后,御河亦决,复与漳接,环府十余里被水,往来者皆从舟",都是漳河决口导致卫河决口,从而形成严重水灾。乾隆二十六年(1761年)的大水灾,亦是卫河各支流全面涨水,在漳、卫交汇处,二水互相顶托而造成巨大损失。"漳水流入临漳县城,淹没大名、元城。丹沁二河水势暴涨冲卫河,临漳计十一村塌瓦草房一千一百四十六间。八月初一,卫水漫到大名府城下,元、大二县被水。"①嘉庆十三年(1808年),安阳、汤阴、内黄三县交界处的大水亦是因"漳河水势盛涨,宣泄不及,漫溢倒漾,以致安阳县之伏恩等二十九村庄,

---

　　①　《自然灾害史料》,第610页。

汤阴县之北故城等二十五村庄,内黄县之元村等四十一村庄,均被水淹"①而造成的。民国六年(1917年)夏天的漳河决口入卫,更是造成卫河自西红庙决口两次,金滩镇以西墙屋倒塌,田禾淹没,被害尤重。官府施粥又设因利局以济贫农②,足见水患的严重程度。

除了漳、卫河互相顶托造成局部大水灾外,沿河附近地亩还经常被冲坏、沙压。乾隆六十年(1795年),安阳、汤阴、内黄三县中临漳、卫二河村庄,因漳水夺洹顶卫而其沿河"附近地亩多被水占沙压"③。道光七年(1827年),安阳"因乾隆六十年漳水改道,夺洹顶卫,附近地亩多被水占沙压"④。

可见,漳河注洹或入卫,特别是自临漳南流在大名、元城以上注卫,会给附近的安阳、汤阴、内黄、清丰、南乐、大名、元城造成严重的洪涝灾害和巨大损失。河南巡抚程祖洛就此问题在道光四年(1824年)二月十六日的奏折中明确指出:"伏思漳水频年为患,总因合洹冲卫所致。今卫水业归新河,而洹水亦复分流,大局已有转机。"⑤所以,尽量避免漳河夺洹入卫或在大名、元城以上入卫,使漳洹、漳卫分流,是减少附近各县水灾的上策。

第三节 卫河流域水灾的原因

清至民初卫河流域水患频繁,损失严重,有着复杂的原因,其中既有自然的因素,也有人为及社会的因素,现分别论之。

一、自然原因

(一)卫河沿岸地势低洼

卫河发源于太行山,出山后就是坡度较缓的华北大平原,卫河河床平均宽70米,河道比降为1/9600,最大流量1200米/秒,河道曲折率为1.78,流域不对称系数为1.34。河道河内暗礁、浅滩、弯曲较多,主要支流有淇河、汤河、安阳河等,左岸支流较多,为山溪性河流,多源短流急,呈梳齿状分布;右

---

① 《洪涝档案史料》,第302页。

② 大名县志编纂委员会:《大名县志》第一编,《地理·自然灾害》,新华出版社1994年版,第102页。

③ 《洪涝档案史料》,第402页。

④ 《自然灾害史料》,第693页。

⑤ 《洪涝档案史料》,第394页。

岸为平原性排涝河流。干流河道弯折曲回、槽小坡小,是一条蜿蜒曲折的窄深河道。这样的地势及河道情况,使得夏季暴雨山洪迸发之时,各大支流洪水倾注,超过承泄能力,常常泛滥成灾①,给下游各地造成巨大损失。清至民初,修武、辉县、获嘉、新乡、汲县等卫河上游各地多次因此而发生大洪水。修武县地居"丹沁之阳,卑湿湫隘,水患颇多。……小丹河,其源出丹林,自西而来,环城三面,屈曲迂迴如带,折而北。每遇秋霖则怒涛涨溢,啮城隅,没田禾,濒河之民且与鱼虾争命"②。道光三年(1823年),卫辉府属汲、新、辉、获、淇、浚等县的大水灾亦是因为"近接太行,又为卫河必经之处。今夏雨泽过多,太行一带山水暴发,奔腾下注,汲、新等县适当其冲,泛滥为患"③。光绪二十一年(1895年),河南巡抚刘树堂指出:"漳、卫等河,每逢夏秋大雨时行,往往易于漫决。汲县等处,近依太行山麓,山水尤易为患。"④可见,低洼的地势是卫河上游各地发生水灾的重要原因之一。

在浚县、滑县等地,除了因地势低洼外,还多因地处河流交汇之区而水灾多发。比如浚县由于淇河在浚、淇、汲三县交界处入卫河后注入浚县,每逢雨季,山洪暴发,使卫河多处决口漫溢,泛滥成灾,故史有"卫河闹浚县"之称。其沿河痕迹有圈堤(也叫月牙堤)70多处,即是历史上决口后堵口的合垄处。在新镇乡西郭村东曾经连续开口九年,所以现仍叫九龙口险工。⑤滑县西境临近卫河,清到民初的水灾也多因淇河洪水冲卫决口而形成。由上述第二节可知,卫河洪水常发生在夏秋之季的7月下旬和8月上旬,俗称"七下八上"。卫河上游新乡段大水,经河槽调蓄水势缓解,流至滑、浚一般不易造成大的灾害。而淇河山洪水势凶猛、来得快,是造成滑、浚一带河道决口、陂洼滞洪的主要原因。若卫河上游和淇河两洪峰同时到达,洪峰重叠,往往造成毁灭性洪水灾害。⑥

因地势原因频遭严重水患的地区以汲县最为典型。汲县"西拱太行之麓,东道大名之区,一望斥卤,时常旱溢。伏秋水发,卫河辄溢,平地水高数

---

① 新乡县志编纂委员会编:《新乡县志》,《地理》,生活·读书·新知三联书店1991年版,第55页。

② 道光《修武县志》卷4,《建置志·渠堰》,道光二十年刻本,第21页。

③ 《洪涝档案史料》,第384页。

④ 《洪涝档案史料》,第587页。

⑤ 政协河南省浚县委员会文史资料研究委员会:《浚县文史资料》第四辑,李恩泽:《卫河史源》,1991年8月,第174页、180页。

⑥ 滑县地方史志编纂委员会:《滑县志》第十五篇,《水利》,中州古籍出版社1997年版,第310页。

丈,城门之外关市撑舟,沿河一带,居民田禾房屋俱遭淹没。①地势低洼加以卫河浅隘,境内又绝无沟渠无以宣泄突如其来的洪水,使得汲县常常在伏秋霖潦,西北太行诸山坡水奔腾汇注之时,总有"漫溢之虞"②。这种低洼的地理形势,使汲县在同一次水灾中相比其他地区受灾更重。如乾隆五十九年(1794 年)七月十四日吴璥奏:"汲即系卫辉府城,逼近卫河,地势低洼,西北面各山泉涧汇注入卫,盛涨四溢,以致被淹地方有十分之五六,且多系城村稠密之所,是以受患情形最重。其武陟、河内、修武、获嘉、新乡、浚县、辉县等七县所淹村庄之多寡,虽与汲相仿,而或因地势较高,水易消退,或因陂河较省,汇注亦轻,是以受患情形不似汲县之重。"③除此之外,汲县还易遭受沁河洪水的袭击,究其原因,亦因地势使然。武陟地势较高,向东北地势越来越低,加上沁河的北岸向无北堤,且"无工民埝土性沙松",故沁河涨水就会漫堤过水。漫水即顺着地势向东北冲去,给下游的获嘉、新乡、汲县等地造成水灾。李实秀总结汲县水灾原因为:"卫辉一府,地居子午之冲,世受河患而沁水为尤甚,盖沁水发源于晋,盛流于怀庆,逼近行山,地据上游,父老相传高卫源三十丈,以故沁水之发也,势如建瓴,直冲卫城,不可救药。昔日原设有沁河银两,岁加修筑以防不虞,频年天灾流行,覃怀官民未闻有岁修沁之举。自去岁淫雨匝月,卫民已深受其害,而今岁之淹没冲突,其害有不可胜言者。臣昨接家信,自五月以来,大雨连绵,累月不休。本处河水泛涨,直逼城下。兼以沁河冲决,水势汹涌,波浪涛天,一股由修武而来,一股由黄河故道而至,东西夹攻,以致郡城内外洪涛汩没,平地水深丈余,往来行人淹死无数,庐舍半为倾坏,田禾悉被漂流,一派汪洋,竟成泽国,居民舍卑就高,露处无依,啼饥号寒之声惨不忍闻。今土屯东西北城三门,地方官民日夜防御,未有宁宇。"④深刻说明汲县易遭水灾的地势原因。

嘉庆以后,经济日衰、政治日腐,朝廷更无暇顾及沁堤的修缮。所以道光三年七月初六(1823 年 8 月 11 日),沁河"水势陡长五尺二寸,连底水共深九尺,风狂雨大,巨浪奔腾,以致登时坐蛰过水,大溜全掣北趋,正河断流⋯⋯漫水由修武、获嘉、新乡等县归入汲县卫河"⑤。沁河依然长驱直入,横扫下游各地。民国时期,卫河堤防年久失修,残缺不堪,获嘉县刘桥以下无北堤。南堤自博爱县太子庙至樊堤长 324 公里,堤高不及 2 米,顶宽很窄,边

---

① 乾隆《汲县志》卷 2,《舆地下》,乾隆二十年刻本,第 4 页。

② 乾隆《汲县志》卷末,《杂识》,乾隆二十年刻本,第 11 页。

③ 《洪涝档案史料》,第 237–238 页。

④ 李实秀:《条陈沁河冲决疏》,乾隆《卫辉府志》卷 38,《疏》,乾隆五十三年刻本,第 19–20 页;乾隆《汲县志》卷 12,《艺文上》,乾隆二十年刻本,第 11 页。

⑤ 《洪涝档案史料》,第 384 页。

坡 1:1。最大泄洪能力仅 130 立方米/秒,所以,每逢洪水季节便四处溃溢。① 卫河上游各地依然水灾不断。

(二)卫河流域处于典型的季风气候区

由于卫河流域处在季风区,西部太行山对气团水汽起抬升作用,山区常出现强度大的暴雨。② 虽然每年气候的差异,可能导致各年降水的不同。即使是夏秋伏雨之季,有时阴雨连绵,数十日不止,如光绪九年(1883 年)馆陶的涝灾就是"本年因连旬大雨,又加上游山洪暴发,各河同涨,使西南各属被灾"③。有时虽大雨时行,而却阴晴相间。虽然两者的降水量大致相同,但形式的不同致使涝灾的程度亦相去甚远,如嘉庆十三年(1808 年)"雨水虽大,然系晴雨相间,与嘉庆六年(1801 年)情形不同,嘉庆六年大雨未晴,收成大歉"④。但总体来说,卫河流域处于季风区是水灾多发的重要原因之一。

如若夏季伏雨在个别年份与台风带来的丰沛降水重叠,就会致使降水过于集中,卫河各支流全面轮番涨水,河流宣泄不及导致大水灾的发生。如道光三年(1823 年)发生的"耆民金云数十年来未见"的大水就是一个典型的例子。辉县令周际华在说到道光年间的大水时指出:"近年来雨水过多,辉邑乡路半归塌没,而北阳里属在西南,地处洼下,尤为山水所浸,是以道路淹断,桥梁倾圮,行者苦之。"⑤多因素叠加造成惨重的损失。

关于道光三年这次全流域性大水的具体情况,据七月十一日直隶总督蒋攸铦奏报的情况可以看出,"本年自春徂夏,缺雨干旱,麦收歉薄。迨六月初旬(7 月 8 至 17 日)以后,大雨连绵,异常倾注,各处山水陡发,甚为汹涌。永定河叠报漫口。运河亦同时盛涨,出槽满溢,其余无河不涨,附近河堤村庄及低洼之地无处不淹。据藩司……呈称……大名府属之大名,元城,南乐,清丰……八十一州县,陆续禀报田禾被水冲淹,兵民房屋城垣衙署亦均有倒塌等情"⑥。这仅是直省受灾后马上上报的受灾详表,实际上还有一些受灾地方没有包括在上述的地点中,据十二月蒋攸铦复查后的奏报,直省水灾州县厅数已上升到了 111 个,基本上是全省都遭受到了水灾的危害。据现

① 新乡市地方史志编纂委员会编:《新乡市志》第三十五卷,《农业》,生活·读书·新知三联书店 1994 年版,第 359 页。

② 杨持白:《海河流域解放前 250 年特大洪涝史料分析》,《水利学报》,1965 年第 3 期,第 56 页。

③ 《自然灾害史料》,第 779 页。

④ 《洪涝档案史料》,第 311 页。

⑤ 周际华:《北阳里修路碑记》,光绪《辉县志》卷 16,《艺文·记下》,光绪十四年郭藻、二十一年易钊两次补刻本,第 19 页。

⑥ 《洪涝档案史料》,第 391 页。

有档案记载的统计,整个海河流域的受灾州县达 139 个。在沁河流域,尽管从黄河的情况来看,"万锦滩先后长水七次,……核计所长之水较常年尚属相仿"①。但沁河上游"自入伏以来因暑雨较多,山水暴发,叠次异涨",沁河的涨水受黄河洪峰的顶托,宣泄不畅,武陟、河内一带沁河的堤防"无不溃埽塌堤"。七月初四、初五(8 月 9、10 日),又有大雨滂沱,通宵达旦,沁、丹两河同时猛涨。此时正遇黄河的洪峰,"长水三尺余",擎托水势,使两河下游去势缓慢。漫水由小丹河经行修武、获嘉、新乡、汲县、浚县一带归注内黄县境内的卫河,沿途大名、临清、清河以及南运河沿线各地主要受这股来水的影响。卫水共"积涨二丈一尺三寸之深,实属非常之涨,为往年未有之事"②。在漳河与卫河汇合处的彰德府一带,漳河、卫河及其支流洹河、汤河、羑河等亦同时泛涨,给当地及其下游造成严重水灾。据河南巡抚程祖洛综合彰德府禀报的资料称,"六月十二、三日(7 月 19、20 日)节次大雨后,漳河、洹河、汤河、羑河、卫河同时泛涨"。六月十七日,山水陡发,洹河再次暴涨,河堤多处过水缺口,由于洪水水势的强大,汇入漳河河道后独占正河,致使漳河水位抬高,上下漫成一片,洪水在樊马坊一带顺流东趋,刷成口门"一百二十余丈"③,排山而下,上下百余里四面皆水,道路不通。七月初三日,彰德府一带又出现暴雨,河南巡抚程祖洛赶到这一带视察时,看到"大雨倾注","七月初六日水势陡涨五尺二寸,连底水共深九尺","风狂雨大,巨浪奔腾"。"日来复接据彰德府属之临漳、汤阴、内黄、林县,卫辉府属之汲、淇、辉、浚等县,怀庆府之河内县禀报,或洹、卫、汤、羑、淇、丹六河水涨,或系山水涨发,多有村庄被淹。"④据满志敏先生研究,此次大水是由于西南季风水气丰富,东亚大槽的位置相对稳定,使槽后的雨带持续维持在太行山以东的地区,加以台风从东南沿海登陆后减弱成热带气旋所带来的大量降水而共同作用形成的。⑤但无论如何,这次集中降水导致该年遍及包括卫河流域在内的整个海河流域的大水灾,给受灾地区造成巨大损失,也在一定程度上削弱了清政府的经济实力,使其抗灾能力减弱。

(三)排水河道经常淤塞

卫河是一条清水河,河水泥沙含量较小,故卫河干流淤塞程度较轻,所

---

① 《洪涝档案史料》,第 545 页。
② 《洪涝档案史料》,第 385 页。
③ 《洪涝档案史料》,第 383 页。
④ 《洪涝档案史料》,第 383 页。
⑤ 满志敏:《评〈清代江河洪涝档案史料丛书〉》,《历史地理》第 16 辑,上海人民出版社 2000 年版,第 344 页。

以夏秋之季山洪暴发,洪水齐聚是导致水灾发生的主要原因。但是卫河支流河道的淤塞,也是造成卫河流域水灾不可忽视的重要原因。河道淤积之后,山水陡发而无以下泄,淹浸就不可避免。如安阳县由于城壕淤塞,久未疏浚,每到夏秋,往往形成水灾。据记载,安阳县"壕阔十丈,深二丈,岁久淤平,仅存护河形迹,每西山水发,下流壅塞,民庐田亩,多苦淹没"。安阳的万金渠本来是泄水要道,不仅"用以溉田惠民,祛害就利",但"自岁久淤淀,壕与岸平,上游壅阏,地势西耸东注,时届夏秋,山水陡发,奔腾澎湃,冲突西郛,民庐沉灶矣。而城东之茶店坡、吴村、八里庄,地尤卑下,尽伦泽国,民苦及溺"①。其实在清初康熙年间就已有人明确指出,"天启丙寅大雨,水几入城,是二百余年所仅见。而康熙七八年间,水害遂三至,堤岸皆没,树仅见梢,怒涛挟雨雷撼风排西北二城之址,壁半圮水,突入城闉者丈余,居人之不为鱼者幸乐"。并明确指出,安阳县严重被水的根本原因就是"渠道淤塞,输泻无归"②。

卫河其他支流亦大致如此。当然,因河道淤塞而导致水患的深层原因是官府筹备不力,没有及时疏浚河道。周际华关于修治河渠的论述精辟而深刻:"兴水利者有司之现,避水祸者百姓之宜,辉邑东北地高所虞者亢旱也,西南洼下所虞者水涝也,北阳云门流河等处,往往秋水涨盛,淹没时形,此自来之形势使然,然亦筹备不力也。"接着他又指出因河道淤塞、筹备不力造成的巨大损失,"雨竟夜不止,昧爽报大水忽至,汗漫无津,南北街成渠,深丈许,入民房者三四尺,墙倾屋陷,水势雷鸣……乡邻音耗不得通,水稍杀,登楼而望,麦田皆泽国矣……询其故,则峪河淤垫,久未疏通,是以横溢无归,致为民害。……此水自太行山建瓴而下,沙石飞走,麦之受害尤暂也,而地之受压难堪矣"。为救民于水火之中,周际华有言:"乃先捐俸为暂时疏通积水之计,……并劝各就其村庄之极底者用地二三十亩或五六十亩不等,公众捐钱买出,出夫力以浚之,俾永为受水之处。庶几水有所归,不致横决耳。金曰:'如此办理,甚善。顾以御小水则可,若大水至,则南流之丹河壅滞而北下之水势难消,虽辉邑疏通,其如获嘉、新乡之阻碍何如也!'"③所以,要治理河道淤阻,减少水患,就要从上到下全流域治理、疏通方可。如果没有全局观念,只疏通局部,则上游畅通而下游阻塞,小水则可,若发生大的洪水,

---

① 嘉庆《安阳县志》卷8,《建置志·城池》,民国二十二年北平文岚簃古宋印书局铅印本,第2页。

② 乾隆《彰德府志》卷26,《艺文·碑记》,乾隆三十五年本,第26页。

③ 周际华:《劝修理河渠》,道光《辉县志》卷18,《艺文·杂著》,光绪十四年郭藻、二十一年易钊两次补刻本,第45页。

同样会造成水灾，只不过是把发生水灾的地区推延到下游的地方而已。

（四）漳河的频繁迁徙

滑县、浚县以下各地，尤其是汤阴、安阳、内黄、清丰、南乐等地，水灾多发的原因更多的与漳河南迁夺浿或直接入卫息息相关。关于漳河夺浿或直接入卫对相关地区的水灾影响，在本章第二节已有论述，这里不再赘述。

众所周知，漳河泥沙含量很高，而泥沙含量高也直接导致河道淤塞垫高，抬高河床，这成为引发水灾、发生河道迁徙的重要原因。但是关于漳河泥沙含量较高的原因，学界大多认为明以来太行山植被遭到严重破坏，导致水土流失严重，引起漳河等发源于太行山的河流泥沙含量大增。[①] 其实，除了太行山植被遭到严重破坏，导致漳河泥沙含量较高之外，另一个重要原因则是河道流经地区土质的不同。否则，就无法解释同是发源于太行山南段的浊漳与卫河泥沙含量却截然不同。所以，笔者认为，漳河泥沙含量高的主要原因是由于漳河流经地区的土壤松软所致，比如临漳就是"水浊土软，渠之淤塞坍塌者所在皆然"[②]。当然也有水势大小、植被减少等其他因素的影响。这样的地理条件，使漳河河道淤积速度很快，所以经常发生决徙改道，从而引起相关地区的水灾。

除了上述各种原因造成的水灾，其他一些自然灾害也会间接造成水灾的发生。比如风灾可能造成河道堵塞[③]、地震也会引起河溢[④]，从而引发水灾。不过这些因素并非导致卫河流域水灾的主要原因，故不再详述。

二、社会原因

关于造成灾荒的原因，邓拓认为："历代严重灾荒的发生，自然条件固然有相当的影响，但是我们详考典籍的记载，进一步研究灾荒形成的最后，或促发严重的基本因素，那我们就会发现，驾乎自然条件之上的，还有最根本的人为的社会条件存在着。自然条件虽为构成灾荒的原因之一，但并不是终极的原因。地理环境和气候变迁，固然随时随地有招致灾荒的可能，但最

---

①　刘洪升：《唐宋以来海河流域水灾频繁原因分析》，《河北大学学报》，2002 年第 1 期，第 23-27 页；高学文：《中国自然灾害史》（总论），地震出版社 1997 年版，第 388 页；等等。

②　李泽兰：《西门渠说略》，光绪《临漳县志》卷 16，《艺文·杂志》，光绪三十年刻本，第 53 页。

③　获嘉县志编纂委员会：《获嘉县志》，《大事记》，生活·读书·新知三联书店 1991 年版，第 18 页。

④　《自然灾害史料》，第 698 页。

后所以造成严重的灾害,甚至达到极其严重的境地,实与社会内部条件有极大的关系。自然环境属于外部条件,唯有通过社会的内部条件,才能对社会发生影响。"①时人对这个问题的认识亦十分清楚,"天不为灾,有之亦人力自为之也。地无沟渠以资灌溉,则无以救旱夭。雨过多地无宣曳,亦自成灾。水旱之灾,完全在乎人力、财力之救急预防,天安能救之、防之哉?诿曰天灾者,亦以人民昧于科学常识,不得诿诸天命耳。……诿曰'天灾',岂天之过欤?"②可谓一针见血。具体来说,人为的因素主要表现在以下几个方面:

(一)堤防被人为破坏

河道的堤防,是约束洪水的重要屏障。可是,在中国古代生产力低下、人多地少的情况下,百姓为了生活,就会不惜一切开垦土地种田,即使河道堤防也不放过。卫河流域的河流季节性很强,在枯水期甚至断流干涸。漳河每逢春季,河水"深才没胫,极小船亦不能行驶"③,有时则完全干涸。百姓看不到堤防的长远价值,往往破堤开田。如临漳县境内的漳河堤防,当地居民为了开地耕种,就在漳堤上取土,"犹可望其填淤肥美",如此使得"堤旁取土皆成坑坎"④,可以想见,这样的堤防在大水来临之时,自然不能起到堤防的作用。

大名县境内的堤防亦是如此。居民贪地之利,往往以河为圃,为了灌溉,就用桔槔或在堤防上挖洞。当洪水来临,往往由此决溃。"濒河居民嗜利忘害,每以河为圃,桔槔致之或穴堤以通沟洫,水至而后涂隙,深涂浅溃多由此。"⑤即使在下游临清附近,沿河居民也把河道、堤岸及岸外埝道变为耕田。清末民初,"由临清迄黄河北岸,计程二百余里,所有汶河河道、堤岸及岸外埝道悉为沿河居民纳租垦种。向之交通孔道悉变为膏腴良田",黄河以北的会通河完全废弃。⑥ 这样的堤防状况,一旦洪水来袭,决堤漫溢必不可免。

① 邓拓:《中国救荒史》,北京出版社1998年版,第84页。
② 民国《茌平县志》卷11,《灾异》,民国二十四年铅印本,成文出版公司影印,第23页。
③ 民国《临清县志》,《疆域五·河渠》,民国二十三年铅印本,第20页。
④ 吕游:《开渠说二》,光绪《临漳县志》卷16,《艺文·杂志》,光绪三十年刻本,第32页。
⑤ 康熙《大名府志》卷31,《艺文志》,康熙十一年刻本,第16页。
⑥ 民国《临清县志》,《疆域志·河渠》,民国二十三年刻本,第28页。

(二)河流滩地被沿河居民垦种

滩地是平原河床季节性淹水的微地形。河流的滩地虽然不是河流行洪的主河道,但当遭遇几十年一遇甚至百年一遇的洪水时,滩地却是河流行洪的重要区域。而对于季节性较强的卫河而言,往往会在涸水期"泉源微细,时常干涸,而民间常以河身种麦,地方官不加查察,一有水发,则弥漫遍野,所以贪尺寸之利而受患无穷也"①。可是,在清代的地方官员却认识不到问题的严重性甚或是为了政府租课收入的增加,往往采取给耕牛、麦种等形式劝民开垦。这种行为反而还会受到当地百姓的称赞和歌颂:陈大玠,福建晋江人,五经进士。居官仁明勤慎,严绝苞苴。遇漳水泛涨,坏民居,沿村给钱修整,按地亩给麦种,详请发仓储万余石散赈。邑西南地洼水聚,开渠十二注诸河。劝民垦河滩,助以牛种。总督王士俊称之曰:"民歌令德几于掩西门轶史公矣。"李宜芳,山东诸城人,进士。详免漕米豆四千余石。请豁租课地二百顷,赔粮河滩地四十三顷。② 这种情况均以为民请命的父母官形象被记入地方志中,足见人们对此问题只是停留在发展农业的层面上,而完全没有考虑可能因此造成的严重水患。

临漳县漳河迁徙频繁,"民多有粮无地,向例南塌北种,北塌南种"③。这种耕种滩地的情况,一旦发生洪水,无疑会阻碍洪流的下泄速度,人为地造成水灾的发生。所以时人有"人与水争地为利,以致水与人争地为殃"④的担心与警告。

更有甚者,一些排水河流的下游河道也常常被当地居民开垦耕种,从而影响河流洪水下泄,给上游地方造成水灾。修武县"东北一带地势洼下,至辉、获二县则其势渐高,断梗腐草之所棲泊,浊流浮沫之所停蓄,而辉获附河居民遂以河所经由之道垦为耕作之田矣。每至夏秋,太行山水暴涨,与夫一切沟浍之水并汇于新蒋二河,辉县人又筑堤其北,水势益不获所归,俾两河上游之田禾日在若灭若没之中,遂人人抱无年之痛矣。由是言之,二河末流不通,附河居民之获利有限而上游诸村之受害无已时也"⑤。这种原因造成的水灾,不能不说是当地居民的利己和短视之见!

---

① 陈仪:《陈学士文钞·直隶河道事宜》,可参见吴邦庆辑《畿辅河道水利丛书》,道光四年益津吴氏刻本,第21页。
② 光绪《临漳县志》卷7,《列传一·宦绩》,光绪三十年刻本,第16页。
③ 陈大玠:《磁、临河滩地碑记》,光绪:《临漳县志》卷12,《艺文·记上》,光绪三十年刻本,第58页。
④ 赵尔巽,等:《清史稿》卷129,《河渠四》,中华书局1977年版,第3829页。
⑤ 道光《修武县志》卷4,《建置志·渠堰》,道光二十年刻本,第18页。

(三)不合理的堤坝工程

堤坝虽是为了防水,但也要因地制宜,否则就会适得其反,"约束愈严,冲决愈甚"①。乾隆时期的贡生吕游就曾极力反对筑堤束漳,力陈筑堤之弊,他指出:"大凡无堤之处,水皆四散分流,随来随去,故水虽大不能为灾,但见为利不见为害。惟有堤束之,岁旱则水利绝不可得,至于堤溃之时,水皆聚于一处。夫水之性,散之则其力弱,聚之则其势猛。"②他认为有堤防"岁旱则水利约不可得,至于堤溃之时,水皆聚于一处",根本起不到堤防应有的作用。

吕游生长在漳河岸边烟落寨,对漳河应该是相当熟悉,他"笃于桑梓兴利除害竟尤挚",根据当时的情况,"漳河数徙,乃筑堤堵水,民罢于役,莫能除也。为著《衡漳考》,有开渠筑堤等篇,极言堤工之弊。乾隆二年……乙未夏河决小柏鹤,又决朱家庄,盛暑兴工,甚骚扰,乃以《衡漳考》上周君元谦上大宪,役乃罢,民困苏"。可见,他的提议在当时得到了清政府的认可,并得以执行。其后,"上宪屡欲复堤,王君允楚、王君果、姚君柬之皆取此书上之,卒得请"③。此三人均系嘉道时人④,所以,至少在嘉道以前,吕游的"无堤论"还在发挥着影响。当然,吕游的不筑堤防是与当时漳河的地理形势相一致的。某些地方河身低于堤外的堤防,在水灾发生时,阻碍洪水宣泄入河,从而加重灾情,造成更大的损失。毁去堤防,就是拯救万民于水害之痛苦,也许正因为如此,上述三人"民才德之"。

局部堤坝对其他地方的影响。前面提到的修武县东北部的水灾亦是因辉县人在新、蒋二河的北面筑堤所致。新、蒋二河系修武县涝水下泄的重要渠道,本来修武东北部就地势低洼,加上下游的辉县、获嘉二县则地势较高,所以容易遭受水灾。何况下游辉县、获嘉沿河居民不但开垦河道耕种,而且辉县人又在北部筑坝挡水,对于辉县居民来说,筑坝当然是为了本地免于水患,但如此一来,新、蒋二河下游被人为的堤坝阻挡,水无去路,自然会造成修武地方洪水停蓄,田禾淹没。"每至夏秋,太行山水暴涨与夫一切沟浍之水并汇于新蒋二河,辉县人又筑堤其北,水势益不获所归,俾两河上游之田禾日在若灭若没之中,遂人人抱无年之痛矣。由是言之,二河末流不通,附

---

① 河北省地方志办公室整理点校:民国《河北通志稿》第一册,《地理志·水道》卷3,北京燕山出版社1993年版,第374页。

② 吕游:《开渠说二》,光绪《临漳县志》卷16,《艺文·杂志》,光绪三十年刻本,第31页。

③ 光绪《临漳县志》卷9,《列传三·儒林》,光绪三十年刻本,第24页。

④ 光绪《临漳县志》卷7,《列传一·宦绩》,光绪三十年刻本,第17、18页。

河居民之获利有限而上游诸村之受害无已时也。"①这种因小失大,顾此失彼的方式在有清一代各地经常出现,从而人为增加水灾的发生和损失的扩大。

(四)太行山区过度开垦,水土涵养能力下降

在中国,人多地少的问题时常是困扰国人的一大社会问题。中国人口自明清尤其是乾隆嘉庆年间以惊人的速度增长,从乾隆十八年(1753年)的1.03亿激增到嘉庆十七年(1812年)的3.62亿。②到民国成立时,全国人口已逾4亿。据唐亦功统计,民国时期京津唐地区人口总数约为1000余万。③伴随着人口的急剧增长,人均占地迅速减少,直隶地区在乾隆十八年时人均占地0.47公顷。而到嘉庆十七年则降为0.18公顷,60年间下降了37.8%。④显然,在当时的生产力条件下,人口的增长速度超过了土地承受能力,再加上愈来愈严重的天灾,产生了大量灾民。为了生存,人们不断地向山区进发。每一次灾害过后,太行山都会遭到新一轮滥伐,不论荒山或林地,都片片开垦,结果破坏了土地的自然植被,土壤沙化,一遇大雨,极易引发水土流失,形成泥石流。

山地的过度开垦,必然破坏山区植被,从而降低土壤对水分的涵养能力和加剧水土流失的程度。辉县地处太行山区,清乾隆年间,地处太行山区的辉县西山一带,草翠山绿,环境怡人,"辉之四境,独西面辽阔,遥望西山一带,翠色扑人,尝闲步柳荫,小桥流水,稻秀莲实,虽江南不是过"⑤。可是,为了增加额赋,政府及地方官均鼓励当地百姓开垦山间荒田,"辉县之境,北西东三面皆山,而正西、西北则太行绝顶,俱与山西为邻,有辖入深山六七十里者,近亦不下二三十里。其山上、山腰、山脚、山峡旧皆有田,皆有民人居住,其废庄累累,砌崖参差尚可考而知也。自明末至今百年,邻邦州县俱开荒成熟,而此山之田荒芜仍旧,即间有开垦者,不过十之一二。"这些在山间开垦的田地,皆是"磊石为岸,聚土成田,名为梯田,全借人力,自无人修理,则岁久岸倾,土去石出,不堪耕种矣,又受山西数百里之水,每一暴发,建瓴之势

①　道光《修武县志》卷4,《建置志·渠堰》,道光二十年刻本,第18页。

②　梁方仲:《中国历代户口、土地、田赋统计》,上海人民出版社1980年版,第261-262页。

③　唐亦功:《金至民国时期京津唐地区的环境变迁研究》,北京大学(学位论文),1994年,第28页。

④　梁方仲:《中国历代户口、土地、田赋统计》,上海人民出版社1980年版,第394-400页。

⑤　孙奇峰:《荒田议》,道光《辉县志》卷17,《艺文·议》,光绪十四年郭藻、二十一年易钊两次补刻本,第43页。

冲塌居多，"形成严重的水土流失，"有净露石骨者，有冲成河身者"①。

虽然一些地方官员在其任期内也曾鼓励种植树木，绿化荒山，但当百姓青黄不接或灾荒年景生活无着时，便会毁坏山林，这与当时社会生产力发展程度以及当时社会政治、经济情况不无关联。清道光年间，知县周际华眼看田园日废，曾著文劝百姓多种树②，在当地产生不错的效果，浅山居民，曾栽植很多树木，逐渐成林。但清末至国民党反动统治时期，对劳动人民的压迫日甚一日，农村经济破产，农民为生活所迫，因而砍伐树木现象日益严重。……造成童山秃岭，水土流失面积显著增加，山区均受其害。③ 据翟旺统计估算，太行山的森林覆盖率，东汉至隋为50%～60%，唐时为50%，五代至金为30%，元明时为15%，清末降至10%以下。④ 昔日太行山区及其东麓的丘陵、盆地"都曾为茂密的原始森林覆盖"。但是经过千百年的过量采伐和破坏，森林日渐枯竭。到1949年，太行山林地覆盖率急剧下降。⑤ 河南林县一带原是"多良田美水，周田七八十里"的低山丘陵区，到清末民初也"童山濯濯，弥望皆是"。⑥ 到1949年，太行山林地覆盖率仅为3%。⑦

民国时期人们对森林的环保作用已有较普遍认识。民国三年（1914年），政府颁布《森林法》，明文规定凡具有预防水患、涵养水源、有关公共卫生、航行目标、利便渔业、防蔽风沙等性质之一的国家公有或私有森林得编为保安林。保安林"非经该地方官准许后不得樵采并禁止引火物入林"⑧，法令的规定表明当时人们认识到"造林为防止水旱灾治本办法"，提出在"水源山地，实行造林，严禁滥伐；严禁水源地开垦"⑨。这些法令无疑有利于保护生态环境。然而法令的制定与实际操作有很大的差异，民国时期滥伐森林以至于破坏生态环境的问题仍然十分严重。有学者认为明清时期包括卫河

① 孙正用：《荒田议》，道光《辉县志》卷17，《艺文·议》，光绪十四年郭藻、二十一年易钊两次补刻本，第45页。

② 周际华：《劝种树》，道光《辉县志》卷18，《艺文·杂著》引，光绪十四年郭藻、二十一年易钊两次补刻本，第37页。

③ 辉县志编辑委员会编：《辉县志》（第二卷）第十章，《林业》，石家庄日报社1959年版，第267页。

④ 贾毅：《白洋淀环境演变的人为因素分析》，《地理学与国土研究》，1992年第4期，第32页。

⑤ 单锡五：《给河北省政协王葆真副主席的一封信》，《河北日报》，1957年5月1日。

⑥ 民国《林县志》卷10，《风土·生计》，成文出版社民国二十一年版，第15页。

⑦ 梁勇：《历代破坏太行山区林木的概览》，《河北地方志》，1988年第1期。

⑧ 陈嵘：《中国森林史料》，中华农学会1951年版，第66页。

⑨ 陈嵘：《中国森林史料》，中华农学会1951年版，第97页。

流域大部分地区在内的河南自然灾害发生的原因主要是森林植被的严重破坏和水利事业的失修①,看来到民国时期此种情况依然没有改观。

(五)河道管理上的条块分割

清代水利的兴修基本是以县为单位,各自为政,"一邑之计,则数十里外即为异境"。这样的现实,造成"在此为切己之忧者,在彼未免为秦越之视"②的局面。所以,即使有"爱民如子者欲兴利以除害",也往往会动辄掣肘。临漳知县吕游曾经设想,在漳河沿岸各郡"得一廉能之吏,统领漳滨数郡而总领之"③,按照宜疏不宜防的原则,顺水就下之性而不与之争,则既可利农,又可减轻水灾之患。但是,在(康熙)乙未之夏,漳河决小柏鹤村时,虽然临漳县在洪水过后,已经种上二麦,但下游的大名县等地却洪水成灾,……虽然如此,吕游却极力主张不在小柏鹤决口处筑堤堵口,并得到巡抚徐中丞之支持而实行。这无疑也是一种地方利益为主的片面做法。虽然"临魏两县蒙恩多矣"④,但可以想见,位于下游的大名境内却因此而受灾惨重。可见,如果没有法律制度的保障,即使所谓的廉能之吏也脱不了以地方利益为重的窠臼。

辉县在道光年间发生了一次"从古未见"的特大水灾。据周际华所记,当时"汗漫无津,南北街成渠,深丈许,入民房者三四尺,墙倾屋陷,水势雷鸣。余困于镇者四日,乡邻音耗不得通,水稍杀,登楼而望,麦田皆泽国矣。"这次大水,固然也是因河道不通所致。但当知县劝百姓捐资购买地亩,出夫疏浚"庶几水有所归,不致横决"之时,当地百姓却佥曰:"如此办理,甚善。顾以御小水则可,若大水至,则南流之丹河壅滞而北下之水势难消,虽辉邑疏通,其如获嘉、新乡之阻碍何如也!"⑤也就是说,即使本邑疏通,下游不通,水无所归,依然无法解决当地水患。在河道的条块管理面前,本地惨重的洪涝灾害也是如此的苍白!无奈之情溢于言表。

辉县出现此种"辉邑通而获嘉、新乡阻碍"的情况,地居沁河较近的修武

---

① 马雪芹:《明清河南自然灾害研究》,《中国历史地理论丛》,1998年第1期,第30页。

② 陈仪:《直隶河渠志》,吴邦庆辑《畿辅河道水利丛书》,道光四年益津吴氏刻本,第4页。

③ 吕游:《漳滨筑堤论一》,光绪《临漳县志》卷16,《艺文·杂志》,光绪三十年刻本,第37页。

④ 吕游:《漳滨杂记》,光绪《临漳县志》卷16,《艺文·杂志》,光绪三十年刻本,第42页。

⑤ 周际华:《劝修理河渠》,道光《辉县志》卷18,《艺文·杂著》,光绪十四年郭藻、二十一年易钊两次补刻本,第45页。

县也一样受此困扰,所不同的是,修武经过多年努力,最终通过自己出资、自己疏凿的方式解决了本县东北部的水患问题。由于修武离沁河很近,所以经常遭到沁河决口的危害,"延陵村西北正北有沙河一道,系乾隆四十九年武陟卢里村沁河决口。嘉庆二十三年武陟古樊村又决,水出五里许即入修武境南霍村、北雎村,县南诸村正当其冲,损坏田庐无数。道光三年秋武陟老龙湾沁河又决,淹没县南一带田禾,每逢秋潦水涨,河漏水流不息,至今犹然"①。这种情况,均是因为"每至夏秋,太行山水暴涨与夫一切沟浍之水并汇于新蒋二河,辉县人又筑堤其北,水势益不获所归,俾两河上游之田禾日在若灭若没之中,遂人人抱无年之痛矣。由是言之,二河末流不通,附河居民之获利有限而上游诸邨之受害无已时也"。其实早在此之前的乾隆二十二年、二十五年"官斯土者屡有疏壅决滞之举,但以地界辉获二县,不免有所牵制,是以功终不就"。可以想见,虽然同为一河,却事涉卫辉、怀庆二府的三县,地方所属不同,自然难免掣肘。只有多方协作,方能达至彻底治理之效。但问题是涉及二府三个县,利益不同,协调起来并不容易。

到了道光初,在修武知县的多方协调下,历时一年多方才动工,最后完成新、蒋二河的疏浚治理,"遂会同卫辉怀庆二府辉获二县图度形势,折衷郡议,区处擘划者年余而后克从事焉。……新河自翠梧桥之北迤东,其挑五百余丈。蒋河自头道横河起二道横河止,其挑七百余丈,河面俱宽二丈、深五尺,河底宽八尺,共用制钱七百缗有奇,皆明府捐办不以累民。今而后修邑东北一带庶免淹没之患乎!"②但是,这种"导达之举,未能上下数十里通体疏沦,故不数年辄埋塞如故"。道光十年(1830年),虽然知县赵凤崖让上游附河居民,各随地亩所值修筑崖岸,决排壅滞,但下游辉、获二县的河道依然没有疏治,于是"乃多雇役夫,独力任其经费,而少府陈莲峰又左右之,新河下游疏凿五百七十五丈,蒋河下游疏凿六百二十五丈,新河由头道牐口入丹。蒋河由二道牐口入丹,凡阅三旬而事毕,而水道遂以舒畅无滞"③。为了本邑百姓的安危,修武知县只有自己出资,疏凿本不该归本县管理的辉县、获嘉二县的河道,从而最终得以解决修武东北部水患的问题。可见,条块分割式的管理方式对治理水患的巨大影响。

(六)政治腐败及官吏渎职

清中后期卫河流域灾荒连年,除"天威"这一自然原因外,更重要的还在于"人力"——晚清政治统治的失效和腐败。按孙中山先生的话说,"治河有

---

① 道光《修武县志》卷4,《建置志·渠堰》,道光二十年刻本,第17页。
② 道光《修武县志》卷4,《建置志·渠堰》,道光二十年刻本,第18页。
③ 道光《修武县志》卷4,《建置志·渠堰》,道光二十年刻本,第19页。

上计,防洪有绝策,那就是斩了治河官吏的头颅,让黄河自生自灭","中国所有一切的灾难,只有一个原因,那就是普遍的又是有系统的贪污,这种做法是产生饥荒、水灾、疫病的主要原因,同时也是武装盗匪常年猖獗的主要原因"①。这是不可忽视的社会政治原因。在清朝前期,统治者尚能讲求水利,虽有灾荒,但为害还不是十分严重。而道咸以降,战乱频仍,军需浩繁,河工经费常被侵挪,以致水利不修,河务废弛,……加之各级官吏对河工经费的层层盘剥和营私舞弊以及地方官绅在防洪中不顾大局、以邻为壑,不仅严重削弱了防灾、抗灾能力,而且往往造成人为灾害。② 如清末的河南省,虽"地势平衍,卫、淇、沁、潭襟带西北",然"今河道半皆壅滞,沟渠亦多荒废",③如此情形,水灾频发也就不足为奇了。

更何况,河务工作多有弊端,即使在清初期也不能幸免,据怡贤亲王所奏,"臣等奉旨查修水利,遍视诸河,堤岸坍颓,河身淤塞,盖由事权不一,稽核难周。统辖于总河者既有遥制之艰,专隶于分司者不无因循之弊,以致钱粮不归实用,工程止饰目前,冲溃泛溢率由于此。……畿南诸河旧有管河同知、通判、州判、县丞、主簿等员悉听管辖。至……大名道止管广、大二府,所属州县钱粮命盗案件原听直隶藩臬稽核考成,道员甚属闲冗。今既定为河道专管,应将所属州县事务总归知府考成,省无益之案牍,励有用之精神,而河道事务可以悉心料理矣。"④可见清政府已认识到此种弊端,但治理结果却并不明显。

综合以上对卫河流域水灾原因的分析,可以看出,除了地势和气候的影响之外,其他导致卫河水灾的因素,无论是河道淤塞、植被破坏,还是人为耕垦、制度弊端等,无一不与人类的活动密切相关,所以,可以这么说,人类的因素是卫河流域水灾的主因。古人"'人事'重于'金穰木饥'"⑤的说法不得不引起我们的重视!

① 孙中山:《中国的现在和未来》,《孙中山全集》第1卷,中华书局1981年版,第89、90页。

② 池子华、李红英:《灾荒、社会变迁与流民——以19、20世纪之交的直隶为中心》,《南京农业大学学报(社会科学版)》,第72页。

③ 赵尔巽,等:《清史稿》卷129,《河渠四》,中华书局1977年版,第3851页。

④ 允祥:《怡贤亲王疏钞·请设河道官员疏》,吴邦庆辑《畿辅河道水利丛书》,道光四年益津吴氏刻本,第20页。

⑤ 《畿辅水道管见·书后》,吴邦庆辑:《畿辅河道水利丛书》,道光四年益津吴氏刻本,第33页。

第二章

疏防与救助：对卫河流域水灾采取的措施

在中国，自古以来就有先民与洪水做斗争的史料记载，如上古传说时代舜为治水采取堵筑之法，虽最后未能成功治理滔天的洪水，但可以说是华夏民族的祖先有意识地与洪水斗争的开始。《禹贡》所载禹导九州而大河"顺轨"，这种斗争一方面可以反映人类治理洪水技术的进步，另一方面也可以看出人与自然之间的互动关系。

第一节　对泛滥洪水的治理

一、治理洪水的方式

对洪水的治理，可以分为事前防御和洪水发生后的事后堵筑两种情况。其具体措施主要有以下几种：

（一）修渠、浚河

关于修渠、浚河的作用，吕游在《开渠说一》中早有详论①。因为卫河沿岸地势低洼，坡塘连绵，一遇洪水，便成泽国。为分洪水汹涌之势、涸被淹之农田，从而减轻灾情，降低损失，修渠浚河便成为地处坡洼中的各县在治理洪水时经常运用的治洪措施。

---

① 吕游：《开渠说一》，光绪《临漳县志》卷16，《艺文·杂志》，光绪三十年刻本，第27～29页。

　　汤阴县地势低洼，河渠较多，易遭洪水侵害，是洪涝灾害的多发地，故修渠排涝是当地的重要任务。雍乾之间的县令杨世达，就是治水的一个突出人物。他在雍正七年(1729 年)至乾隆三年(1738 年)的九年任期内，在县境东北、东、南易涝地区先后开挖排洪沟渠 13 条，疏浚河渠 2 条，全长 144.5 里，在汤河、卫河上修筑堤堰 10 道，涵洞 1 个，桥梁 13 座。[①] 这些小型水利工程的兴修，大大减轻了汤阴的洪涝灾害，保证了当地百姓的生产和生活，从而得以安居乐业。

　　修武县知县刘建吉在本县经常受淹之处开渠，还使当地成为沃壤。该县西南上承武陟宁郭河诸水，田多被淹没。乾隆二年(1737 年)刘率民从寨里村起至平政桥止，开渠道 23 公里，名曰硝河，直达新河，使县西南变成沃壤。[②]

　　内黄县通过开挖新渠和改变旧渠流向，从而避免硝河水直冲县城。流经内黄县的硝河原指硝河陂。康熙三十八年(1699 年)，知县钱焜请就其流势疏浚成河，南起硝河头，北至小店(店集)桥出境，经清丰留固村西入卫河。境内长 20 余公里，宽 1 丈(3.3 米)，深 4 尺(1.3 米)，名曰柯河，一名永丰渠。雍正十一年(1733 年)，知县陈锡辂复以是水直射邑城，改移西向，转北而东，抱城南、西、北三面，委蛇潆洄，折而北流。[③] 从而彻底解除冲城之患。同时，该县地处洹河入卫顶冲之区，向来水灾多发，漳河夺洹入卫更是加重了当地的灾情。"自乾隆六十年三台村决冲入洹河并流入卫，二十年来灾患频仍，以猛涨之漳助入激流之洹，而又束以长数十里，宽数十丈之堤，欲其无决势所不能，故自三台村至入洹处所并无堤岸，为害尚浅。惟自入洹处所至入卫之区，岁多决漫，为害甚巨，前年幸漳洹分流"。趁此之机，请准朝廷"借项修浚，村庐得有护卫，并于内黄境内马家洼地方开沟分泄漫水，甚资得力，从此水患冀可轻减"[④]。水患之所以减轻，亦是修浚、开沟分泄漫水，减少漫水浸渍时间的正面效果。田禾不被淹浸，才能够最大限度地保护田禾，避免减产或绝收。

　　对于地处太行山东麓缓冲地带的汲县而言，因泄洪水道很少，更需要新开支河，以泄骤发的洪水。据县志记载，汲县"地极洼下，境内绝无沟渠，惟

---

　　① 汤阴县志编纂委员会编：《汤阴县志》第五章，《水利》，河南人民出版社 1987 年版，第 148 页。

　　② 修武县志编纂委员会：《修武县志·人物》，河南人民出版社 1986 年版，第 761 页。

　　③ 史其显：《内黄县志》第十七篇，《水利》，中州古籍出版社 1993 年版，第 330 页。

　　④ 光绪《临漳县志》卷16，《艺文·杂志·节录徐中丞摺语》，光绪三十年刻本，第 43 页。

恃卫河一道以为宣泄,而卫河又极浅隘,每当伏秋霖潦,西北太行诸山坡水,奔注辄有漫溢之虞。……雍正乙卯,新乡士民呈请开浚孟姜女河,导其地白水坡、关家庄等处,二十余里之水直达郡城西小石桥入卫河"①。用增加泄洪渠道的方式来加速洪流下泄,减轻夏秋伏汛时洪水因下泄不及而形成的洪涝。

当洪水暴涨,冲坏田庐,淹没村落,漫溢为害时,一些地方热心公益的有识之士也往往主动开渠泄水,拯救村民。乾隆丁亥,沁河泛溢,滑县"村几沦没",热心义举的当地人任士哲"以己田开渠,水不为害"。②

对于河道淤塞严重,影响洪水下泄的河渠沟壕,则要及时进行疏浚,否则,当洪水骤发,下泄无路,必然造成当地洪水泛滥,危害百姓。浚河的时间一般是在一年中的春或冬月,在水量相对较小的月份或相对干旱的年份进行。因为相对干旱,使得河水流量减小,有利于疏浚工作的进行。如乾隆四十三年(1778年),临清州及周围六十三县春夏大旱,当地就利用这个机会疏浚卫河。③

疏浚的河流包括很广,大到河流主干,小到城壕沟渠,只要淤阻有碍洪水下泄,可能淹浸田庐村庄的沟渠均在疏浚之列。清初顺治十四年(1657年)二月,汤阴知县康永叔,以汤阴菜园以东屡决,主持疏河20里,两月竣工。临漳县地滨漳河,漳河的频繁迁徙决口,使临漳水患频仍。尤其是临漳县西南,地势洼下,水淹田禾。康熙三十六年,知县陶颍发查有入河旧沟形迹,循旧开浚万金渠,可惜年久淤塞。雍正七年,知县陈大玠勘详……万国宏查看饬令疏浚……自义成村至邢固村入安阳县小青龙渠,计长二千一百三十五丈。④ 这条万公所开的万公渠,自义城、彭城、乐安等村经邢固村前青龙渠汇百阳渠入洹河通卫河而达海。"曩旋开旋淤,而石桥岸柳陶令碑迹皆昭著。蒙郡宪万公亲勘旧址,饬令疏浚,深广刊示,永禁淤塞。百姓均沾惠泽,群称为万公渠。"⑤陈大玠亦在临漳县西南洼地开凿注诸河的二十渠,解决了临漳县西南洼地聚水淹浸之患,并"劝民垦河滩,助以牛种",当地百姓视其成绩堪与史起相类,所以,制军王公士俊称之曰:"民歌令德几于掩西门

① 乾隆《汲县志》卷末,《杂识》,乾隆二十年刻本,第11页。
② 同治《滑县志》卷10,《义行》,同治六年刻本,第7页。
③ 山东省临清市地方史志编纂委员会编:《临清市志》,《大事记》,齐鲁书社1997年版,第14页。
④ 光绪《临漳县志》卷1,《疆域·河渠》,光绪三十年本,第41页。
⑤ 陈大玠:《万公渠碑记》,光绪《临漳县志》卷12,《艺文·记上》,光绪三十年刻本,第59页。

轶史公矣。"①

安阳县的城濠，据陈县志：濠阔十丈，深二丈，岁久淤平，仅存护河形迹，每西山水发，下流壅塞，民庐田亩，多苦淹没。乾隆二年，知县陈锡辂详请动帑挑浚四城河，面宽五丈，底宽三丈，深五尺，瓮城河宽三丈，又城北疏泄水支河，自是水得顺流，无漫溢之患。② 后来，陈锡辂"复疏浚城壕，于城北开泄水河，计长三百三十丈有奇，不扰民而事举，人人称便"③。今新乡市共产主义渠市区段，原称公利、民生渠，两渠系由辉县、新乡沿渠村民于雍正八年（1730 年）合力开成，口宽 10 米，底宽 2 米左右。公利渠起自新乡县贾桥村，流经招民庄、善河村、小杨庄南地入民生渠，长 10 公里。民生渠俗称块村河，起自新乡县大块乡土桥村，循行大块、原庄、东郭、马场、寺庄顶、大朱庄、西曲里北地通入卫河，长 15 公里，两渠总计流域面积 160 平方公里，大部分流域面积在辉县境内，历来为新乡、辉县的排灌河道。据《新乡县志》记载：光绪三十三年（1907 年）由淤阻严重予以了重修。④ 直到 1932 年（民国二十一年）尚可浇地 2 万亩，后由于河道年久失修，汛期便不断出现险情。⑤

当然，如果是牵涉两县或多县的河道，无论工程大小，都需要各方共同努力才能取得好的治理效果，如永顺沟的疏浚就是如此。它不仅分属两县，而且跨河南和山东两省。同治十三年（1874 年）南乐知县经两省督抚协商，会同朝城知县各就境内疏浚，取得"由是五六年来，民得平土而居之"之效。⑥ 反之，如果仅仅局部疏浚，则很难达到减灾之效。即使本地疏浚河道之后，洪水下泄顺畅，如若下游不疏，就会在未疏浚之地造成水灾。从全局来看，这不过是把水灾从一地推向另一地而已。比如辉县在道光年间四月发生了那次"从古未见"的特大水灾，固然也是因河道不通所致。但当知县劝百姓捐资购买地亩，出夫疏浚"庶几水有所归，不致横决"之时，当地百姓却佥曰："如此办理，甚善。顾以御小水则可，若大水至，则南流之丹河壅滞而北下之

① 光绪《临漳县志》卷 7，《列传一·宦绩》，光绪三十年刻本，第 16 页。

② 嘉庆《安阳县志》卷 8，《建置志·城池》，民国二十二年北平文岚簃古宋印书局铅印本，第 2 页。

③ 嘉庆《安阳县志》卷 25，《循政志》，民国二十二年北平文岚簃古宋印书局铅印本，第 10 页。

④ 新乡市地方史志编纂委员会编：《新乡市志》第三卷，《地理》，生活·读书·新知三联书店 1994 年版，第 154 页。

⑤ 新乡市地方史志编纂委员会编：《新乡市志》第三十五卷，《农业》，生活·读书·新知三联书店 1994 年版，第 362 页。

⑥ 史国强校注：《南乐县志校注》（以光绪本为底本），山东大学出版社 1989 年版，第 19 页。

水势难消,虽辉邑疏通,其如获嘉、新乡之阻碍何如也!"①可见,河道的治理非上下一致,整流域共同行动不能彻底解决水灾问题。

(二)筑堤、堵塞决口

不可否认,预先修筑沟渠与疏浚河道并不能完全预防水患的发生。当夏秋之际,洪水暴发,河水陡涨以致决口泛滥时,就要尽快堵筑决口,切断洪流来源。同时筑堤束水,使有所归,尽量缩小淹浸范围,以降低灾害损失程度。

河流决后,人们多半会采取堵口筑堤与疏河等措施配合进行。只有综合治理才能使洪水不致四处散漫,淹浸田庐。如辉县地处太行山区,"东石河自方山而南,汇众山积水建瓴而下,其势横决,不可遏抑。每遇夏秋之际,大雨时行,由东郭至于南关,不特淹没地亩甚多,即民房亦受其祸。推原其故,上流过急而下泄无所"。为了解决山水下泄的问题,当地官民"重疏新河,则此水顺河而去,自可安流矣。惟是入河一段,地势突起,皆前此水雍沙之故。若不急为开凿,则横决不免,则新河仍塞,此必不得已之功,不可不急备者也",于是知县"亲率民夫,塞者疏之,缺者培之。近河六十余丈,凿与河平。其北岸则就所凿之土筑成坚坝,无使旁溢"②。在疏导河道的同时还补堤、筑堤,保证山水下泄,使不致为患。

当然,因为筑堤工程要兴动民力,占用沿河田地,所以有时并不能得到当地官民的支持与理解。临漳县的漳河在清初康熙年间并未有堤防,吕游曾回忆当时的情况:"我生之初不闻有堤,有之自庚辰年厉家庄始,既防其南则决于北,故癸未年沙家庄继之,朱家庄又继之,乙未之夏河决小柏鹤,六月二十四日决朱家庄,是时,盛暑兴工合县骚扰,凡坟墓有近堤者、田禾将成者尽皆发掘,其践踏伤毁更无论矣。"③筑堤兴工,合县骚扰,所以他在《开渠说一》中坚论筑堤之害,力主开渠分水,以减轻漳河水患,同时指出这样做的十个好处。④ 虽然如此,自康熙年间临漳境内始有漳河南面堤防后,漳河却相继在北面的沙家庄、朱家庄、小柏鹤等地决口。当朱家庄第二次决口后,迫于形势的需要,才开始进行筑堤修防,以期能减轻漳患。可见就漳河而言,

---

① 周际华:《劝修理河渠》,道光《辉县志》卷18,《艺文·杂著》,光绪十四年郭藻、二十一年易钊两次补刻本,第45页。

② 道光《辉县志》卷16,《艺文·记下》,光绪十四年郭藻、二十一年易钊两次补刻本,第17页。

③ 吕游:《漳滨杂记》,光绪《临漳县志》卷16,《艺文·杂志》,光绪三十年刻本,第42页。

④ 吕游:《开渠说一》,光绪《临漳县志》卷16,《艺文·杂志》,光绪三十年刻本,第27-29页。

虽然筑堤并非唯一的治理措施，但也是不可或缺的。

　　对于漫溢之水，如不及时疏导下泄，沥水亦会造成局部的渍涝而影响生产，所以，除了正河筑堤以防之外，对于散漫之水也往往需筑民埝以约束之，使其不致为害，乾隆五年（1740 年），"卫河在临清决堤，庄稼被淹。六年，动帑修尖冢至杨栏等处民埝十五段，长二千三百二十三丈五尺"①。安阳县在嘉庆二十一年（1816 年）夏秋间，漳水漫溢，民田淹没，村落几为泽国，知县贵泰"乃于张家奇村决口，先事堵御，计坝工长一百丈，宽三丈，埽工五十丈，合龙跌塘处又二十丈，连土戗并抽沟，做工九千九百三十三方五分"，暂时解除当地水患，但为长远计，"若不预为堤防，束水合流，数村田禾，必致再为淹没"，因又"垫修圈堤，自程家奇村至苏家奇村二里，又至张家奇村二里，又至贤孝村四里，又至单家庄四里，又至西南庄八里，又至南伏恩村三里，又至豆公口村四里，计成圈堤二十六里，水归其壑，土反其宅，不逾月而积浸尽成膏腴，因被泽者不忍没其原起，故仍其所称之名，曰贵公堤"②。一些地方乡绅为保护田舍村落，也自发修筑民埝，嘉庆己卯（1819 年），黄水漫至城南，岁贡褚元凯"自执器具率里人筑堤，水乃由卫南陂退去，田庐多赖保全"③。

　　堵塞决口就是在河流决口后尽快合龙，以减少洪水下泄量，从而避免遭受更大的损失。一般而言，河流决口后都会立刻堵口，尤其是一些民修工程，"每年遇有漫溢，听民随时堵筑，"但自雍正十二年（1734 年）以后，却多半会等到大水回落后，实行"干堵"。乾隆元年（1736 年）魏县漳河于石槽村、马头村民堤漫溢，"该处自二麦之后，秋禾未种，于田庐无恙"，故按雍正十二年十月大名道的议定，"嗣后漳水漫溢，请姑缓至白露后堵塞"④而未马上堵塞。光绪九年（1883 年）八月，卫河于新镇郭村、码头决口，淹农田 30 万亩，也是到该年冬天才召集民众治理卫河，旧堤高宽各加五尺，共长 36 600 余丈。傅庄到侯胡寨一带居民将小堤加宽加高，总长 4200 余丈。双鹅头村民筑本村月堤，长 1300 余丈⑤。民国九年（1920 年）的卫河决口亦是如此。据沿卫河村庄老人提供：该年农历七月三十傍晚，赵站对岸偏南，卫河左堤决口，口门长 70 余步，流水 20 余天，程辛庄、于颍河、小王庄等村被淹。8

---

　　①　民国《临清县志》，《疆域志五·河渠》，民国二十三年铅印本，第 24 页。

　　②　嘉庆《安阳县志》卷 14，《古迹志》，民国二十二年北平文岚簃古宋印书局铅印本，第 16 页。

　　③　同治《滑县志》卷 10，《义行》，同治六年刻本，第 5 页。

　　④　《洪涝档案史料》，第 65 页。

　　⑤　浚县地方史志编纂委员会编：《浚县志》，《大事记》，中州古籍出版社 1990 年版，第 21 页。

月下旬水落后,有赵站、冀拐、花二庄、王庄群众堵复。① 这也就是陈端所谓"以不治治之"的精髓。②

堵复决口的实施者,根据工程大小不同,除了由官府组织外,也常常由当地百姓进行堵塞。马九韶,邑廪生,……道光二十三年,河决段汪村,与生员刘德彰倡议堵塞,所全活者以万计。③ 马朝干,嘉庆辛酉拔贡……二十三年,安阳尤家庄决口,淹及临境,与千总郭万禄、监生张家彦捐资堵筑。④

由上述可以看出,因为河流决口与洪水泛滥的时间不定,故堵塞决口与筑堤束水并不像修渠、浚河一样可以事先选一个有利的时机进行,而是要随时兴工,尽快完竣,但筑堤不可避免会对近堤之地有所破坏,所以古人有"自古治河堤堰最下策"⑤之论。虽然如此,筑堤之后"积浸尽成膏腴"的效果还是利大于弊的。当然,并非任何地方都适合开渠筑堤,筑堤与否要根据当地的具体情况而定,比如李泽兰亦认为临漳"土脉松软",易于坍塌和冲决,把筑堤和开渠比作扬汤止沸之谋和胶柱鼓瑟之见,故"水利之兴必须明其地势方可行事"⑥。同时,清至民初卫河流域堵塞决口也经历了一个由"湿堵"到"干堵"的发展过程。

(三)建设牐坝

为治理泛滥的河流,同时兴利除弊,有志之士还在河流上建设牐坝,随水情启闭,以资宣泄,从而避免水淹田地,保证农业生产。如清初卫辉府属之辉县王范村、怀庆府属之修武县校尉营等处,地居洼下,岁时积潦,一望汪洋,禾稼之区没为鱼虾之宅久矣,为解决当地洪涝问题,除"开渠二道引水汇入丹河,则积潦有所归。又拟于横河二口建牐二座以资启闭,则宣泄得其宜。……捐资庀材于五月三日兴工,迄六月十三日工竣。于时两地积潦由两渠引入横河,顺流而入丹河。向之一望汪洋者皆水涸而土见矣。得地四千五十四亩有零,给各地户分领承业"⑦。清初漳河经临漳县、魏县、元城、大名东北流,其中还有一支流经大名境内的丽家庄,这两个地方均在大名的上游,一旦漳河泛滥,对大名危害甚大,故乾隆二十四年直隶总督方观承奏准

---

① 大名县志编纂委员会:《大名县志》第二编,《水利》,新华出版社 1994 年版,第 183、184 页。

② 光绪《临漳县志》卷 16,《艺文·杂志》,光绪三十年刻本,第 21 页。

③ 光绪《临漳县志》卷 9,《列传三·笃行》,光绪三十年刻本,第 19 页。

④ 光绪《临漳县志》卷 9,《列传三·儒林》,光绪三十年刻本,第 24 页。

⑤ 光绪《续浚县志》卷 3,《河渠》,光绪十二年刻本,第 32 页。

⑥ 李泽兰:《西门渠说略》,光绪《临漳县志》卷 16,《艺文·杂志》,光绪三十年刻本,第 54、55 页。

⑦ 道光《修武县志》卷 4,《建置志·渠堰》,道光二十年刻本,第 16 页。

建坝，"以固堤防，而旧县之卫河堤亦重加修筹，元城之西店集堤，长垣之太行堤，自乾隆五年以来，并岁加修筑"①。总之，在河流上游建坝，启闭有时，以资宣泄，避免洪水陡发下游宣泄不及造成水灾。

可见，卫河流域的地理环境决定了其治洪形式的多样性。但无论如何，对洪涝的治理都要因地制宜，所谓"水利之兴必须明其地势方可行事"②。如此，才能达到兴利除患的效果。

二、资金来源

清代的治河经费来源主要有各部司库拨款和动用其他款项。

其一，各部司库拨款，包括户部和藩库旗租项下拨给。主要是用于运河、黄河及京畿之地河流的岁修、抢修、储料、运脚等款项，专款专用，有定额。咸丰以前主要由户部拨给，南运河每年岁抢修实银 21000 两。③ 道咸以降，由于军需浩繁，户部库款支细，不得不减少治河经费。1854 年，户部变通放款章程，将三河(永定河、南、北运河)每年抢修银减半给发，并令在藩库旗租项下拨给，从而使直隶河流修治的经费由原来户部拨款，转到由省藩库拨给。而且减半发给的河款，又按银钞各半，南运河只发实银两 5000 两。④ 1871 年，南运河按每 1000 两给实银 400 两，共合银 8400 两，北运河按四成给实银 14400 两。⑤ 河工的经常性资金的逐渐减少，使"应办河工大半停缓"，南运河原有减河早经废弃，加以黄流北徙，"由张秋穿运入卫，每届盛涨，险工林立"⑥。动用其他款项，包括贩款、练饷、厘金等。"部库暂难发给，司库亦极窘迫"⑦。欲饵各河之患，必想方设法筹集经费。1864 年春，培筑东明、开州、长垣黄河堤捻，因无款可筹，动用"同治二年抚恤银三万两改作以工代赈，分拨开、东、长三州县，以八成办工、二成办抚"，并以"每年抚恤银两拨

① 嘉庆《大清一统志》，《大名府一》，四部丛刊本，上海书店 1934 年版，1984 年 11 月重印，第 10 页。
② 李泽兰：《西门渠说略》，光绪《临漳县志》卷 16，《艺文·杂志》，光绪三十年刻本，第 54、55 页。
③ 《李鸿章全集·奏稿》(二)卷 33，岳麓书社 1994 年版，第 1072 页。
④ 《曾国藩全集·奏稿》(十一)，岳麓书社 1994 年版，第 6232 页。
⑤ 《李鸿章全集·奏稿》(二)卷 33，岳麓书社 1994 年版，第 1072 页。
⑥ 《李鸿章全集·奏稿》(二)卷 33，岳麓书社 1994 年版，第 1072 页。
⑦ 《曾国藩全集·奏稿》(十一)，岳麓书社 1994 年版，第 6195 页。

付工需。"①1870年动用江海关协直饷3万两修筑南运河。②

卫河自临清以下关系漕运安全,所以自临清以下的卫河与白河一样"为漕艘通达之要津,额设夫役钱粮,责成河官分段岁修而统辖于直隶河道总督"③。故当卫决临清,危及下游河道漕运时,也可能动帑修筑本该属地方管理的民埝。乾隆五年(1740年),"卫河在临清决堤,庄稼被淹。六年,动帑修尖冢至杨栏等处民埝十五段,长二千三百二十三丈五尺。九年又动帑修北水门至王家浅等处民埝十一段,计长五百七十九丈,是为本境卫河全部民埝修筑之始"④。咸丰元年(1851年),添修堤工,拨司库银十五万以工代赈。同治九年(1870年),知州周不澧因铁窗户一带历年漳卫涨发,直冲西北两岸,乃挑浚引河于东岸以分水势。后年久淤塞,光绪年间,水患尤频,曾拨库银四万两赈灾民,并筹建堤埝数处。⑤ 总之,政府动用国库银两兴修的河渠、堤埝,大多为事关国家漕运及京城安危的河道工程。

其二,借款。对于属地方办理的水利工程,工程用款是需要地方承担的,但因地方民贫无资,无力修浚时,也有向政府司道库暂行借款,以待来日由地方偿还。如乾隆二十四年漳河在厉家庄冲决后,就由于工程浩大,民力难恃,经"直隶前督宪方奏明,浚河筑堤皆由请项办理"⑥。据道光二年(1822年)程祖洛片,上年堵筑杨家堂缺口,亦由司道库垫发银两。⑦ 可见对于一些缺资的地方水利工程,只能由司道库垫发或暂借银两,以完竣工程。但是本属地方修筑的民堤民埝等工程,借款后要在短期内偿还,乾隆五十八年(1793年)河内、武陟二县被水,修筑例由民筑民修的堤堰,借用了库银,要分五年偿还这九千八百九十两工料银时还要专门申请。⑧ 有时为了体现皇恩浩荡,体恤民力,朝廷也会把地方灾后修堤堰的借款"作正开销",给予免掉。如乾隆五十九年(1794年),大名、元城被水较重,堤堰均系民修,"修筑民堰

① 《刘武慎公遗书》卷10,《奏稿9》,《河堤以工代赈开除用款片》,同治五年十二月初二,载《近代中国史料丛刊》第二十五辑,(台北)文海出版社1968年版,第1541页。

② 《李鸿章全集·奏稿》(二)卷33,岳麓书社1994年版,第1072页。

③ 允祥:《怡贤亲王疏钞·敬陈水利疏》,吴邦庆辑《畿辅河道水利丛书》,道光四年益津吴氏刻本,第1页。

④ 民国《临清县志》,《疆域志五·河渠》,民国二十三年铅印本,第24页。

⑤ 民国《临清县志》,《疆域志五·河渠》,民国二十三年铅印本,第20页。

⑥ 光绪《临漳县志》卷16,《艺文·杂志》,《查勘小柏鹤村漫口情形禀》,光绪三十年刻本,第23-26页

⑦ 《洪涝档案史料》,第367页。

⑧ 《清高宗纯皇帝圣训》卷152,《近代中国史料丛刊》,(台北)文海出版社,第2005页。

工料作正开销以纾民力"，由政府负担。① 一些廉政爱民的朝廷命官，甚至承诺以自己的薪俸作为偿还。康熙时大学士李光地因大名府属之内黄、南乐、浚县等处，苦于地洼水多，各有应修应浚大小河道，为了去害兴利，他曾上疏皇帝，要皇帝下圣谕鼓舞吏民，课其成效，并言"中间更有旗民乡绅豪富之地，故意阻格者。又有接连邻省地界，愚民争执不容修浚者。如系奉旨，事宜自然遵行，不敢违挠。"说明牵扯多方的工程，只有政令专一才能有效执行。关于通沟凿井修河等事的资金问题，他又指出，当地"虽出民力，然多有贫民开浚无资者。敢乞圣谕，暂借道库，量行资给，如借至十五万两以上，则容臣等三年捐俸补还十万两，以下二年补还五万两，以下本年补还"②。

但是，因地方沿河村民出不起修渠浚河等工程之资而向司道库暂借银两的成功率可能并不是很高，也许大多数情况下并不能借到，所以，为了弥补资金的不足，地方官员有时不得不采取捐资生息的办法加以补贴。如位于磁州、成安、安阳三县交界的丰乐镇桥，"每年九月临漳与磁州、成安、安阳合作草桥，夏初则撤其木植柴梢堪用物料俱各收贮，以俟来年复用。顺治十二年，桥移赵村。康熙二十七年，四县轮流分搭。越岁一更，后止磁州、安阳、临漳轮搭，三年一次"。关于修桥的资金，"向例村庄按户鸠钱，胥役作奸派累大为合邑民害。雍正七年（1729 年）知县陈大玠捐俸搭盖，后仍派民钱。同治时知县骆文光再三禀请，卒不得请。光绪二十九年（1903 年）邑绅彭九龄等呈请直督、豫抚两辕，以丰乐为安阳、磁州之境，与临邑无涉"，经过核议，由知县周秉彝禀府准，"每年由豫直司库各领银四百九十五两，磁、安、临轮流搭造。又恐水宽工大，领款不敷，乃捐筹制钱二千缗发典生息，以备工大津贴"③，以发典生息的形式筹集修桥经费，虽为不得已而为之，在客观上减轻了当地百姓的负担，除去数百年累民之害。

其三，贷款。就是由政府贷给地方银两，以兴修因资金短缺而无法进行的治水防灾工程。如嘉庆十四年（1834 年）十月，贷山东临清堵筑新河口民埝银。三十年九月，贷银修汶、卫两河堰堤。④

中央与地方各级组织共同拨付治理款项。民国时期，长丰渠因年久失修，所有交通桥梁多为坍塌，渠道淤塞，排水不畅。每界农历六、七月，天雨

---

① 《清高宗纯皇帝圣训》卷 152，《近代中国史料丛刊》，（台北）文海出版社，第 2013 页。

② 李光地：《怡亲王疏钞·附·请兴直隶水利疏》，吴邦庆辑《畿辅河道水利丛书》，道光四年益津吴氏刻本，第 2 页。

③ 光绪《临漳县志》卷 2，《建置·桥梁》，光绪三十年刻本，第 16 页。

④ 山东省临清市地方史志编纂委员会编：《临清市志》，《大事记》，齐鲁书社 1997 年版，第 15 页。

连绵,加上火龙岗之滚岗涧水向东流淌,广阔延袤,天水一色,自白寺至长寿村之护水堤,汪洋如海。民国十四年夏,洪水竟延至县城西之三隍庙。往来需靠舟楫,交通极为困难。……再加上长期积水形成的盐碱土质,旱日白茫茫,涝时水汪汪。劳动人民虽与天夺食,却仍难果腹,每每弃乡外逃,乞讨度日。为彻底解决长丰陂的水患问题,热心的地方乡绅自发向政府申请,后中央导淮水利委员会顺利地批准了方案,准予拨付水利专款,并致函河南省政府派员勘察实施,……除中央导淮水利委员会及河南省建设厅、黄河水利委员会拨付水利专款外,河南省土壤改良委员会亦拨付部分专款。议定当冬次春即趁农亲季节,开工整修。……后因七七事变而不能实施。① 但其兴修经费即系多方共同拨付。

其四,地方官绅、商人的捐助。一些地方有实力的官绅和商人或出于义举,或为自己利益,在治理水灾、兴修水利工程时也经常捐资助役。道光癸卯中魁选的王颐庄在咸丰初年由于漳水决口,就"倡堵塞,文庙坯,倡修复。家非素封,竭力倡捐,卒底于成"。② 光绪年间,浚县为疏改屯子至老鹳嘴十八里溜之险段,亦是由当地知县并各商户捐资修复,知县"急筹发二千金,督销豫盐之严太守信厚倡捐千金,并请于长芦都转筹发五千金,余劝盐粮各商集捐得金万五千有奇",③从而保证了工程的顺利完成。

对于县属范围内一些消除水患的较小事项,其所需经费大多为当地百姓出于义举或本县知县廉洁爱民之意集资或捐助,如同治年间的修武县知县孔继中为修缮圮坏的城堞,"捐廉助费"④而功成。民国十七年(1928年)修武境内桥梁被山水冲毁,亦是县长柏有章"招集上下六里及城内商会各捐钱若干补修完固"⑤。此类史料不胜枚举。

在实际的生活中,工程的大小也并非是政府与地方经费划分的标准,有时本该政府出资的工程,由于洪水发生后事关地方安危,事情又非常急迫,利益相关的地方士民也会出资捐助。比如乾隆四十四年(1779年),漳河由河南临漳县属之沙庄漫口,下注直隶成安等县。由于事关河南与直隶两省,经两省会勘定议,拟于沙庄截筑草土坝二百余丈,使水复归故道。因为沙庄"虽系在河南境内,而此坝实为成安、广平等县之屏障。故坝工即系成安等

① 政协河南省浚县委员会文史资料研究委员会:《浚县文史资料》第二辑,刘式武《疏浚长丰渠之呼吁》,1988年版,第126—130页。

② 光绪《临漳县志》卷9,《列传三·笃行》,光绪三十年刻本,第18页。

③ 光绪《续浚县志》卷3,《河渠》,光绪十二年刻本,第29页。

④ 民国《修武县志》卷5,《职官·宦绩传》,成文出版社民国二十年铅印本,第383页。

⑤ 民国《修武县志》卷7,《民政·桥路》,成文出版社民国二十年铅印本,第585页。

县士民急公捐筑，并未动项"。这一本该动项的工程最后是由成安、广平等县的士民捐助出资修筑而成。

三、实施主体

在清末到民初这段时间里，卫河治水工程实施主体随社会发展及政治形势的变化而不断有所变化。

清代地方河道管理组织，是以道、厅、汛三级分段管理。"道"即相当于明代的都水司，设武职官，有河厅副将、参将等。"厅"与地方的府、州同级，设有同知、通判等。"汛"与县同级，官为县丞、主簿等。武职则厅设守备，汛设千总等，以便分级强化地方河道的管理。①

在这种三级分段管理体制下，官府并非承担所有河工经费与工程的实施。相反，治水工程的修建与实施要根据河道与工程大小的不同而有所区别。只有那些干河或关键支河且需要工程浩大的官府才会负责，对于那些支河小渠、田间水道则应当由当地相关百姓遵照一定的程式与规则修治与管理，这样的划分是有明文规定的，"除干河支港工力浩大者官为估计处置兴工外，至于田间水道，应该民力自尽。为此酌定式则，出给简明告示，缘圩张掛，仍刻成书册，给散粮里，令民一体遵照施行"②。所以，卫河流域也是如此，大的修浚工程由官府承担，而小的"田间水道"及平时的修浚疏治则由当地百姓负责。

在清朝初期，因卫河关系下游运河漕运，清政府对卫河修浚管理相当重视。清初的卫河工程由工部管理，直到顺治十三年（1656 年）九月辛亥，"裁工部卫河差，归并卫辉府同知管理"③，把卫河的管理权限下放到了地方的卫辉府。但是，仅仅过了不到一年的时间，在顺治十四年四月甲戌"复设卫河分司一员"④，又重新收回中央对卫河的管理权。

后来卫河修浚工程实施责任的归属变化，虽然史料没有明确的记载，但是在康熙年间，有济漕之利的小丹河的疏浚工作是由总河王新命巡抚阎兴邦"责令管河各官量为疏浚"，由此可见，卫河的疏浚治理很可能也已归属地方州县了。⑤ 从乾隆元年景县沿河浅夫全裁，"自后遇伏秋两汛抢修及遇水

---

① 彭云鹤：《明清漕运史》，首都师范大学出版社 1995 年版，第 172 页。

② 《泽农要录》卷 2，吴邦庆辑《畿辅河道水利丛书》，道光四年益津吴氏刻本，第 4 页。

③ 《清实录》卷 103，第 3 册，中华书局 1985 年影印版，第 805 页。

④ 《清实录》卷 103，第 3 册，中华书局 1985 年影印版，第 852 页。

⑤ 道光《修武县志》卷 4，《建置志·渠堰》，道光二十年刻本，第 13 页。

小挑浅……俱归本州捐备。乾隆十年额设河兵二十名,以后又废,遇险……仍由附近住户抢用"①的情况来看,至少到乾隆年间,卫河干河的修治与管理是归各沿河州县的,因为乾隆二十二年(1757年)漳河大水,冲毁了魏县城,大名县城也因此受损严重。所以,乾隆二十三年(1758年),将魏县裁汰,归并大名、元城管辖,大名县治,准其移驻府城,与元城同为附邑,而县丞仍驻旧治,以方便管理卫河,"魏县县丞准驻扎旧制,改为大名县管理漳河县丞。大名县丞,仍驻大名旧治,管理卫河一切工程"②。所谓的管理卫河一切工程,当是指大名县所属之内而言。所以,各县对自己所属的河段岁有修筑。据嘉庆《大清一统志》:"今卫河现由之道,与河南内黄县接界之张二庄为大名县属,至山东馆陶县接界之王家庄为元城县属,皆岁有修浚。"③漳、卫河由于"漕运所关",故"岁有挑浅之役"④。河流的堤防亦是如此,漳河堤、卫河堤每年都由各地方官府负责组织修筑。"漳河堤在大名旧县西,南岸起自临漳,延袤八十里,北岸起自成安,延袤五十里,俱由县境抵元城县界,明永乐中筑,本朝岁有修筑。卫河堤在大名旧县西北五里,明成化间筑,起浚县之新镇,下达馆陶,延袤三百余里,本朝岁有修筑。"⑤

因为卫河干流修浚工程的实施主体是沿河各州县府,故一般的修浚工程都由官府的"河兵"来完成,只有当情况紧急时,才会调集附近的居民参与,但也只是"协济"而已。据民国《大名县志》载:"清康熙十二年(1673年)元城御河水溢。苑家湾、小滩镇沿河诸村落,民患淹没。知县陈伟虔,管河主簿吴法,调附近居民协济筑堤抗洪。"⑥以后河兵数日益减少⑦,修浚工程也多由当地群众承担了。

清代嘉、道以后,清朝由盛转衰,原来由朝廷负责的运河工程也交由沿

---

① 民国《景县志》卷1,《地势·水利》,民国二十一年铅印本,上海书店2006年版,第84页。

② 《清实录》卷565,第16册,中华书局1985年影印版,第162页。

③ 嘉庆《大清一统志》,《大名府一》,四部丛刊本,上海书店1934年版,1984年11月重印,第9页。

④ 乾隆《滑县志》卷6,《河防》,乾隆二十五年刻本,第9页。

⑤ 嘉庆《大清一统志》,《大名府二》,四部丛刊本,上海书店1934年版,1984年11月重印,第2页。

⑥ 大名县志编纂委员会编:《大名县志》第二编,《经济·水利》,新华出版社1994年版,第183、184页。

⑦ 乾隆《河间府志》卷3,《山川》载:康熙年按浅夫之数各裁其半,乾隆元年汰浅夫设河兵。乾隆二十五年刻本,第4页。

河各州疏浚。嘉庆十三年(1808 年)二月,山东运河各工奉谕归沿河州县疏浚。① 自此以后,以民间乡绅为主体的热心之识越来越多地参与到水患的救治中,成为政府之外重要的补充。现存大量的碑刻资料可以为证。

道光十四年(1834 年)重修金滩镇浮桥碑,现存原址金滩镇桥北大堤内,记载卫河两岸民众集资修建浮桥之过程。②

清水文碑,原名"张茂林神道碑",现存红庙乡总坟村,记载张茂林在清同治四年和光绪十四年带领民众修建引漳入卫工程。张茂林,清代大名县总管坟村人,生于道光二十二年(1842 年)。同治四年(1865 年),组织大名县所属各地重新开挖三里引河。光绪十四年(1888 年)秋,漳河水泛滥,大名郡城东北一带一片汪洋,波及大名县境。张茂林带领被淹各地甲长,乘船勘探险情,改挖白水潭引漳入卫,以消除水患,群众深感其美德,所以立碑记述他的善举。③

现存大名县石刻博物馆的清光绪十六年(1890 年)引河工程碑,碑文记述清光绪十四年漳河泛滥,两岸民众深受其害,元城、大名两县开挖大康庄至白水潭引河工程之事。④ 这些热心之士,在清中后期水患的治理中发挥了积极作用。

清中后期,政府也采取包括授官在内的许多措施,鼓励民间热心人士参与救灾。大名县红庙乡大呼庄人呼九叙即是因救灾而受到清政府顶戴嘉奖者之一。呼九叙系光绪初年秀才,后充总甲长,仗义疏财,热心操办地方事宜。呼九叙的家乡,地处卫河以西的低洼地区,小引河紧临大呼庄村西。每年夏秋水涨,常受水害。尤其秋季,十年九不收,当地群众生活极为贫困。为排除洪涝灾害,呼九叙年年都要带令群众做出种种努力,付出较大的财力和较多的人力。光绪十五年(1889 年)漳河南徙,由大名城西南白水潭东流,呼九叙奉知县之命,率众开渠筑堤,引漳入卫。光绪二十年(1894 年)夏秋之交,烈风暴雨,漳、卫两河并溢,平地水可行船。此间金滩镇南桥口卫河西堤决口,西流数百村,九叙乘小舟急赴口门,率众与洪水日夜搏斗,几经努力,

---

① 山东省临清市地方史志编纂委员会编:《临清市志》,《大事记》,齐鲁书社 1997年版,第 15 页。

② 大名县志编纂委员会编:《大名县志》第四编,《文化·文化艺术》,新华出版社1994 年版,第 513 页。

③ 大名县志编纂委员会编:《大名县志》第六编,《人物·人物传》,新华出版社1994 年版,第 721 页。

④ 大名县志编纂委员会编:《大名县志》第四编,《文化·文化艺术》,新华出版社1994 年版,第 513 页。

战胜险情,堵住决口。因他历年治水有功,经知县申请给予五品顶戴嘉奖。①

　　从丰乐镇草桥工程修建主体的变迁中,亦能反映出清到民初地方治水工程主体的演变。位于安阳、磁县交界的丰乐镇草桥工程,知县周秉彝言:"本与临漳无涉,然吾临民之受此役者已数百年于兹矣。顾其地居安磁界上,于吾临为隔境,凡吾人之应斯役者,庀材购料鸠工聚徒等事募诸临境,呼应恒苦不灵,运自本乡,劳费不免较大,故吾邑虽与安磁两属轮应斯役,而吾财之所耗独钜,吾民之受累尤深。"后经知县周秉彝多方奔走,才得到批准,以后修桥款项由库款支出,"自光绪三十年为始,提归官办,由值年州县各向司库领款兴修,不准丝毫派取民资,亦不准借用民间物料"。至此,沿袭数百年的积弊方才得除。但知县恐"遇河水涨发之年,水宽工大,领款一不敷用……累官必累民",于是,"乃于本任历届桥工项下节存制钱两千缗发钱生息,留作津贴异常险工不时之需。其余寻常工程领款足敷应用,概不许动支此项息钱"。可见,这种类型的桥工,在相当长的时间内都是以地方百姓捐钱承担的,到了光绪年间,庚子之后,虽然承新政之机,工程由民办改为官办,但当水大工繁,钱不够支时,由民间支费的可能还是相当大的。②

　　民国时期,朝代更替,时局动荡,政府更无暇顾及水灾的救治,地方治水工程的实施主体更是多依赖地方乡绅和一些民间组织,如为解决浚县长丰坡的水患问题,地方乡绅自己贷高利贷,出面申请政府拨款:"旧政府对民间疾苦,向不过问,虽整日搜刮,盘剥百姓尚不能满其欲壑,更不愿自找麻烦。"刘、韩等虽多与县府磋商,终不得手。时不我待,刘承恩随慨然解囊振臂说:"见义不为无勇也。为长远利益计,虽倾家荡产,亦义不容辞。"即托其胞弟刘明恩作保,以高利贷款(利率月息三分)揭得邻居王毅亭银币二百元。③ 民国八年沁水决,恩贡生薛麟士为河防委员督率堵塞,不辞劳瘁,督军特给褒奖。④ 一些地方上较小的水利工程更是多由当地村民集资兴建,如安阳县境广润陂的水害治理,天德渠等灌溉水渠的兴修⑤均为如此。

　　① 大名县志编纂委员会编:《大名县志》第六编,《人物·人物传》,新华出版社1994年版,第683页。

　　② 李泽兰:《丰乐镇桥工除累善后碑记》,光绪《临漳县志》卷13,《艺文·记下》,光绪三十年刻本,第41-44页。

　　③ 政协河南省浚县委员会文史资料研究委员会:《浚县文史资料》第二辑,刘式武《疏浚长丰渠之呼吁》,1988年版,第129页。

　　④ 民国《修武县志》卷15,《人物·义行》,成文出版社民国二十年铅印本,第1077页。

　　⑤ 民国《续安阳县志》卷3,《地理志·水利》,北平文岚簃古宋印书局民国二十二年铅印本,第6-7页。

四、河道治理中的局限及效果

清至民初,不管是朝廷官府还是受灾之地的有识之士与普通百姓,对卫河流域水患采取的一些治理或补救措施,在一定程度上都或多或少地对避免水患、减轻灾害损失起到了作用。修堤的效果使"民有奠居,田畴亦享其利"①。开渠泄水使"水有所归","积浸尽成膏腴",疏浚河道使"民得平土而居之"②,所以清代兴修的堤防及排涝工程,不可否认取得了不错的效果,并不能说一无是处,但从全面和长远来看,一些弊端和负面影响也不可小觑,在一定程度上使治理效果大打折扣,甚至产生适得其反的结果。

(一)治洪救灾中的种种弊端

治理水灾是事关一方安全的大事,然而在现实生活中,治理洪水的过程中却存在着种种弊端和积习,影响了治理洪水措施的效果。

众所周知,治理水灾非一人能力所能为。对于事关大局的大工程,自然有政府出面主持。但对于属地方修治的工程而言,只有众人齐心协力方能克济。而中国古代农民在正常年月尚难以自顾,更别说灾后求活不赡的时候了。自身实力不济,使得个人无能力兴修治水工程,加上治理水灾的工程"斯其劳在耳目之前,而其利在五十年之后"的特点③,形成了农民"可以乐成,难以图始"的习惯。不要说无人带领治理水灾,即使有人出面主持,要让贫穷百姓出资出力兴修水利亦很困难。嘉庆二十一年(1816年)漳水漫溢,安阳县"民田淹没,村落几为泽国",知县贵泰率众堵塞了决口,但如不筑堤束水,"数村田禾必致再为淹没",知县贵泰深群众"乐于观成而难以谋始"的思想,不得不逐村落劝说助役,"再四譬喻,申明利害",才最终在堵塞决口后又筑堤防水,解除当地水患。④ 否则,该堤防工程能否完成就要打个很大的问号。

除了群众自身条件的限制外,治河方法中"不知有河,但知有堤"的治理方法,也注定难以取得理想的效果。因为筑堤较易而疏河较难,所以地方官

①　嘉庆《大清一统志》,《大名府一》,四部丛刊本,上海书店1934年版,1984年11月重印,第10页。

②　史国强校注:《南乐县志校注》(以光绪本为底本),山东大学出版社1989年版,第20页。

③　沈梦兰:《书五省沟洫图说后》,转引自董恺忱:《明清两代的"畿辅水利"》,《北京农业大学学报》,1980年第3期,第77—87页。

④　嘉庆《安阳县志》卷14,《古迹志中》,北平文岚簃古宋印书局,民国二十二年铅印本,第16页。

民在治理洪水时往往采取筑堤束水的策略,这种治河方法的失误,也是造成局部水灾加重的重要原因。程含章就认为漳河在安阳境内的频繁决口,为害较深,"从此漳河纷纷多事,无岁不报水灾",就是因为嘉庆二十二年(1817年),"安阳吏民虑患不深,始议筑堤"的缘故。① 更何况负责治理工程的官员还渎职舞弊、趁机赚钱肥己!

治水本是消除水患、造福一方的大事,但一些地方官员却把承办水利当成了贪污敛财的好机会,他们贪污工款石料的行径,必然使工程质量受损,乾隆帝也深感修筑工程中的弊病,于是在乾隆四年(1739 年)的上谕中指出:"各省修缮修筑之类,其中弊端甚多,难以悉数。或胥役侵役,或土棍包揽,或昏庸之吏限于不知,或不肖之员从中染指,且有扣剋之弊,处处皆然。"② 显然,卫河流域各地的治水工程也难以例外。由于偷工减料"以致钱粮不归实用,工程止饰目前,冲溃泛溢率由于此"③。尽管所经办的工程由于河道"迁徙既无定所,所筑亦属徒劳",因而"全非经久之计"。④ 但因为它是个绝好的生财之道,落入私囊的钱财又可在"天意难违"和"地力不可强求"的借口下,对草率从事的水利工程轻易推卸应负的责任而难予以查究,⑤"近年来修堤,官不过出票、差役、催夫而已。役到村中,名是催夫,实是催钱,钱既到手,堤便完工。除去浮草,蒙以新土,虚应故事,着雨依然。堤愈久而愈坏,于是各村受累"⑥。这样自然会激起各阶层群众的反对。"中间更有旗民、乡绅、豪富之地,故意阻格者,又有接连邻省地界,愚民争执不容修浚者。"⑦承办官员为了缓和此矛盾,有时甚至请旨,妄想凭借一纸圣谕就能使群众恪守遵行不敢违抗。可见清代由河官承办的水利河工,是和群众切身经济利益直接对

---

① 《畿辅通志》卷83,《河渠略九·治河说二》,河北人民出版社1989年版,第541页。

② 《清高宗圣训》卷193,《严法纪一》,《近代中国史料丛刊》第九十四辑,(台北)文海出版社2005年版,第2548页。

③ 《怡贤亲王疏钞·请设河道官员疏》,吴邦庆辑《畿辅河道水利丛书》,道光四年益津吴氏刻本,第20页。

④ 曾国藩:《奉陈滹沱河水患大概情形疏》,《畿辅通志》卷83,《河渠略九》,河北人民出版社1989年版,第553页。

⑤ 顾炎武著,黄汝成集释:《日知录集释》卷12,《河渠》,岳麓书社1994年版,第450页。(其中指出:"天启以前,无人不利于河决者,侵克金钱,则自总河以至闸官,无所不利。支领工食,则自执事以至于游闲无食之人,无所不利。"这里说的虽然是有关明清代修治黄河的事,但卫河又何尝例外。)

⑥ 道光《安州志》卷2,《舆地志·堤堰》(道光二十六年),上海书店2006年版,第39页。

⑦ 李光地:《怡贤亲王疏钞·附·请兴直隶水利疏》,吴邦庆辑《畿辅河道水利丛书》,道光四年益津吴氏刻本,第3页。

立的,所以它也就必然为群众所反对。一个本来事关千百万群众利益的好事,竟不能得到群众的拥护,那只能说明它是在为民兴利除害的借口下,侵吞着群众真正利益的缘故。① 在如此背景下的治水效果可以想见!

(二)治理资金不足

清朝中前期,国力强盛,治河的费用相对充足。到了清中后期,尤其是道光以后,国力日衰,财政渐弱,难以保证浚河治洪的需要。1884 年李鸿章在奏折中称:"自道咸以后,军需繁巨,更兼顾不遑,即例定岁修之费,亦层叠折减,于是河务废弛日甚,凡永定、大清、滹沱、北运、南运五大河,又附丽五大河之六十余支河,原有闸、坝、堤、捻无一不坏,减河、引河无一不塞。"② 水利灌溉设施几至瘫痪,稍遇大雨,即溃决堤防,"水患频仍,陇亩浸为鸥乡蟹舍。"③ 道出了经费不足,水利废弛的现状。

民国以后,政局动荡不稳,财政紧张,治理资金更是难以保证,故"大规模的浚治工程,虽有计划,但都不能实现。所能举办者,只是一些局部的工程。而就连这些工程,也因经费困难,多没有全部完成"④。《大公报》即尖锐地指出:"自入民国,河政悉废,官不爱民,旧制荡然,遂致全国各省,几于年年有灾,政府不胜赈济之烦,人民倍受浸潦之苦,公私损失,何止万万。与其每岁呼天,何如一心治水?"⑤ 但囿于经济问题,治河成效很难有大的作为。即使有限的经费,也很难按时照发,各省河务机关常常欠领或垫发。如民国十年(1921 年)的一份呈文中就这样写道:"民国以来,军事繁兴,生计竭蹶,宣防之费裁减无多,且未应时照发,以致险象纷乘,筹防益困",又说山东省"河局欠领经费据闻已达三十余万,几及全年预算三分之二。此外,河南、京兆等处,河工经费欠领情形亦属大抵相同"⑥。作为国家重点关注的黄河尚且如此,像卫河这样的河流,其经费的情况可想而知,这肯定是民初卫河流域水灾并未有减轻迹象的重要原因之一。

(三)治水工程的实效与初衷多有相悖

1.河道地势不同,修堤之利与弊亦不同

修筑水利工程,人们的初衷当然都是好的,但这样的初衷并非都能产生

---

① 董恺忱:《明清两代的"畿辅水利"》,《北京农业大学学报》,1980 年第 3 期,第 77–87 页。

② 朱寿鹏:《光绪朝东华录》(一),中华书局 1958 年版,第 1104–1105 页。

③ 李文治:《中国近代农业史料》第一辑,三联书店 1957 年版,第 713–714 页。

④ 邓拓:《中国救荒史》,北京出版社 1998 年版,第 471 页。

⑤ 《大公报》,1933 年 8 月 30 日。

⑥ 陈善同、王荣撰:《豫河续志》卷 14,《公牍》,民国十五年刻本,第 22–23 页。

理想的效果。比如为防水灾而修筑的堤防就是如此。河道的堤防，本为防止洪涝对沿河居民的危害，有利于民，然如果河底高于堤外之地，则会适得其反，使洪水无处宣泄，造成水患。如临漳县漳河，"先是，河边有堤御水，旱无可灌溉，潦无所宣泄，民厌苦之"。后来，因历久而倾颓，嘉庆间，当"大吏查河，议修复"时，临漳县知县王允楚却"取衡漳考上之，力请乃免，民德焉"。此后，进士王果及姚束之都力请阻止筑沿河堤防。① 其根本原因就是，某些地方河身低于堤外的田地，在水灾发生时，洪水本该泄入河道，如若修筑堤防，反倒阻碍洪水宣泄入河，从而加重灾情，造成更大的损失。所以，当地官员才不遗余力地为百姓请命，同时也因此深得百姓的爱戴。

2. 利己而病邻

清代以县为单位的分块管理，致使各县在治理水灾时只考虑本地情况，疏浚沟渠，导水下泄，而不管下游地方的具体情况，以致常常出现本县水灾转嫁给下游各县的现象。"卫辉附郭汲邑地极洼下，境内绝无沟渠，惟恃卫河一道以为宣泄，而卫河又极浅隘，每当伏秋霖潦，西北太行诸山坡水，奔注辄有漫溢之虞。……雍正乙卯，新乡士民呈请开浚孟姜女河，导其地白水坡、关家庄等处，二十余里之水直达郡城西小石桥入卫河，水势汹涌，卫不能容，溃决四出，以致汲邑坏堤防、圯城郭、漂庐舍、没田禾，屡告灾荒，频繁赈恤，汲之士民蒿目怵心。"②所以地处上游的新乡之民力请开浚，而下游汲县之民则力请禁止开挖。这种因利己病邻而引起的纠纷在史籍中并不少见。清丰县为泄积水，"于元帝庙北决金堤使马颊之水全注朱龙"，而下游"朝城复于其境上横亘筑堤一道，以遏其去路"，水无去路，造成相邻南乐县数十村"汪汪皆为巨浸"，"民其不尽为鱼者几希"。③ 可见，河流之疏泄如果是自下而上整体疏浚，"开浚宽深，蓄广流畅……虽霖潦涨发亦可无虞漫溢"。反之，仅在局部疏整，只会造成以邻为壑，阻水病邻的结果。

当修筑堤防等治水工程涉及多县，更需要各方协调配合。如若一方采取事不关己高高挂起的态度，"地非素经，人非素辖"，以致"呼应不灵"④，整体的治河工程就难以顺利进行，或者即使完成本县的工程也起不到束水防洪的效果，如安阳与汤阴县交界的汪流河，河道"久淤积浅而窄"，河堤"久剥削低而薄，不足以宣泄捍御，每逢夏秋山水暴发，汹涌猛浪，漫溢四奔，口决

---

① 光绪《临漳县志》卷7，《列传一·宦绩》，光绪三十年刻本，第17页。

② 乾隆《汲县志》卷末，《杂识》，乾隆二十年刻本，第11页。

③ 《乐邑水患参考》，康熙《南乐县志》卷2，《地理》，康熙五十年增补本，第11页。

④ 《怡贤亲王疏钞》，吴邦庆辑《畿辅河道水利丛书》，道光四年益津吴氏刻本，第1页。

南北，东西三十里，南北计四十里，其地亩村庄历年受淹无处不灾"，人民"啼饥号寒，空输赋额"，对当地百姓的危害相当严重。但是因涉及安、汤两县，"河道堤工相为交错，安阳不讲，汤阴虽理亦属徒然"，虽经多次交涉，安阳方面因为对已害小而视为"秦越"之事，所以汤阴知县也"无计可施，长抱此痛，亦置之无如何之天也"①。可见，条块分割式的河道管理体制是当时治理水灾的严重羁绊。所以，在此种体制下，各地治理水灾的效果也必然大打折扣。

3. 开渠泄水与卫水倒灌

魏县地处漳、卫河之交，尤其是漳河的频繁决徙，是当地的最大隐患。乾隆年间，漳河数次决口，对魏县影响很大。其中乾隆二十二年（1757年）五月，"漳决，没魏县城，六月御河亦决，与漳接，复坏护堤城（应为护城堤），入大名县城，居民皆去。……二十四年，漳决旬日后，御河亦决，复与漳接，环府十余里被水，往来者皆从舟。二十六年，漳溢未几，御河亦溢，县东境复大水，初凝（应为'拟'）御河地多卑，夏秋雨甚，泝水由内黄而下，往往害稼，乃开沟引水使入漳河，有刘固、长兴、搂底等村，然后泝水不至，而御河骤涨，反由沟倒泻入诸村，没禾稼，更甚于泝水"。连续不断的水灾，使当地居民开沟渠入漳以泄泝水。虽然总体来说，漳河所经地势高于卫河所流之地，但在局部地区却并非如此，以致开沟渠之后出现了卫河倒灌的局面，虽"有诸生尝议设闸于沟口，而启闭之，不累行"②，开渠泄水以失败告终。

正因为治水工程中有这些意想不到的后果，所以，在人类治理水患、修筑治水工程的时候，一定要慎之又慎，因地制宜，具体分析。也许正因为如此，对于临漳县这样"地势平衍，土脉松浮，河无堤岸，岁岁迁流，势必不能建闸。地高水低，断难开渠引水"③的环境条件，古人才会有"以不治为治"的构想。其实陈端在《治漳河策》中所说的以不治为治并非放任不管，任其横流泛滥，而是要与宋欧阳修提出的治理黄河的办法相类似，"相地势，谨堤防，顺水性之所趋。……当顺导防捍之而已"。他提出不能急于治之，"急于治之则害更大，不仅害水之所及，更害水之所不及。不治则临水之民未必即死，治之而被水之民势且难活"。所以，对于沿河之民而言，耕种不能奢望作

① 杨世达：《修汪河堤记》，乾隆《续修汤阴县志》卷9，《艺文》，乾隆三年刻本，第18页。

② 崔述：《御河水道记》，魏县地方志编纂委员会编《魏县志》第二卷，《自然环境》，北京方志出版社2003年版，第132页

③ 李泽兰：《西门渠说略》，光绪《临漳县志》卷16，《艺文·杂志》，光绪三十年刻本，第53页。

物两季俱收,要有所放弃,等八九月之后,水势稍缓,再行堵塞决口,此时还可以种麦,以利有所收成。对于被水之乡村"或缓其征或宽其役或量酌开赈施格外之恩,以活垂危之命"①。当然,这并不是说陈端的主张就是正确的,漳河的治理就要以不治为治。而是向我们提供一种思路、敲响一次警钟——在中国古代社会,生产力低下的情况下,是否对水灾的治理方式都是要马上筑堤、堵塞决口?筑堤就要占临河之田,如此则沿河之民就不能耕种。堵口亦需人力,受灾之后,无田可种,无粮可食的百姓如何还有此能力?

虽然如此,卫河流域的防水、治水工程也绝非一无是处,最起码在局部地区可以暂时除去水灾之患。但从更大范围的全局来看,也许正是这一局部有利的工程,造成了更多地方的严重水灾。故水患之治,不能单单着眼局部,而要有全流域、大范围的视野,用发展的眼光因地制宜、实事求是地采取措施,才能趋利避害,从根本上减少水患,变水患为水利。之所以有不能兼顾蓄存与宣泄的原因,就在于不能真正理会"水之在天壤间,本以利人,非以害之也。聚之则害,散之则利。亲之则害,收之则利"②的缘故。当然,有些治水过程中的弊病也非一朝一夕之故,而是国家之法使然。对于这一点早在清初顾炎武就注意到了。③

第二节　对受灾民众的救助

清代到民初,政府已形成一套完备的救灾制度。当灾害发生,首先由当地官府层层上报,然后朝廷再派员核查,根据受灾轻重采取不同的救助措施。灾情不同,对民众的救助形式也多种多样。

一、救灾形式

清政府对卫河流域水灾后的救助措施,可以分为灾害发生后的救助和

①　陈端:《治漳河策》,光绪《临漳县志》卷16,《艺文·杂志》引,光绪三十年刻本,第22页。

②　徐贞明:《潞水客谈》,吴邦庆辑《畿辅河道水利丛书》,道光四年益津吴氏刻本,第8页。

③　顾炎武著,黄汝成集释:《日知录集释》卷12,《河渠》:"于是频年修治,频年冲决,以驯致今日之害,非一朝一夕之故矣,国家之法使然,彼斗筲之人,焉足责哉!"岳麓书社1994年版,第460页。

灾后重建两类,前者的主要措施大致有以下几种:赈济、蠲免、调粟等;后者主要有放贷、给予修理房费、移民等。现分别论述之。

(一)赈济

赈济是指用钱粮等无偿救济灾民。按清代的荒政,赈济有期限的规定:"地方凡水旱,即行抚恤,不论成灾分数,不分极次贫民,概赈一月,是为正赈,也称急赈或普赈。"①赈济的形式有煮粥、施予衣食、钱粮、医药等。常言道,"大灾之后必有大疫",所以对于受灾民众的赈济除了粮食以解饥饿之外,在出现疫情时还赈济医药等。如乾隆二十二年,黄水泛溢,生员吕守仁煮粥赈饥。二十四年,瘟疫流行,又广施丹药,全活甚众。每岁隆冬,施衣给食为常。②(粮食的赈济见后面的救灾物资部分)

当洪水发生后,地方政府对无家可归的受灾群众除了暂时安置之外,还会发给灾民充饥的食物以解燃眉。如嘉庆二十一年(1816年),卫辉府连降大雨,上游山水暴注,卫河水势陡长丈余,府城的护城堤被冲开缺口数处,水逼城根,城垣间有冲塌进水,城内民房庙工亦被淹浸坍损。灾情十分严重,"该府督饬印委各员,雇觅船只,令其备带席片将被水民人救渡于高阜处所,搭盖草寮暂令栖止,散给馍饼……"③光绪四年(1879年)七月,修武县在光绪三年大旱之后,又出现沁河决老龙湾,治南村庄被淹的水灾,也是"计人授以饼饵,嗣后授以银"进行赈济。九月,沁河又发,山水横流,除了加赈之外,还代为赎衣或施衣,"岁将终,典衣者为赎还之,分履荒村遇冻绥莫支者给以衣钱执照,使赴局领之"④。民国六年(1917年)新乡县大水,除"派船多只分头援济,又急备面包万数千斤分赴各处以饷饿者"。这些及时赈济的食物,为以后的救灾工作赢得了喘息之机。

对于被水较重的地方,政府在抚恤口粮的基础上,有时还会视情况进行加赈和展赈,以增加对灾民的救助时间,出借籽种以扶植灾民重新恢复生产。"乾隆四十四年(1779年),修武县被水成灾,钱粮蠲免十分之一,出借籽种(五十三年豁免),抚恤乏食贫民一月口粮。五十九年……秋禾被水,钱粮漕米先缓后豁免,出借籽种(嘉庆五年豁免),抚恤一月口粮,加赈四月口粮,展赈一月口粮。道光三年,秋禾被水、被雹,蠲免灾地钱粮,缓征漕粮,抚恤贫民一月口粮,贫生二百四十六名,口粮银一百二十三两,又加赈极贫民

————————————

① 范宝俊:《灾害管理文库》第2卷,《中国自然灾害史与救灾史》,当代中国出版社1999年版,第1194页。

② 同治《滑县志》卷10,《义行》,同治六年刻本,第4页。

③ 《洪涝档案史料》,第336页。

④ 民国《修武县志》卷7,《民政·赈恤》,成文出版社民国二十年铅印本,第562页。

二月口粮,贫生二百一十名,口粮银一百零五两。"①

当然,水灾之后,在灾民生存尚无法保障之时,应上交的钱粮和赋税也就无从谈起,故往往赈济与蠲免同时进行。如光绪二十年(1894 年),内黄县洪水为灾,卫河一带,哀鸿遍野。发仓赈济并蠲银粮,数万灾民得以苏生。②

(二)蠲免

蠲免是指遇灾时免除钱粮赋税,这是清代救灾的重要措施。可分为两种:蠲缓和蠲免。前者是指应交钱粮赋税的缓征。清代的蠲免一般只对重灾区实行,对受灾较轻的地方朝廷实行的是缓征。道光十八年(1838 年),河南巡抚桂良奏:"豫省本年秋成尚属中稔,惟内黄县滨临漳河村庄,晚秋被淹……将内黄县被水之石盘屯等二十一村庄,……缓至十九年秋后启征。"③后者指免去应交的钱粮赋税,免征的对象有漕粮、田赋等。比如光绪五年(1879 年)沁河决口,经修武县知县马家彦呈请就是"蠲免漕粮"④,而顺治十二年(1655 年)临清"漳河溢,平地水深丈许,遍地可行舟船。八月,因为水灾免……临清等十一州县田赋"。同样,乾隆二年(1737 年)"大雨,临清等州县被淹,卫河决堤……是年,因水灾赈恤。三年二月中旬,因水灾免临清等二十八县田赋"⑤。

关于蠲免的政策,有清各朝的规定不尽相同,康熙十七年(1678 年)规定:五分以下为不成灾,六分免十之一,七分以上免十之二,九分十分者免十之三。雍正元年(1723 年)又改为:十分者免七,九分免六,八分免四,七分免二,六分免一。乾隆元年(1736 年)令被灾五分视六分亦免一。⑥ 总体而言,乾隆以前,随着国力的日益增强,蠲免规定也有日渐宽松的趋势。甚至有时虽然当年未发生灾荒,为体现朝廷恩恤也会轸恤贫民,蠲免赋税钱粮。乾隆四十二年(1777 年)就下诏"普免天下钱粮"⑦。乾隆在位六十年,普免钱粮

---

① 道光《修武县志》卷首,《皇德纪》,道光二十年刻本,第 14、16 页。

② 史其显:《内黄县志·人物》,中州古籍出版社 1993 年版,第 700 页。

③ 《洪涝档案史料》,第 436 页。

④ 修武县志编纂委员会:《修武县志·人物》,河南人民出版社 1986 年版,第 780 页。

⑤ 山东省临清市地方史志编纂委员会编:《临清市志》,《大事记》,齐鲁书社 1997 年版,第 14 页。

⑥ 嘉庆《钦定大清会典事例》卷 231,《蠲恤·灾伤之等》,《近代中国史料丛刊》第六十六辑,(台北)文海出版社,第 10925、10927—10928 页。

⑦ 光绪《内黄县志》卷 8,《事实志》,光绪十八年刻本,第 19 页。

四次，漕粮三次，其次水旱偏灾蠲赈兼施，据他所说所费帑金不下亿万万。①嘉庆以后，随着国力的衰弱，这种蠲免事例越来越少，"圣祖、高宗两朝，叠次普免天下钱粮，其因偏灾而颁蠲免之诏，不能悉举"。仁宗之世，则已无普免了，及至文宗以后，"国用浩繁，度支不给"②，普免更是无从谈起。

民国时有关蠲免的规定如下："被灾九分以上者，蠲正赋十分之八；被灾七分以上者，蠲正赋十分之五；被灾五分以上者，蠲正赋十分之二；被灾十分地亩，则免征该年田赋及其附加。"③虽然有人认为，"其法宽大，不独较清制为轻，即衡三民条例，亦觉减轻灾民不少"，④但实际上仅蠲免正赋，灾民所享受的利益并不比清代强多少。或者说，田赋附加税及其他捐税、摊派的增多，影响了蠲免的效果。⑤

（三）调粟

调粟即通过粮食调拨来救济灾民。不仅临灾调拨，而且也根据各省粮食贮存情况预先调运，既有省内协济，又有跨省调运，济域广泛。如乾隆九年（1744年）上谕内阁："因直隶……等处，上年被水较重，此应赈之民，若全给本色，更于民食有益，约计需米三十万石，仰恩敕下仓场侍郎于通仓内照数给发。"⑥用北京的仓粮赈济直隶其他受灾地区。

（四）给予房费

清代规定："地方猝被水灾，该管官查倒塌房屋，给予修费。淹毙人畜，分别抚恤。"⑦但是房费的分发，仅仅是给那些家园被淹，无家可归且无力自葺房屋者。乾隆二十二年（1757年），"浚县……四乡则一望弥漫皆水，其倒塌房屋多不可计。今除有力之家自葺理外，应给抚恤者据查犹及万间，而草房居其大半。至被水灾民奔至城边者，该县俱安插于东南两山。……其在

---

① 《清高宗圣训》卷153，《蠲赈》，《近代中国史料丛刊三编》第九十四辑，（台北）文海出版社，第2018页。

② 赵尔巽等：《清史稿》卷121，《食货二》，中华书局1977年版，第3553页。

③ 《勘报灾歉条例》第十一条、第十五条，《中华民国法规大全》（一），商务印书馆1936年版。

④ 林钦辰：《山东田赋研究》，第6945页，转引自郑起东：《转型期的华北农村社会》，上海书店2004年版，第218页。

⑤ 王晓卿：《20世纪华北地区的水旱灾害及防救措施研究》，中国农业大学硕士论文，2005年度，第25页。

⑥ 《清高宗圣训》卷140，《蠲赈一》，《近代中国史料丛刊三编》第九十四辑，（台北）文海出版社，第1790页。

⑦ 嘉庆《钦定大清会典事例》卷217，《蠲恤·救灾》，《近代中国史料丛刊》第六十六辑，（台北）文海出版社，第10009-10010页。

县就粥贫民前数日询有六七千名口。今闻给与房费,其村庄涸出者俱行散归,现止三千余人。"①灾情严重时,除了给灾民口粮及房屋修理费外,还免水灾额赋。咸丰元年(1851年)"十月二十三日,丰北黄河决口,水漫(临清)州境,灾情严重。十一月,免水灾额赋,并给灾民口粮及房屋修理费。"②这种救济措施对灾后重建起到了积极的作用。

(五)留养资送

雍正九年十二月二十六日(1731年初),面临直隶、山东、江苏、河南、安徽数省的水灾,皇帝下谕旨,向大学士讲道理,他指出,如果灾民所到邻封州县的地方当局不从事赈恤,那些逃荒的农民,"必致流离失所。且三春耕种之时若不旋归本土,又必致荒弃放业,朕心甚为轸念"。接着,雍正帝通过各省的督抚命令灾民所到的州县当局施行如下的措施:"凡遇今年外来被灾就食之穷民,即动支常平仓,大口日给一升,小口五合,核实赈恤;再动用存公银两赏为路费,资送回籍,并行文知会原籍地方官收留照看……其所用银谷着该督抚查核报销。嗣后以此为例。"③虽然留养资送制度并不以此为始,但是这一次雍正帝很清楚地宣布了春耕期送回、用公款不加选择地资送这两个原则,让以后遇到灾民入境的地方当局晓得应该如何对待问题。④

(六)施粥

施粥是一项传统的救灾措施,清到民国一直沿用。这是因为"施粥有三个最显著的成效:一是救急;二是所费少而活人多;三是简便易行",所以"历次各地救灾,多是以粥厂为急赈中的主要工作"⑤。民国六年(1917年),大名县"暴雨水溢。六月初狂风自西北起,发屋拔木,风过雨来,如瀑布下倾,沟浍立满,漳河自蒲潭营决口,田禾大伤。入秋霪雨不止,郝村又决一口,水势大涨,洋洋东行,绕府城直趋卫河。卫河亦自西红庙决口两次,金滩镇以

① 《洪涝档案史料》,第136页。

② 山东省临清市地方史志编纂委员会编:《临清市志》,《大事记》,齐鲁书社,1997年版,第15页。此记载时间有误,据《临清县志》:"秋七月,丰北黄河决口,水漫州境。"《旱涝史料》:"秋七月半黄河决口,水漫州境。"可知这次水灾的发生时间当为咸丰元年七月。

③ 姚碧:《荒政全书》,1768年刻本,李文海、夏明方主编《中国荒政全书》,辑2,册1,北京古籍出版社2003年版,第803页。

④ 邓海伦:《试论留养资送制度在乾隆朝的一时废除》,载李文海、夏明方主编《天有凶年:清代灾荒与中国社会》,生活·读书·新知三联书店2007年版,第114页。

⑤ 邓拓:《中国救荒史》,北京出版社1998年版,第312页。

西墙屋倒塌,田禾淹没,被害尤重。官府施粥又设因利局以济贫民"①。清至民国时期,粥厂盛行,固然救济了许多饥饿中的灾民,但它从侧面反映了当时灾民众多,救济无力的一个现实。②

(七)以工代赈

以工代赈即在灾重的地区,采取以灾民为人力,政府或民间组织给予饭食或钱粮的赈济方法。其形式包括:疏浚河道、开挖水渠、铺设公路、植树造林、举办实业等。以工代赈尽管古亦有之,但在清末民初的一段时期里,此种救灾方式得到了很大发展,尤其是一些民间义赈组织更是非常重视,如华洋义赈会就认为:"为一时之救急计,则以急赈为宜,若为增进社会生产及铲除灾源并筹各地永久福利计,则工赈实为当务之急。"③而且以工代赈"政府借灾民之佣作,以修筑堤防,灾民赖政府之救济,以维持生活。事关实惠,款不虚糜,防患恤灾,一举两得"④。因而,清末民初以工代赈多有实施,也取得了很好的效果。

大邯汽车路及大龙汽车路就是以工代赈的形式修成。据《大名县志》记载,民国十年(1921年)五月大雨雹,旧魏治左右一带折禾苗损瓜果,双井集、傅夹河、野庄、前后文义诸村屋瓦多半被碎,树木皮叶全残,鸟鹊死亡几尽,双井、野庄之间有旧日河身一段积雹三尺余深,数日尚未曾化净。⑤ 1921年美国红十字会侯牧师理定与大名县知事(县长)张昭芹协商,采用以工代赈办法,修筑了大名城至邯郸西南庄汽车站的汽车路,此路定名大邯汽车路。民国十八年(1928年)7月初旬淫雨为灾。大名县城中倒塌房屋四千余间,四乡亦多有倒塌者,西门、北门水相连,由门中往外流;漳卫河溢,滨河田禾均淹没,其低洼地有潴水淹者。1929年华洋义赈会(北洋政府时期的"国际赈济委员会"于1922年1月的改称)采取以工代赈办法,将大名城至龙王庙的大车道,改建成汽车路。此路定名为大龙汽车路,系大邯汽车路往东南的延伸段。⑥

① 大名县志编纂委员会编:《大名县志》第一编,《地理·自然灾害》,新华出版社1994年版,第102页。

② 王晓卿:《20世纪华北地区的水旱灾害及防救措施研究》,中国农业大学硕士论文,2005年度,第21页。

③ 华北救灾协济会:《救灾周刊》第12期,第33-34页,1921年1月6日。

④ 民国二十年《国民政府救济水灾委员会书》第六章,转引自邓拓《中国救荒史》,北京出版社1998年版,第280页。

⑤ 《自然灾害史料》,第832页。

⑥ 大名县志编纂委员会编:《大名县志》第二编,《经济·商业》,新华出版社1994年版,第229页。

卫河堤在卫河南岸,上起西元村,下迄南单村,沿河逶迤长约七十里,广二丈,高一丈,亦是以工代赈的形式修成。民国八年(1919 年)先旱后涝,瘟疫,人有死亡。九年,大饥。上海华洋义赈会委员张贤清以赈款三万元,雇饥民修筑,盖取以工代赈之义也。按卫河左岸旧有长堤一道,以防水患,第堤址低隘,河发时虞溃决。自经民九赈工修筑,加宽一丈,增高数尺,又自水暴王庄渡口延至南单村,计长十余里,工程异常固,迄今沿河居民咸利赖焉。[①] 自此之后,当地水患大为减少。

由于以工代赈具有赈济与兴利兼顾的特点,所以相对单纯直接赈米发钱等赈济措施而言,具有明显的优越性,是一种积极的赈灾措施。时人有诗称赞这种赈济方式:"开河不筹可防旱,救活饥民三十万,饥民争聚河上头,操畚持镐镴锄锹,戽水三月事已毕,挑水一月工始讫,三月二百四十钱,一月将近钱三千,三千钱粮换六斗米,得缓饥民二月死,东乡溃泾塘竟开,差牌官票日夜雇,计工七千五进文,肩摩踵接欢如雷。"[②]虽然有夸张之嫌,但也生动形象地表现出以工代赈两全其美、为民所接受的现实。当然,此法也并非没有缺陷,在灾荒之后利用饥民兴修浚河筑堤等工程,饥饿交迫下从事体力劳动,其工程质量就很难保证。

(八)移民

移民也是临灾救济措施之一,包括移民就食和移民垦荒二种。水灾发生后,中央或地方政府无力或来不及把足够的救济物资运往灾区,许多灾民得不到救助,不得不到他乡就食。移民就食有自发的也有政府组织,如康熙四十一年(1702 年),山东水灾,饥民多就食邺中,[③]就是灾民自发从受灾区转移到附近的无灾地区以寻求活路。而民国二十二年(1933 年)七月,滑县水灾惨重,就是由政府出面把极困灾民送到未遭水灾的地方,"省政府遣灾民 609 人,就食于辉县。[④] 移民就食一般跨境迁移的比较多,比如滑县在民国十五年至十六年(1926—1927 年),"天灾人祸并集一时,加以红会之倡乱,大肆抢劫,互相烧杀,村落为墟,十室九空,虽有孑遗……转徙流离散于四方

① 内黄县志编纂委员会编:《内黄县志》卷1,《舆地志·堤堰》,民国二十六年稿本,中州古籍出版社 1987 年版,第 81 页。

② 张应昌编:《清诗铎》卷16,《赈饥平粜·开河谣·吴蔚光》,中华书局 1960 年版,第 543 页。

③ 嘉庆《安阳县志》卷20,《人物志》,北平文岚簃古宋印书局铅印本,民国二十二年刻本,第 18 页。

④ 辉县市史志编纂委员会编:《辉县市志》,《大事记》,中州古籍出版社 1992 年版,第 22 页。

……至十八年六月间，迁往东三省变食之民又达六七千人之数"①。所以早在 1920 年，北京政府交通部为输送直隶灾民就制定办法，"凡某县灾民赴外省谋生者，由县知事造具清册，载明某人赴某处派警备交由车站，由各车站加挂车辆运往，不收车费，以示嘉惠。"②

移民垦种在北洋政府以前笔者未发现有关史料，大部分的史料都是在 1929 年以后的国民政府时期，但总体来说，移民垦荒基本达到了灾民生产自救的目的，比在故乡坐以待毙要好得多，但只有少数青壮年灾民才能得到这种机会。③

二、赈灾用款

与修治河渠经费来源大致相似，赈灾用款也大致分为几种：中央拨付、地方筹措、民间捐助、借款、外省协款等。

（一）中央拨付

修武县在历史上属多灾地区，仅顺治二年（1645 年）至光绪三十年（1904年）这段时间内的不完全统计，就有较大灾害 51 次。……封建帝王为维护其统治剥削，调和阶级矛盾，在灾害严重之年，蠲免或缓征丁地钱、漕粮，也抚恤或赈济一些银钱、口粮。虽然蠲免数量有限，或多是农民拖欠已久的丁地钱，抚恤赈灾之钱粮落到灾民手中的实数更是少之又少，也无法从根本上避免人民逃荒要饭、家破人亡、妻离子散的处境。但在当时的社会情况下，赈灾用款的大部分还是来自中央政府的拨款，"凡遇水旱偏灾，无不即发帑金，多方赈恤，期无一夫失所，即数逾百万，从不稍有吝惜。"④比如道光三年（1823 年），水雹成灾，蠲免灾地钱粮，缓征漕粮。抚恤贫民一月口粮，贫生246 名，口粮银 122 两。另又加赈极贫民两月口粮，贫生 210 名，口粮银 105两⑤，就完全由政府承担。浚县在嘉庆二十一年的水灾中，政府赈银七千四十九两五钱二分，修复民房银一千七百七十四两。道光二十六年（1846 年）水灾赈银八千九百五十五两三钱六分⑥，也全部来自中央政府。中央拨付的

---

① 民国《重修滑县志》卷 7，《民政·民生状况》，民国二十一年铅印本，第 11 页。

② 1920 年 9 月 23 日《大公报》，转引自王印焕：《1911—1937 年灾民移境就食问题初探》，《史学月刊》，2002 年第 2 期。

③ 王晓卿：《20 世纪华北地区的水旱灾害及防救措施研究》，中国农业大学硕士论文，2005 年度，第 23 页。

④ 《清实录》第 22 册，《高宗纯皇帝实录》（14）卷 1074，中华书局影印本，1985—1986 年版，第 414 页。

⑤ 民国《修武县志》卷 7，《民政·赈恤》，成文出版社民国二十年铅印本，第 563 页。

⑥ 光绪《续浚县志》卷 3，《田赋》，光绪十二年刻本，第 7 页。

赈灾用款主要来自户部库银、两淮盐课银,特别是户部库银,在乾隆朝的赈灾用款中至少占总数 52%。①

(二)地方筹措与民间捐助

清末到民初时期,社会的动乱与纷争使政府无暇也无力全部承担赈济用款,于是社会义赈组织兴起,赈济用款来源也日渐多样化。或为政府拨款与捐款相结合,如民国二年(1913 年),赈款 4670 余串,内有本地捐款 3 千余串。或系政府拨款与民间机构筹款相补充,如民国七年(1918 年),沁河决大樊口,河水直流本县。省长拨赈款 2 千元,继而又拨赈米 500 石,福中公司筹赈款 2500 元。②

(三)借款

为了赈济灾民,在政府经济实力不济的情况下只能向外借款,这又可以分为以地方政府名义向外地借款和中央政府向国外借款。前者如乾隆四年(1739 年)内黄县"夏旱,秋大水"。知县李涀就"申报借赈并捐助倒塌房屋之家"。后者如 1917 年夏末秋初,河北境内大水,有 103 县 25 万余顷田亩被淹,灾民逾 600 万,而"北洋政府财源枯竭,第一次所拨赈款仅数十万元",因数额太少,后来只好举借外债以充官款。③

(四)地方乡绅捐助

水灾发生后,漂溺水中的人急需救援,争取一分钟就意味着少失去几条生命,所以一些有识的地方官员往往捐俸雇船解救灾民,"船只若待出票催拿,势必迁延时刻,待船拿齐以后,民已溺死无算矣",④为在政府赈济到来之前抢得先机,从而减少人员伤亡。光绪三年(1877 年)和四年,修武县连遭旱灾和水灾,"民被水旱疫疠,死者十有七⋯⋯其余得免于死者,得诸善绅力也。总计所费银可五万,历时可一岁。"这些协赈的江苏善绅,"遍行查验,计口给钱,自夏及冬赖以苏者无数,而于被水区域恩施尤深"⑤。可见,在此次有清"二百余年以来灾异莫甚于此"⑥的大灾荒中,地方乡绅自夏到冬,长时间连续救助,对劫后余生之民的生存起了至关重要的作用。

① 张祥稳:《清代乾隆政府灾害救助中的"截拨裕食"问题》,《中国农史》,2008 年第 4 期,第 81 页。
② 民国《修武县志》卷 7,《民政·赈恤》,成文出版社民国二十年铅印本,第 563 页。
③ 周秋光:《熊希龄——从国务总理到爱国慈善家》,岳麓书社 1996 年版,第 122 页。
④ 王庆成:《稀见清世史料并考释》,武汉出版社 1998 年版,247 页。
⑤ 民国《修武县志》卷 16,《祥异》,成文出版社民国二十年铅印本,第 1174 页。
⑥ 民国《修武县志》卷 7,《民政·赈恤》,成文出版社民国二十年铅印本,第 562 页。

（五）百姓捐助

侯宝三……岁甲午沁水大决，卫城不没者三版，立议疏浚下流，水泄而郏城获全。张骠，国学生，雍正十三年捐金助赈，制府给额加奖。乾隆四年秋霖雨，水漫决，坏护城堤四十余丈，骠出货助捍筑费，工成水不为灾，骠与有力焉。① 史籍中这种事例不胜枚举。一般而言，这些普通百姓的捐助都是地方或本人居住地发生水灾时的行为，这种行为一方面是出于热心义举，另一方面也有保护自己家园的桑梓之情。总之，无论如何，他们的捐款对于水灾的救治也起到了一定的作用。

救灾资金的来源除上述方式以外，还有其他一些方法，比如截取漕银等也会偶尔为之，在此不再细述。

三、救灾物资——主要是粮食

一般而言，灾后粮食的来源主要有以下几种：

（一）政府救济

主要是设立于各州县的常平仓。常平仓是常设性的，其功能主要是在灾荒时赈贷贫民，无荒时平衡粮价。常平仓的粮食来源有三：首先是动用库银采买，如浚县的常平仓所储仓谷就是"奉文由赈余漕米变价采买存储"②；其次为劝民捐输，这是最为常用的办法；再次是拨通仓粟米于各仓，存额也有规定。康熙十年（1671 年）覆准："直隶所捐米谷，常平仓谷数大县存五千石，中县四千石，小县三千石。"后因收成增加，标准又有所提高，四十三年（1704 年）议准："各省府州县储米仓，大州县存万石，中州县存八千石，小州县六千石。"③政府仓谷的动用要经过皇帝的下诏恩准，如乾隆二十六年（1761 年）"猝被水灾，诏赈济，动用仓谷一万三千五百三十石零"④。但救命如救火，容不得耽误时间，故清朝规定在督抚奏报受灾分数之前，可以先行发仓廪及时赈济，即动用常平仓进行赈济。乾隆二年（1737 年）题准："地方偶遇水旱灾伤，督抚一面题报情形，一面遴委大员，亲至被灾地方，董总率属官，酌量被灾情形，视其饥民多寡，先发仓廪及时赈济。"⑤如乾隆二十二年

① 乾隆《汲县志》卷 10，《人物中》，乾隆二十年刻本，第 13、17 页。
② 光绪《续浚县志》卷 3，《田赋》，光绪十二年刻本，第 6 页。
③ 嘉庆《钦定大清会典事例》卷 159，《户部·积贮》，《近代中国史料丛刊》第六十六辑，（台北）文海出版社，第 7107－7108 页。
④ 民国《修武县志》卷 7，《民政·赈恤》，成文出版社民国二十年铅印本，第 559 页。
⑤ 嘉庆《钦定大清会典事例》卷 231，《蠲恤·奏报之限》，《近代中国史料丛刊》第六十六辑，（台北）文海出版社，第 10917 页。

(1757年)魏县"大水,邑故有护城堤,(知县陈睿)躬率民夫,昼夜补筑。水猛溢入堤,急招民避城上。先是,水将至,魏氾沁水挟淇漳注卫,高数丈,徹数十里,民情仓皇,睿预运米贮城楼,至是以所储米煮粥遍给。数日水稍平,开仓出粟,牒请不俟报可。及奉旨赈济,睿详查户口,抚恤周至"①。此次赈济粮食当就是县属常平仓,否则就不会有"牒报不俟"之说。

在发生大的灾害时,各地的常平仓不够支用,只好调拨通仓和内库银进行赈济。乾隆九年(1744年)上谕内阁:"因直隶……等处,上年被水较重,此应赈之民,若全给本色,更于民食有益,约计需米三十万石,仰恩敕下仓场侍郎于通仓内照数给发。"②通仓与京仓均为设于北京的粮仓,其仓谷系专门供应皇室贵族、百官和八旗官兵的,重灾年份动支通仓,是各州县常平仓等无法满足赈济需要的不得已措施。

除了"常平仓"存储可供赈济外,当发生较大灾害,仓储粮食无法满足赈济需要时,最方便、最现成的物资则是漕粮或漕银。漕粮作为"天庾正供,不蠲不赦"③,这是漕粮的显著特点,也是漕粮与其他田赋的不同之处。所以,乾隆初期"各省督抚奏请截留漕米,若发部议,多以天庾正供为重议驳"④,一般情况并不能得到批准。当时荒政专家姚碧也曾说:除非在被灾深重之际,否则截拨漕粮救灾之请"非可妄行陈奏"⑤。因此,康、雍时期截漕赈济的次数较少,进入乾隆朝后,很快形成惯例⑥,以致连最高统治者都有了"截船济灾区,初偶今成例"⑦的印象。乾隆时清廷曾多次以"截漕"的方式来调剂和救济各地灾荒。据统计,乾隆一朝截漕多达1440万石以上,年均24万石。⑧

① 嘉庆《大清一统志》,《大名府二》,四部丛刊本,上海书店1934年版,1984年11月重印,第14页。

② 《清高宗圣训》卷140,《蠲赈一》,《近代中国史料丛刊三编》第九十四辑,(台北)文海出版社,第1790页。

③ 吕维祺:《南痷疏钞》卷1,《摘参漕折》,清末抄本。

④ 《续修四库全书·史部·政书类》,《孚惠全书》,上海古籍出版社2002年版,第701页。

⑤ 李文海、夏明方:《中国荒政全书》第2辑第1卷,北京古籍出版社2004年版,第788页。

⑥ 张祥稳:《清代乾隆政府灾害救助中之"截拨裕食"问题》,《中国农史》,2008年第4期,第77页。

⑦ 《续修四库全书·史部·政书类》,《孚惠全书》,上海古籍出版社2002年版,第676页。

⑧ 吴慧,等:《清前期的粮食调剂》,《历史研究》,1988年第4期,第32页。

其中涉及卫河流域的,比如乾隆二十八年,直属洼地被秋潦,前后截漕七十万石①。乾隆六十年,赈济直隶大名府三十万石等。② 这与乾隆时截漕政策较宽有关,但是嘉、道以后,"每况愈下,政府为筹集漕米而忙碌,以漕粮接济兵民之食的现象就更少如凤毛麟角了"③。甚至有漕运总督颜检"以疏请截留漕粮"④而被降职的事情。乾隆二十八年(1763 年)户部侍郎英廉疏言:"迩年因赈恤屡截留漕运,间遇京师粮贵,复发内仓米石平粜,储积渐减。"⑤政府开支日增,仓储积存减少,自保尚且不暇,哪还顾得上赈济灾民? 当然,嘉道以后截漕之例也并非完全没有,只不过少之又少罢了,如咸丰五年(1855)六月,(临清)州境大水,七月,截临漕粮五万石,又截漕粮二十一万石赈济受水灾的百姓。⑥ 总之,截漕是获得赈济所用粮食的重要来源之一,对于大水灾之后地方无力赈济情况下的救灾工作起着重要的作用。

(二)各地设立的社仓、义仓

社仓、义仓也是灾后赈济粮食的重要来源之一。清代设立社仓、义仓的目的是作为常平仓的一种补充,康熙四十二年(1703 年)谕明确说明了此种目的,"直隶各省州县虽设有常平仓收贮米谷,饥荒之年,不敷赈济,亦未为不可,应于各村庄设立社仓收贮米谷"⑦,"附近村庄,如猝遇冰雹例不成灾,农民有缺乏粮籽者,准其将谷借给"⑧。可见,社仓、义仓只是在灾荒较小或者国家勘不成灾、不予赈济时对灾民的一种救助。关于灾后赈济的形式,义仓条例明确规定有煮赈和散谷,赈济的标准也有大小口之别,当灾情严重,义仓储粮不足时,还要劝谕富户出粟或认日煮赈。⑨ 所以,社仓、义仓在灾轻

① 陈振汉,等:《清实录经济史资料·农业编》第三册(下),北京大学出版社 1989 年版,第 441 页

② 《清高宗圣训》卷 153,《蠲赈》,《近代中国史料丛刊三编》第九十四辑,(台北)文海出版社,第 2014 页。

③ 殷崇浩:《叙乾隆时的漕粮宽免》,《中国社会经济史研究》,1987 年第 3 期,第 47 页。

④ 赵尔巽,等:《清史稿》卷 358,《颜检传》,中华书局 1977 年版,第 11351 页。

⑤ 赵尔巽,等:《清史稿》卷 121,《食货二》,中华书局 1977 年版,第 3554 页。

⑥ 山东省临清市地方史志编纂委员会编:《临清市志》,《大事记》,齐鲁书社 1997 年版,第 16 页。

⑦ 嘉庆《钦定大清会典事例》卷 162,《户部·积贮》,《近代中国史料丛刊》第六十六辑,(台北)文海出版社,第 7245 页。

⑧ 嘉庆《钦定大清会典事例》卷 162,《户部·积贮》,《近代中国史料丛刊》第六十六辑,(台北)文海出版社,第 7276 页。

⑨ 《泽农要录》卷 6,吴邦庆辑《畿辅河道水利丛书》,道光四年益津吴氏刻本,第 20 页。

时的作用明显,当灾情严重时则有杯水车薪之忧。同时,社、义二仓的赈济范围也有明文规定,仅限本社、村之乡民。雍正三年(1725 年)谕:"即同邑之社,亦不得以此应彼。"①清前期,社、义二仓仓储充足时,在灾害发生后,确实发挥了重要的作用,但到了清代中后期,国力日衰,仓储渐虚,其作用大打折扣,已难以起到救助的作用了。

(三)受灾当地的乡绅富户或义举之人的捐助

乡绅、富户的捐助是政府救助体系之外的重要补充,这些人多为当地的监生、生员、贡生等知识分子和少数经商致富的商人。如临漳县人孙汶,附贡生,……康熙壬寅出粟赈饥,一方赖以全活。② 修武县人王兰圃,侯选州同,乾隆五十九年,沁河决,出米麦七百余石以赈灾,全活甚众。③

稍微富余的普通百姓在灾害发生后也往往捐粟赈济乡邻,在笔者查阅的大量地方志中,这样的人物比比皆是,他们的义举因得到政府的旌表而被载入《义行》类的人物中。如苏友闻……"乾隆四年大饥,捐米五十余石以赈"④。查乾隆四年(1739 年)5 月至 7 月,滑县连阴雨,麦子霉烂,秋无收成。可见苏友闻的这次捐助是因水灾而捐。乾隆六年(1741 年),修武"岁荒,出粟七十石以救饥"⑤。内黄县耆民司天成,因道光二十七年(1847 年)水灾后大饥,"出谷二百余石为合村给食三月,活人千余口,村人送有'乐善好施'匾额"⑥。虽然他们的捐助多少不一,但对灾后乡邻的救助也能起到些微作用。

(四)民间组织的义赈

自清晚期以后,政府救济能力的下降以及灾害的频发,一些民间组织日益兴起,在救灾中发挥了重要的作用,如民国六年,新乡县大水,上海济生会特派员巨商曾泽康就携巨款往赈,"买玉籽三千石,并电沪购棉衣八百套",使"万数千""无衣无食嗷嗷待哺者"⑦得以全活。

一般而言,政府和乡绅富户赈济的粮食种类以谷、粟、米、麦等最为常见,但是也有一些不常见的赈济粮食,主要是乡绅富户为主的个人赈济,如

① 嘉庆《钦定大清会典事例》卷 162,《户部·积贮》,《近代中国史料丛刊》第六十六辑,(台北)文海出版社,第 7251–7252 页。

② 光绪《临漳县志》卷 9,《列传三·笃行》,光绪三十年刻本,第 16 页。

③ 道光《修武县志》卷 8,《人物志·义行》,道光二十年刻本,第 64 页。

④ 同治《滑县志》卷 10,《义行》,同治六年刻本,第 3 页。

⑤ 民国《修武县志》卷 15,《人物·义行》,成文出版社民国二十年铅印本,第 1073 页。

⑥ 光绪《内黄县志》卷 13,《义行》,光绪十八年刻本,第 67 页。

⑦ 民国《新乡县续志》卷 4,《祥异》,民国十二年铅印本,第 32 页。

玉籽。道光二十七年，修武县"值大饥，里人嗷嗷待哺，(张三元)出所有玉籽数十石济之，里人感激，以惠及邻兰额其门"①。

四、减灾成就及评估

清代中期以前，吏治清明，国力日盛，政府亦非常重视河道的疏浚工作，所以，此时卫河流域的水灾并不严重，这在第一章中我们已经论述，即使发生了较为严重的水灾，朝廷也往往能及时、迅速地进行赈济。这和当时国家的实力以及从常平仓、义仓到社仓完备的仓储制度息息相关。

"常平仓"系统是清代国家粮食储备的主体，按照清朝规定，各地州县均应建立"常平仓"，由当地政府直接管理。"常平仓"在救济灾荒、扶困、平抑粮价方面发挥着不可替代的作用。乾隆十一年(1746年)，乾隆皇帝谕令各地政府劝导民间捐储粮食，在市镇建立义仓。后来，又在乡村设立社仓。所以，每当水灾过后，政府就有能力和条件蠲免钱粮，煮粥、给粮赈济，从而取得"全活甚众""数万灾民得以复生"等效果，因此，可以肯定地说，这种完备的仓储和赈济措施，对灾民的救助大有裨益，取得了不错的成果。

但是，我们也不能因此过于夸大其成绩，还应该看到，嘉、道以后，由于政府的腐败和"国帑支绌，库藏空虚"②，使得在社会救助中，政府的能力和作用日益下降。用以备荒的仓储制度至晚清时，弊窦丛生，日趋衰败。从乾隆末年开始，常平仓、社仓弊端渐萌，守仓官吏徇私舞弊，仓谷缺额日渐严重。有识之士已洞察此情，并对此不无担忧，"所虑者有司奉行善，或挪移为军国之用，或侵渔于官吏之手，或借其名以为科敛之资，或因其弊以遂抑勒之计，久之变本加厉，善政皆成虐政矣"③。如此情形，致使至道光朝，各省常平仓谷普遍缺额。④ 据道光十五年各省册报，短缺谷达1800万石之多，几达额贮之半。⑤ 同治年间，用于救助的各类仓储更是大多空虚，徒有虚名。各州县

① 民国《修武县志》卷15，《人物·义行》，成文出版社民国二十年铅印本，第1074页。

② 光绪《续浚县志》卷5，《循政》，光绪十二年刻本，第6页。

③ 朱瑛等纂修，武蔚文等续纂：咸丰《大名府志》卷七，《仓储》，咸丰四年影印本，第28页。

④ 陈国庆：《晚清社会与文化》，社会科学文献出版社2005年版，第53页。

⑤ 《清宣宗实录》卷274，中华书局影印本1986年版，第220页。

的常平仓、义仓、社仓也已呈现颓势，无人有暇顾及。①"今之州县俄焉更易，无暇顾及仓储，即偶有兴办者，而数任之后，谷多红朽不可食，及至霉变无存，动为官民之累。社义两仓虽劝民自办，惟当此民穷财尽之时，存私趋利者多，好义急公者少，欲令其捐丰年之有余补歉岁之不足，忧忧乎其难!"②到了光绪初年，更是仓储多虚。据光绪初年的上谕说："近年以来各州县不但仓储多虚，并仓座亦多无存。"③反映了仓储的衰败之势。

从各地仓库储粮情况来看亦是如此。修武县的蓟仓，"在县署西大公馆后，……向系劝捐仓，……原额谷一万石。嘉庆七年拨入常平仓四千四百四石七斗九升六合一勺，于道光八年十二月内奉文毋庸买补。义社仓，原额谷三百九十石九斗三升六合，于乾隆五十年赈粥动用讫（后无买补）。劝捐仓，原额谷一千四百九十石二斗三升五合，历年出借在民，于乾隆五十年奉文豁免（后无买补）"④。到了清末，仓储粮食更是几乎空虚，社仓、义仓几成摆设。如临漳县的惠民仓，在同治年间创建时有谷"数千石"，可到了光绪年间，赈贷之后却"旧谷既散不复能还矣"，致使仓储无存⑤。修武县的各仓在此期间也"迭经水患放发，现在所存无几"⑥。民国初年安阳县的仓储更有代表性，不仅仓粮无存，就连贮粮的仓库也或不存或被占，仅有的几间仓库也是破败不堪，罅漏待修，"民国初年存者仅东廒十五间，南段尚有储谷，但罅漏急待修葺，北段五间被驻军占做厨房，屋顶门窗门板无存。北廒十间，东五间为驻军寝室，西五间为驻军马棚，前后开窗，柱檩糜烂。……西南两方之廒，因清末建造公款局，将木料砖石移挪一空，仅存瓦砾遗址而已"⑦。仓储粮食的

①　曾凡清在《略论清政府防灾救灾举措及对后世的影响》中认为：嘉道以后，义仓、社仓的重要性愈来愈得到全社会的认同。大量资料表明，此时各地义仓、社仓数量明显增加，民间自发建仓的事例也越来越多。鸦片战争之后，作为民间救助重要手段的义仓、社仓随之得到进一步发展（《农业考古》，2010年第3期，第13—14页）。此说不确。

②　骆文光：《兴建惠民仓议》，光绪《临漳县志》卷16，《艺文·杂志》引，光绪三十年刻本，第51页。

③　《皇朝政典类纂》卷153，仓库十三"积储"，《近代中国史料丛刊》，（台北）文海出版社，第2105页。

④　道光《修武县志》卷4，《建置志·仓库》，道光二十年刻本，第10页。

⑤　周秉彝：《修复临漳惠民仓碑记》，光绪《临漳县志》卷13，《艺文·记下》引，光绪三十年刻本，第35页。

⑥　民国《修武县志》卷9，《财政·仓储》，成文出版社民国二十年铅印本，第744页。

⑦　民国《续安阳县志》卷4，《民政志·仓储》，北平文岚簃古宋印书局，民国二十二年铅印本，第20页。

减少固然与多种因素有关，比如自然灾害的频繁发生使得粮食产量越来越低。① 但无论如何，仓储无粮却是不争的事实，这种情况下，如何能保障灾后的有效赈济？ 更何况还有地方官的种种徇私舞弊以及国库空虚的现实存在：

（一）截漕过程中出现的弊病

在灾害发生之后，从国家粮仓调拨粮食费时费力，为了在第一时间进行赈济灾民，往往就近取材，通常的做法就是截漕。然而，在截漕过程中，米色斛面中掺杂使假、胥役趁机勒索的事时有发生。为防止"旗丁等于米色斛面任意挽和短少，而州县胥役又往往籍端勒索"，乾隆十八年（1753 年）曾诏示："嗣后截漕之省，俱派就近道员稽查，不得委州县。著为令。"即不再允许州县胥吏插手此事。嘉庆初，因山东正值"轮免漕粮"之际，清廷则"先令豫省（河南）兑运，不敷之数，许动支节年仓存蓟米，并动碾公谷"②。有清一代，此类事例史不绝书，虽然对惩治腐败、救治灾民起到了一定的效果，但效果有限。更有甚者，一些富商大贾也在灾后囤积居奇、哄抬物价，造成米价飞涨，对灾民而言无疑更是雪上加霜。诗人沈德潜一针见血地指出："年来旱潦余，十室九悬罄。而何奸邪徒，手握贵贱柄。"③诗中描写的就是商人囤积居奇，要趁灾发横财，事实上他们也是这样做的。

（二）分层次的赈济政策

清代的赈济并非普济，而是实行分层的救灾政策，不同的人群有不同的救济政策，即便同一人群内部，亦要区分户等及被灾的等级。如生员与普通民户就是分开赈济，且应该赈济的贫生，同样要区分极、次户等分别赈济。④比如清代明确对灾荒时期的生员赈济做出规定，今见最早的是乾隆元年（1736 年）规定："乾隆元年议准：被灾贫士，向在齐民赈恤之列，原以郑重斯文，但贡监生员实有赤贫无食者，令报明该教官造册，转送地方官，按其家

---

① 李文治：《中国近代农业史资料》，"1838 年前收成大部分在七成以上，个别年份可收到八成，1839－1857 年可收到六成，经后直到 1911 年只收到五成，秋收也大致如此。"生活·读书·新知三联书店 1957 年版，第 258 页。

② 赵尔巽等撰：《清史稿》卷 122，《食货三·漕运》，中华书局 1977 年版，第 3569、3570 页。

③ 沈德潜：《归愚诗抄》卷 5，《百一诗》。转引自冯尔康、常建华著《清人社会生活》，沈阳出版社 2001 年版，第 360 页。

④ 张建中：《饥荒与斯文：清代荒政中的生员赈济》，李文海、夏明方主编《天有凶年：清代灾荒与中国社会》，生活·读书·新知三联书店 2007 年版，第 146–162 页。

口,量加抚恤。"①乾隆二年(1737年)也曾下诏"遇饥岁,士绅与饥民一例赈"②。然真正成为清代生员赈济原则的是乾隆三年(1738年)四月二十二日的上谕:"各省学田银粮,原为散给各学廪生、贫生之用,但为数无多,地方偶遇歉年,贫生不能自给,往往不免饥馁,深可悯念。朕思士子身列胶庠,自不便令有司与贫民一例散赈。嗣后凡遇地方赈贷之时,着该督抚学政饬令教官将贫生等名籍开送地方官,核实详报,视人数多寡,即于存公项内量发银米,移交本学教官均匀散给,资其粥。如教官开报不实,给散不均,及为吏胥中饱者,交督抚学政稽察,即以不职参治。至各省学租,务须通融散给极贫、次贫生员,俾沾实惠。"③开始将生员与普通贫民分开赈济。

生员与一般百姓所受赈济方式不同(但赈济的标准与普通贫民是没有差别的④)的原因,正如方观承《赈纪》所言,乾隆三年谕旨之意在于"以伊等身列胶庠,不便等于饥民散赈,惟令地方官视人数多寡,酌拨银米,资其粥,宜不复核户验口,同贫民列入赈册矣。所以别士族于齐民,恩意至于优厚"⑤。又如某知县《本县优礼斯文诸生可赴儒学领赈示》所云:"照得告赈诸生,萤灯苦志,雪案埋头。子夜青灯,会见绝编研露;丁年黄卷,未获衣锦梯云。既无负郭之田,难免悬鹑之结……自后诸生不必同饥民领谷,但赴儒学报名,以凭照册发赈,务与齐民有别。盖鸡鹤原不同群,驽骥岂容共栈?今汲西江以活鲋,庶使点额之颜,不沦菜色;后破巨浪以驾鲸,幸将剥肤之痛转念苕华。"⑥即明确要体现朝廷对生员的恩意,以示与齐民之不同。

即使有对于普通百姓的蠲免政策,也并非所有人都能沾惠。蠲免的对象只是那些有田地的农户,按照地亩受灾轻重蠲免地丁钱粮,对于无地的贫民则不过是可以得到优免丁银的一点好处。虽然政府也要求地主给予佃户

① 杨景仁:《筹济编》卷6,《发赈》。方观承:《赈纪》卷2,《核赈》收录《贡监生不应给赈议》亦载有类似内容:"乾隆元年定例,被灾各属,凡贡监生员实系赤贫乏食者,报明教官确实造册,按其家口酌加抚恤。"转引自张建中:《饥荒与斯文:清代荒政中的生员赈济》,李文海、夏明方主编《天有凶年:清代灾荒与中国社会》,生活·读书·新知三联书店2007年版,第149页。

② 光绪《内黄县志》卷8,《事实志》,光绪十八年刻本,第18页

③ 《皇朝文献通考》卷46,《国用考八·赈恤》,商务印书馆,万有文库本,第5291页。

④ 张建中:《饥荒与斯文:清代荒政中的生员赈济》,李文海、夏明方主编《天有凶年:清代灾荒与中国社会》,生活·读书·新知三联书店2007年版,第156~157页。

⑤ 《禁生员冒赈谕》,方观承:《赈纪》卷2,《核赈》。转引自张建中:《饥荒与斯文:清代荒政中的生员赈济》,李文海、夏明方主编《天有凶年:清代灾荒与中国社会》,生活·读书·新知三联书店2007年版,第150页。

⑥ 王庆成:《清世史料并考释》,武汉出版社1998年版,第250页。

减免田租，但那不过是从道义上而言，并非硬性规定。乾隆元年（1736 年），"惟是输纳钱粮，多由业户，则蠲免之大典，大概业户邀恩居多，无业贫民终岁勤动，按产输粮，未被国家之恩泽。尚非公溥义，欲照所蠲之数，履亩除租，绳以官法，则势有不能，徒滋纷扰。然业户受朕惠者，苟十损其五以分惠佃户，亦未为不可……朕其令所在有司善为劝谕各业户，能善体意，加惠佃户者，则酌量奖赏之，其不愿者听之，亦不得勉强从事。"①虽然此后政府也不时下诏强调让"蠲免钱粮佃户均有沾惠"②，然而由于不是硬性规定，实际执行中效果难免不尽人意。所以，蠲免政策更多的受益者是有地的农户。但灾荒后最需要得到蠲免赈济者却恰恰是那些为数众多的无地贫民，最应该得到赈济的人却得不到赈济，其赈济效果可想而知。

（三）国内动乱、无力赈恤

咸丰朝后，因国内外军政祸乱迭起，政府的常规蠲赈也出现了很大问题："朝廷抚恤灾黎，向有大赈。缘军政倥偬，募兵输饷，度支日绌。"③募兵招饷尚恐不及，遑及救赈地方灾荒了。地方社会的维护和稳定，更多依赖于地方上的开明绅商地主，当然他们的良善行为，明显是受到了那些有着很强责任心的地方官员的表率和努力"劝谕"的影响，这当然是杯水车薪，解决不了多少实际问题。所以，当看到水灾后流民的惨状，资产阶级改良主义思想家郑观应于 1872 年作《赈济十二善说》（11 月 5 日）、《论救荒要务》（1872 年 12 月 3 日）两篇文章，主要介绍了如何赈济的十二种方法，以及赈荒过程中的"二难""三便""六急"。郑观应写作这两篇文章是因为"感直隶水灾流民之惨，恐赈济无方，仅采先哲救荒二难、三便、六急，屡成此篇，以醒世人"④。他的目的很明确，就是要指导解决当时水灾后救助无方的问题。

民国初年，卫河流域水灾情况更是日甚一日。虽然当时已经初步建立了中国近代救灾制度，设立了救灾专门机构，并颁布了一些救灾法规。如 1912 年中央政府设内务部，省设民政厅，掌管赈恤、救济、慈善及卫生等事宜。1921 年，北洋军阀政府先后颁布了《全国防灾委员会章程》《赈务处暂行条例》等。1928 年，国民政府设行政院下属的赈济委员会，管理全国赈济事务。虽初步建立了救灾的相应机构和颁布了一些救灾、防灾的条例、章

① 嘉庆《钦定大清会典事例》卷 212，《蠲恤·赐復》，《近代中国史料丛刊》第六十六辑，（台北）文海出版社，第 9763 页。
② 光绪《内黄县志》卷 8，《事实志》，光绪十八年刻本，第 19 页。
③ 戴槃：《接济灾黎记》，《桐溪记略》，同治七年刻本，第 7 页。
④ 易惠莉：《郑观应评传》，南京大学出版社 1998 年版，第 55-56 页。

程,但国家内忧外患,连年战乱,社会动荡,政府已无暇顾及民生问题。① 动乱的社会环境使救恤工作更是徒有其名,"灾区之广,动辄数十县,而赈款多不过十数万元,其谕旨且曰着地方官妥为散放,譬如以杯水救车薪之火,滑稽甚矣。……民国以来,兵凶岁凶,循环未息,例须蠲免赋税,或减缓征收之区,且欲邀帝制时代之滑稽恩典而不可得。盖地方官,视征收为渔利之手术。蠲税缓征,皆足以损失其利润。故于绅民禀报灾荒必竭尽智能以阻其上闻。为之上者,亦不乐闻也。闻之而无以应,则委员查复。凡查灾委员,地方例不供应,故官员咸目查灾为苦差而不肯往,则仍归于地方官查复,而灾区赋税之蠲缓何可冀耶! 近年灾况日重,而徭役日繁,催科之声,急于赈抚,嗷嗷灾民,徒闻附捐而已矣! 预征而已矣,减缓云乎哉! 蠲免云乎哉! 然而办赈务者,固已极焦头烂额之能事矣!"②生动地表明了当时救灾已成具文的现实。

(四)吏治腐败

在赈恤过程中,不要说政府赈济无力,赈灾钱粮不到位,即使赈灾用款、粮食充足也难保在放赈过程中不出现种种克扣与舞弊,就连地方官员都不得不承认,水灾之后"告水患于上,请蠲请缓奔命不暇,而册籍隐没,里胥挪移,小民不蒙实惠良可浩叹"③。难怪道光帝感叹:"从前乾隆、嘉庆年间,捏灾冒赈之案,无不尽法处治。今数十年来,各省督抚未有参劾及此者,岂今之州县胜于前人乎? 总缘各上司惮于举发,故虽百弊丛生,终不破案,实为近来痼习。"④此语正是当时吏治败坏、救荒之制名存实亡的写照。更有甚者,清末政治腐败,是非颠倒,竟然出现实报灾情官员反被撤职的怪状,"光绪二年(1876年)七月 大风,秋歉收,知县李德均实报灾情,被撤职"⑤。可见,在如此的政治大环境下,受灾之后,不说政府无能力救济灾民,即使政府有能力,百姓也不可能得到很好的救助,救灾的效果自不必多说。

(五)民间组织承担救助工作

清代中后期至民初,随着政府救助力量的衰退,大量的民间组织应运而生,更多地承担起灾后的救助工作。比如华洋义赈会就是一个典型的例子,

---

① 孙绍骋:《中国救灾制度研究》,商务印书馆2004年版,第25页。
② 刘景向:《河南新志》卷9,《救恤》,河南省档案馆、河南省地方史志编纂委员会编,中州古籍出版社,民国十八年版重印,第555页。
③ 乾隆《彰德府志》卷26,《艺文》,乾隆五十二年刻本,第15页。
④ 《清宣宗实录》卷244,中华书局1986年版影印本,第679页。
⑤ 卫辉市地方史志编纂委员会编:《卫辉市志》,《大事记》,生活·读书·新知三联书店1993年版,第24页。

虽然它在较多的救灾工作中做出了不少贡献，但我们也应该看到，华洋义赈会在救助时的局限性，如民国十七年(1928年)左右，大名县连续遭受水旱灾害，加上军阀混战，苛捐杂税，迫使人民过着衣食无着，颠沛流离的苦难生活。此时，美国教会和当地官绅，组建了一个"华洋义赈会"，他们以"义赈"之名，要从大名至馆陶修一条公路，声称出工给钱，占地"豁免银两"，实际上却以高利贷形式盘剥农民。路修成后，不仅出工没有给钱，而且占地不免负担，并且在修路时打骂群众，激起群众愤恨，从而掀起了揭露"义赈"假面目，反对"华洋义赈会"的斗争。① 还有天主教会利用赈灾达到其传教之目的等②，这种乘救助之机以达到其他目的的做法也应该得到我们的注意。

总之，清朝政府为维护其统治，调和阶级矛盾，避免在灾荒之后出现大量流民，从而引发更大的社会问题，故在灾害严重之年，蠲免或缓征丁地钱、漕粮，也抚恤或赈济一些银钱、口粮，这在客观上有利于灾民的生存，是值得肯定的。但毕竟受赈人数有限，大多时间内蠲免数量仍相对较少，或多系农民拖欠已久的丁地钱，抚恤赈灾之钱粮落到灾民手中的实数少之又少。在古代以车马为主的交通条件下，在国家大批救灾物资到来之前，或许饥饿的灾民早已饿死了。更何况，赈济还往往要经过"开仓待诏"等程序才能执行。虽然一些地方官也在水灾发生后进行了救助，清中期以后至民初也出现了一些新式的救灾方法，救灾主体也日渐多样化，但毕竟力量有限。综合而言，依然没能改变多数灾民灾后逃荒要饭、家破人亡、妻离子散的惨境。

---

① 大名县志编纂委员会编：《大名县志》，《概述》，新华出版社1994年版，第1页。
② 李晓晨：《近代直隶天主教传教士对自然灾害的赈济》，《河北学刊》，2009年第1期，第79-83页。

第三章

水灾与河道陂塘的变迁

第一节　卫河干流的变迁

卫河属于中小河流,在清代曾作为运河水源补充的支河和河南漕粮的运送之道。当咸丰十年(1860 年)卫运河漕运停止,河南漕粮改成折色[①]以后,卫河更很少能够得到政府的注意,所以在清代,有关卫河的史料记载相对较少。可能正是这些原因,在以往学者的研究中很少有人注意卫河。即使有人提及也往往以变化较小而不予论述。故笔者希望通过对资料的细密梳理和仔细考证,复原卫河在清到民初的变迁情况。鉴于资料的支离与琐碎,卫河在滑县以上的变化很小,所以本书只就滑县以下卫河发生过变迁的县予以论述。

一、卫河滑县段的迁徙不定

卫河发源卫辉苏门山(挒)刀泉,东流经获嘉新乡北界,合丹河至卫辉府城西北转而东,由浚县之淇门受淇水,又东北经滑县。[②] 康熙二十五年(1686 年)增刻顺治本的《滑县志》卷1《图经》县总图上标注有,"御河,经流县西北境七十里潘井村"[③]。

---

① 据光绪《内黄县志》卷 8,《事实志》载系咸丰十年卫河漕运停运,一律改成折色征收,光绪十八年刻本,第 23 页。

② 乾隆《滑县志》卷 6,《河防》,乾隆二十五年刻本,第 9 页。

③ 康熙《滑县志》卷 1,《图经·县总图》,康熙二十五年增刻顺治本,第 8 页。

滑县城即今之城关镇所在地,在民国以前并未发生改变,"由直隶改属河南自清雍正三年始,今之县城即古之州城"①。位于今滑县城西北部的内黄县有西潘井村、东潘井村,二村相距不远,但分属二安乡和井店镇,东、西潘井距滑县城直线距离约有35公里,与所记载相符,很可能就是当时的潘井村,后经过发展演变分裂为东西潘井两个村庄。西潘井与东潘井村东西相距约2公里,西潘井村西距卫河也并不远,只有5公里左右。说明在康熙二十五年卫河经滑县西北部,今内黄县境的西潘井村附近一带。与今天的卫河相比,今卫河已向西迁移5公里左右。

但是康熙五十年(1711年)《南乐县志》增补明嘉靖末年刻本②的附图中所绘卫河流经路线,却不经过滑县和南乐,应该是卫河在此期间从潘井村附近向西北方向发生了迁徙,从而离开了当时的滑县境。卫河在今内黄西南部的这种经常迁徙是可能的,因为康熙三十五年时,因在小滩兑运不便,巡抚李题请移兑五陵镇,但因"河堤善溃"而罢,后来为治理当地水患而多次修筑上下游堤防。③ 反映了当时卫河在滑、汤、内三县交界处变迁频繁的情况。

乾隆二年(1737年)八月乙酉,查"卫河发源于苏门山百泉,历新乡、汲、淇、浚、滑、汤阴、内黄及直隶之大名、元城至山东馆陶入临清州,经流九百二十余里"④。从所叙的先后次序来看,先浚县后滑县,说明此时卫河还是在今内黄县西南部经过滑县。据乾隆《滑县志》:"卫河在县北七十里草坡,上自汤阴县河界起,下至内黄县河界止,旧河道计长九里,中隔汤阴河道四段。乾隆四年雨水过多,河流漫溢,将河身东西冲直,旧河淤塞,新河计长五里。"⑤同治《滑县志》关于这一段的记载除了把"草坡"改为"草坡村"外,其他内容相同。并进一步指出"近年丈量计长四里十三步。每岁挑浅修堤,向来潘井里独任其事,免杂派差徭"⑥。可见,草坡或草坡村应属潘井里之地。关于草坡的位置,各志中并无明确记载。乾隆《内黄县志》南路村庄中有"草坡村",属南高堤地方。⑦ 但这在当时属内黄县地,不可能同属滑县。今内黄县亳城镇有草坡村,在东、西潘井的东北部,距东潘井村约9公里,距滑县城直线距离图测约40公里,这与草坡村在滑县城北七十里不符。在乾隆《内黄县志》中亳城地方所属的村落中亦未见草坡村之名。即使有,也并非当时

① 民国《重修滑县志》卷5,《城市第三》,民国二十一年铅印本,第1页。
② 康熙《南乐县志》卷1,《舆图》,康熙五十年(1711年)增补明嘉靖末年刻本。
③ 乾隆《彰德府志》卷2,《山川》,乾隆五十二年刻本,第14页。
④ 《清实录》卷49,第9册,中华书局1986年影印本,第837页。
⑤ 乾隆《滑县志》卷2,《山川》,乾隆二十五年刻本,第5页。
⑥ 同治《滑县志》卷二,《山川》,同治六年刻本,第6页。
⑦ 乾隆《内黄县志》卷2,《地理》,乾隆四年刻本,第15页。

卫河所经的"草坡村",因为乾隆时期亳城周围属内黄县管辖。在康熙和乾隆滑县志中均未记载各里社所包括的村落,只在同治滑县志中载有里辖各村,但潘井里所辖村落中并没有"草坡村",兹将潘井里所辖村落列出:"魏庄、西潘井、南张庄、东潘井、小刘草坡、大刘草坡、王村、小槐林、大槐林、大寨、刘庄、吴庄、北徐庄、车草坡、韩家铺、李草坡、后安化城、白家庄、北张村、赵草坡、南徐庄、前安化城、亓营、铁炉、滑固、胡庄,共计二十六村",所以,所谓"草坡村"很可能只是指一个大概区域。

在康熙志《滑县志》中记载铺舍总铺时提到了草坡,"铺舍总铺在县门西北,曰苗固,曰鱼池,曰石佛,曰迎阳,曰什村,曰井村,曰草坡东,曰中冉"①。从位置来看,说明这些地名均在县城的西北部。从名字上来看,"草坡东"似不是一个村落的名字,而应该也是指一个区域,即指在"草坡"的东边有一个铺舍总铺。所谓"草坡"可能是一个易遭水淹的坡洼之区。今内黄县西南部、卫河东岸的亳城镇、井店镇、二安乡所辖村落有不少以草坡命名,如李草坡、草坡村、后韦草坡等,这一大片低洼之地,过去一直归滑县所管,"俗称滑县北部32草坡"②,这32草坡包括现东、西两潘井村在内的二安乡27个村落,潘井位于草坡的靠北位置。也就是说潘井村在被称为"草坡"的这个区域的北部边缘。乾隆本志中标注的卫河流经地,之所以改潘井里为草坡,可能与卫河发生了向西北方向的变迁,移到了草坡的偏西部位置。由于离潘井村渐远,再用其名标注已不能准确指示,故才使用草坡这个较大的概念标注。

在民国《滑县志》中,记载乾隆四年(1739年)前,卫河流经的路线时出现了草坡之名,卫河"经大胡家、韩馆(疑为'铺')、白庄、草坡、大小刘等村出境到汤阴界"③。可见,草坡系在白庄和大小刘庄之间④。但是,今天在此区域却是大块的田地,并无村落。虽然如此,我们仍可看出当时卫河的流经路线在今卫河的东面,可能是自白庄以下向东弯曲,然后又向西北流至大小刘村,否则就不会出现乾隆四年将河道冲直,从而由九里缩短为五里左右的距离了。可见,乾隆四年前卫河流路又向东发生了迁移,但并没有达到康熙

---

① 　康熙《滑县志》卷3,《公署》,康熙二十五年增刻顺治本,第8页。

② 　史其显:《内黄县志》第三十四编,《乡镇场概况》,中州古籍出版社1993年版,第670页。据笔者调查,当地人现在仍有此笼统的叫法,即把这一区域统称为草坡。

③ 　民国《滑县志》卷11,《河务第九》,民国二十一年铅印本,第1页。

④ 　同一时期的乾隆《内黄县志》南高堤地方所属九个村中有草坡村,但是在相距不太远的地方有两个草坡村,且分属滑县和内黄县,从情理上说不通。且在光绪《内黄县志》中高堤地方所属的九个村庄中没有了草坡村,而是多出了一个韦草坡,如果韦草坡即是草坡村,这又与草坡村属滑县境矛盾,暂存疑。

二十五年前的位置，只是流经至潘井村西边一带，所以反映在本县志中则以"草坡"称之。乾隆四年（1739年）后，卫河河道被洪水冲直，即直接由韩铺向东北流至大小刘庄，在滑县境内的长度也因此由九里缩短到了五里。

嘉庆年间滑境内的卫河河道又有了变化，卫河在今道口西边向东迁移到了滑县与浚县的交界处，并且已经流经滑县境内了。据嘉庆六年（1801年）《浚县志》卫河图说载："卫河……向东北流经新镇、石羊、李家道口、柴家湾，出滑县地界，由八里井、周口村环大伾、浮邱山前，遇浚之西门云溪桥出童山、白寺、善化诸山，河岸分东西，东浚县西汤阴也。"①可见，在嘉庆六年以前卫河已流经道口以下至八里井、周口村之间的滑县界。嘉庆十七年（1812年）吴邦庆所记卫河的源流亦说明了卫河流经李家道口附近的滑县境，"卫河源出河南辉县城北苏门山之百泉，亦谓之搠刀泉，南流入新乡县之合河镇，西则小丹水分注之，又东流经汲县城北，又东流经浚县界，则淇水自林县西南流注之（即宿胥渎）。又东北流经滑县界（滑浚两县界有村名道口），又东北流经内黄县北，汤阴县西则有荡洹诸水入之。又东流经内黄县之楚旺镇，又东北流经大名府之大名元城界与漳河合流，又东北流经山东馆陶县境至临清州与汶水会"②。位于滑县与浚县交界的道口，原称李家道口，属浚县地，东距滑县城八里。既然指明流经道口附近的滑县界，说明在道口以下，卫河已向东迁移到了滑县县境。

但是流经滑境的时间非常短暂，到了嘉庆二十五年（1820年）时，卫河在道口附近又移出了滑境。"案一统志，卫河源出辉县西苏门山百泉，东南流入新乡县界，又东入府治汲县界，又东北经淇县与淇水合流，东北至浚县城西，又东经滑县界，大水之年往往自浚县浮邱山南决口，经大伾山东邢道口、刘沙地、靳小寨东抵滑县了堤头、下河村、刘庄、徐草坡、车家草坡、大刘草坡东还归卫河，而以上数村往往被患。"③所以，过浚县城西向东流经的滑县界，只能是在今浚县东北及内黄西南部，而不可能是滑县城西八里的道口附近。可见，由于滑、浚两县犬牙交错，卫河迁徙频繁，所以"自浚错缘界仍入之"④的现象经常发生。

同治《滑县志》中卫河的流经之地，则标注为"经流县西北境七十里潘井

---

① 嘉庆《浚县志》卷10，《水利》，嘉庆六年刻本，第3页。

② 《畿辅水道管见》，《南运河》，吴邦庆辑《畿辅河道水利丛书》，道光四年益津吴氏刻本，第15-16页。

③ 民国《重修滑县志》卷3，《舆地·山川》，民国二十一年铅印本，第7页。

④ 赵乐巽，等：《清史稿》卷62，《地理九》，中华书局1977年版，第2082页。

里"。图上标注"西到浚县界八里",但是在本志《建置沿革》中却是"西至浚县界四里"①,而本志《里社》之数与旧志并无变化,说明县域疆界未改。民国《重修滑县志》②,《舆图第一》亦是"西到浚县界四里"。而且卫河此时在该地也不经过滑县界,只是在今内黄县西南部经过滑境。可见,在滑县西边李家道口附近,在嘉庆年间以前,卫河也在东西摆动。在此之后则变化不大,民国时期滑境卫河河道与今卫河的河道已基本一致了。

今卫河自浚县曹湾村东入滑县境,经道口桥上村至军庄北复入浚县境,长 8 公里。东北部以前卫河所经过的属滑县潘井里等地方的区域,后经政区变革,划归内黄、浚县等县所属,今卫河只在李家道口(今道口)附近流经滑县。长虹渠为卫河支流,其位于卫河滞洪区,据《浚县志》载,乾隆二十八年(1763 年)开挖,长 55 公里,当时叫新镇陂渠。……该渠自浚县大屯北入滑县境,穿新镇集陂到道口桥上村入卫河。入河处底宽 22 米,深 3 米,滑县境内长 12.5 公里。③ 其入口以上河槽底宽 17 米,以下 16 米,比降 1/8000,边坡 1:3。保证流量 350 立方米/秒。流域面积 52 平方公里,占全县总面积的 3%。

二、浚县段卫河的迁徙与疏改

卫河在浚县境内的变化并不算很大,主要是因为卫河所经之地系古黄河故道,地势较低,且断续分布着一系列的陂塘,对卫河洪水有一定的调蓄作用,但是在浚县城以北的屯子至老鹳嘴的十八里溜,则是易于泛滥的险工地段,为了航运安全,人为改变了河道的流路。

据《浚县志·卫河图说》载:"卫河发源卫辉苏门山,东流经卫辉府□□□德胜桥焉,流至西马头村,历卢家板桥过淇门双鹅头□(此处缺数字——笔者注)五里,淇水西来入之,向东北流经新镇、石羊、李家道口、柴家湾,出滑县地界,由八里井、周口村环大伾、浮邱山前,週浚之西门云溪桥出童山、白寺、善化诸山,河岸分东西,东浚县西汤阴也。由屯子、马头、北泥滩口至五陵固,凡一百七十五里。又延袤北流经韩西口、草坡村、窦公集入内黄县界,历焦家庄、潭头口到固城靶,凡一百四十里,直趋运杨寺、楚王集至甘家庄,又卫水受洹水处也。北至张儿庄凡一百二十五里,至此丹、淇、洹三水皆入卫水,卫水始专为一,以通漕矣。"④这里有两点值得注意,其一,卫河

① 同治《滑县志》卷 1,《建置沿革》,同治六年刻本,第 5 页。
② 民国《重修滑县志》卷 1,《舆图第一》,民国二十一年铅印本,第 4 页。
③ 滑县地方史志编纂委员会编:《滑县志》第二篇,《自然地理》,中州古籍出版社1997 年版,第 132 页。
④ 嘉庆《浚县志》卷 10,《水利》,嘉庆六年刻本,第 3 页。

由"李家道口、柴湾出滑县地界",然后经"八里井、周口村环大伾、浮邱山"东北流,说明卫河出柴湾以后向东北弯了一个弯,流经八里井,然后才到周口村。今卫河自浚县桥上村入滑县界到界牌村西出滑县界,经柴湾村向西北直接至周口村,并未向东北经过八里井村。其二,卫河河道在浚县境内的长度为一百七十五里,而在同一志中《山水考》记载卫河的长度却是"南与汲县交界双河头起,北与汤阴县交界五隆固止,计长一百七十里"①。这比卫河图说中的"一百七十五里"少了五里的河道。查《行水金鉴》以及《续浚县志》中关于卫河在浚县境的长度均为"一百七十五里"②。可见在嘉庆六年(1801年)前的卫河在此均无大的改道,只是嘉庆六年左右发生了卫河出柴湾后不经八里井的变化。考柴湾村在界牌村西北0.5公里,八里井在界牌村东北2.5公里,在柴湾村东北约2.5公里。或许这缩短了五里就是卫河在此地向西北方向迁移取直后的结果。

浚县境内卫河的另一个变迁河段是有名的"十八里溜",不过,这一段的河流改道不是洪水暴发,河流决口导致,而是人们为通航主动疏改。十八里溜是浚境乃至整个卫河运道的险工之段,山根横亘,水流湍激,"卫河入浚境百七十有五里,而屯子、马头至老鹳嘴为十八里溜,曰老龙湾、曰石柱,皆善化山麓,舟子视为畏途者也。中经三官庙、河湾,曲石粼粼,隐显出没。夏为山水、泊水冲入暴涨,腾掷东注俗云坐湾者是也"③。尤其是水浅重艘通过之时,更是难以通行,"积石甚多,舟行过此,补漏无时","内有石岗一道,自屯子镇到老鹳嘴十八里绵亘河底,水稍落则为重艘礙,河宽至十四五丈,深一丈七八尺不等"④。这样的险工地段由于"漕运所关,岁有挑浅之役"⑤,不断得到治理。乾隆二十八年、三十年(1763年、1765年)两次由商人捐资、官府扶助,"率民疏凿,得大小顽石以万计"⑥,但终究不能根本解决问题。同治十三年(1874年)"知县张宝禧劝疏不果",光绪十一年(1885年)知县黄璟"改河筑坝浚河宽十二丈,长九十一丈,坝因之"⑦,通过人工使该段河流改道,并修筑水坝、堤岸,最终解决了该河段不易通行的难题,"向之巉岩错杂,篙工

---

① 嘉庆《浚县志》卷9,《山水考》,嘉庆六年刻本,第16页。
② 嘉庆《浚县志》卷9,《山水考》,嘉庆六年刻本,第17页。光绪《续浚县志》卷3,《河渠》,光绪十二年刻本,第29页。
③ 光绪《续浚县志》卷3,《河渠》,光绪十二年刻本,第29页。
④ 嘉庆《浚县志》卷9,《山水考》,嘉庆六年刻本,第17页。
⑤ 同治《滑县志》卷5,《河防》引《行水金鉴》,同治六年刻本,第52页。
⑥ 浚县地方史志编纂委员会编:《浚县志》第九篇,《交通》,中州古籍出版社1990年版,第448页。
⑦ 光绪《续浚县志》卷3,《河渠》,光绪十二年刻本,第29页。

所目瞪力竭者,今皆举棹扬帆欻乃而过矣"①。

此后,虽然浚县境内卫河洪水还泛滥不断,但卫河基本没有再发生改道,直到光绪年间,在浚县知县黄璟的主持下,兴修了浚县境的卫河堤防、月堤及坝工,从而减轻了浚县境内卫河的严重水患。②

三、内黄县境卫河的东移南压与取直

内黄县境内的卫河河道在乾隆以前的流经路线,根据雍正三年(1725年)六月河南巡抚田文镜所上的"漕运呼应不灵,请改归属县"的奏疏中可以看出。

田文镜奏疏中言:"漕粮关系国储,挽运必须协力,恳请改归属县,以免推诿迟误事。"并进一步指出河南漕粮的运送路线:"窃查豫省漕粮……向受兑于卫辉水次。自卫辉府之汲县挽运起,历淇县、汤阴县及直隶大名府属浚、滑、内黄等三县,并大名县之龙王庙止,共计水程迂回六百四十余里。其中遇有淤浅之处,惟在地方各官不分彼疆此界,协力刨挖深通,建坝蓄水,雇船剥运,方克有济。是以雍正二年十月,内总副总河臣嵇曾筠奏请,于浅涩处所,每年建筑草坝,束水浮舟。……但豫属之汲县则与直属之浚县小河口接壤。豫属之汤阴五陵集十里则与直属之滑县米善口接壤。米善口九里十三弓,则又至汤阴县潘家湾塌河所。由塌河所水路四里二百八十五弓又至滑县地方。由滑县水路三里又至直属之内黄县草坡地方。由草坡水路十二里,复至汤阴县蔡家窑及北高堤等处。由北高堤水路六里半,又至内黄县地方。由内黄县水路三里,又至汤阴县孟家湾。由孟家湾水路三里,又至内黄县林家滩。由林家滩水路四里,又至汤阴县流水口、固城坝等处。由固城坝水路十八里又至内黄县神庙、窦公等处,两省地方极其交错。是以每当漕运之时,……莫不延挨推诿。……臣仰恳皇上俯念漕粮攸关,隔属呼应不灵,将浚、滑、内黄等三县改归彰德、卫辉二府,就近分隶管辖,庶事归统一,彼此不致掣肘"③。可见,清初雍正时的卫河自浚县到汤阴五陵集、滑县西北部的米善口、汤阴县潘家湾塌河所(今旱塔河村、水塔河村附近)、滑县地方、内黄县草坡地方、汤阴县蔡家窑、北高堤、内黄县地方、汤阴县孟家湾、内黄县林家滩、汤阴县流水口、固城坝、内黄县神庙、窦公向东北流,在三县交界处曲折回流,然后大致自内黄县莱园村东流,在张二庄南入魏县境,东北流经军寨村北、留固村西、中烟村东、田教村西、长兴村东,又经楼底村、寺南村、楼

---

① 光绪《续浚县志》卷3,《河渠》,光绪十二年刻本,第29页。

② 光绪《续浚县志》卷3,《河渠》,光绪十二年刻本,第32-34页。

③ 嘉庆《浚县志》卷10,《水利考·漕运》,嘉庆六年刻本,第5页。另参见史其显:《内黄县志》卷15,《大事记·祥异志》,中州古籍出版社1987年版,第535、536页。

寺头村和旦町村,入大名境。①

乾隆时,"卫河经流境内西南,自南高堤东北达泊口,漫衍百五十里出境。"又引《大名府志》云:"卫河,即水经淇、汤诸水所合流以出者也。"又云:"近内黄以下与漳水合流。"②可见,此时期的漳河在内黄县东北部与卫河合流。据乾隆《内黄县志》所载,此时期内黄境内有回隆庙内黄街渡口、高堤镇渡口、田氏镇渡口、泊口镇渡口、豆公镇渡口5处。③除此之外,在这条路线上,我们还可以找到流经其他村庄的证据,"宋傅钦之故里在邑西三十五里之史村,卫河之岸"④。史村今称为太史村,在卫河东岸豆公乡的北面5公里。这五处渡口并没有楚旺镇,可知此时的卫河尚没有经过该地。所以,由这五处渡口的位置,我们可以从中看出卫河的大致流经路线,基本上是自高堤向北流经神标、豆公、太史村、西口上(潭头口)、田氏,向北到回隆、泊口。⑤

位于回隆镇东北约二十里的泊口,更是商船往来,一片繁忙。"泊口渔舟"亦成为当时内黄县十二景之一,文曰:"泊口,北联魏邑界。邑北五十里,旧为漳卫合流所经,欸乃声喧,商贩沓集。两岸杨柳交映,拿舟操网,渔歌唱晚,相与荡漾烟波中,真可作画图观也。"⑥此时境内的卫河已筑有堤防,"南起高堤镇,北至泊口集,仅百余里,恐卫河泛涨,淹没民田,故筑以防之。"⑦但这种堤防标准很低,也不连贯。直到道光河道改道后,卫河亦"未能统一修筑,仅在洪水到来时临时筑堤堵复,防洪标准很低"⑧。后来卫河可能又发生了迁徙,流经先前不经过的楚旺镇,因为乾隆年间曾有要把漕粮兑运的地方由小滩改在内黄县楚旺地方之议,虽然最终由于卫河条件所限而未能实行⑨,但足可证明当时卫河流经楚旺镇。自楚旺北之甘庄、泊口附近向东北流出内黄县境,进入直隶大名县界。

可见,卫河在乾隆年间有向东南迁移的趋势,这与漳河不断在豆公附近

①　魏县地方志编纂委员会编:《魏县志》第二卷,《自然环境》,北京方志出版社2003年版,第130页。

②　乾隆《内黄县志》卷2,《地理》,乾隆四年刻本,第4页。

③　乾隆《内黄县志》卷2,《地理》,乾隆四年刻本,第9页。

④　乾隆《内黄县志》卷4,《古迹》,乾隆四年刻本,第5页。

⑤　乾隆《安阳县志》,《图》可见洹河在伏恩村东南、辛村南黄门东北入卫,卫河向北经回隆,乾隆三年刻本,第1页。

⑥　史其显:《内黄县志》,《附录》,中州古籍出版社1993年版,第825页。

⑦　乾隆《内黄县志》卷2,《地理》,乾隆四年刻本,第9页。

⑧　史其显:《内黄县志》第十七篇,《水利》,中州古籍出版社1993年版,第328页。

⑨　嘉庆《浚县志》卷10,《水利考·漕运》,嘉庆六年刻本,第7页。

入卫有很大关系。① 嘉庆年间的吴邦庆明确指出,漳河"则向在直豫二省,缘不设堤防,河道屡改,故新旧漳河、大小漳河之称难以缕考。迨后日以南徙,至其在元城合卫入运,历有年所。乃于乾隆六十年以后南移至楚旺镇夺卫河槽身,卫水北来之窦公村十余里间段淤塞,因逼卫水南移,附近田庐大被其害,而民船盐艘皆浅阻难行"②。可见漳河入卫是卫河河道发生变迁的重要原因。

嘉庆时内黄境内的卫河变化不大,据《嘉庆一统志》:"今卫河现由之道,与河南内黄县接界之张二庄,为大名县属③,到山东馆陶县接界之王家庄,为元城县属,皆岁有修浚。"④张二庄在内黄县东北部今蔡园村东约3公里左右。可见,嘉庆时的卫河与乾隆时略有不同,自甘庄向东北流至大名县张二庄,在内黄境内曲折流程达一百五十里。

嘉庆到道光初年,卫河在楚旺附近向南发生了改道。虽然无从查证确切的年代,但从有关记载资料的对比中可以看出,卫河"自南高堤入境(内黄县),流经窦公、西口上(潭头口)郭韩村、甘庄、泊口,又折南善村出境"⑤。不再从泊口东北流出境至大名县,而是向南折经南善村东北流出境至清丰县。流经境内的路程也不再是百五十里,而是缩短到了八十余里,"经楚王东南,迂纡而东,至南单村出境。经流境内八十余里,水势平稳,利舟楫"⑥。由以前的经楚旺镇北迁徙到了楚旺镇的东南,可见,在漳河的冲击下,卫河以前向西北弯曲的弓形流路逐渐向东南方向迁移。

据《清史稿》载:"卫河,自安阳缘界迳牵城入,左合汤水、洹水,迳繁阳城,折东楚王镇,右合柯河,入直隶清丰。"⑦牵城"在县西南四十里,《左传》公会齐侯于牵城即此。按牵城有二,其一在浚县"。繁阳城"在县西北三十里楚王镇北,战国赵使廉颇伐魏取繁阳。三国曹丕为坛于繁阳,升受玺绶即此"⑧。经楚旺镇进入清丰县境,可能就是从南善村附近东流到清丰县境的。

① 水利水电科学研究院编:《清代海河滦河洪涝档案史料》(载乾隆五十九年、六十年连续在附近入卫),中华书局1981年版,第317页。

② 《畿辅水道管见》,《南运河》,吴邦庆辑《畿辅河道水利丛书》,道光四年益津吴氏刻本,第15-16页。

③ 乾隆二十二年(1757年),因漳河水灾,大水淹城,魏县归并入大名县和元城县。

④ 嘉庆《重修大清一统志》,《大名府一》,四部丛刊本,上海书店1934年版,1983年11月重印,第9页。

⑤ 史其显:《内黄县志》第二篇,《自然环境》,中州古籍出版社1993年版,第81页。

⑥ 内黄县志编纂委员会编:《内黄县志》卷1,《舆地志·山川》,民国二十六年稿本,中州古籍出版社1987年版,第77页。

⑦ 赵尔巽,等:《清史稿》卷62,《地理九》,中华书局1977年版,第2080页。

⑧ 乾隆《内黄县志》卷4,《古迹》,乾隆四年刻本,第3、4页。

可见,《清史稿》所记河道在楚旺镇以上与嘉庆时大致相似,流经楚旺镇北,但自此往下,则很可能经南善村出内黄县境入清丰县界,而不是如嘉庆时入大名界之张二庄。故其所记的卫河情况当在嘉道之际。如此看来,内黄县境内的卫河仍在向东南方向不断迁移。

由于漳河在内黄境内入卫,漳河的决口及大量泥沙,不断淤塞卫河河道影响漕运。道光初年,由于"旧道淤塞,河水氾滥,数十里内田禾淹没",淹没民田的同时也严重影响漕运和河道上往来商人的船只安全。于是,道光三年(1823 年),"钦差戴中堂督令知县别公文溪,以盐商赀财买民间田亩,开挖新道,上自高堤下至楚旺镇,俾水势顺流而下以利漕运"①。这次开挖的新河道,不再从高堤北上,然后曲折绕流一个大弯至楚旺镇北善村出境,而是直接从高堤经元村向东经大渡村等到达北善村接原河道出境,这个流路比原流路缩短了 20 里。从此,神庙、窦公、西口上、郭韩村、甘庄至泊口转至南善村一段河道干涸,不再通航。但是卫河的航道比以前更加畅通,航运也促进了沿岸各地经济的发展,到光绪时期,卫河沿岸就有高堤、韦草坡、祝家庄、西元村、东元村、大渡村、台头、小晃、马固、范羊、桑庄、宰庄、杨坞、杏园、王庄、南善村、张固、蔡村 18 处渡口。② 道光三年这次卫河改道亦称为"新卫河",《大清一统志》详细记载了其河流走向,大名县"东南有新卫河,俗名豆公河,自河南内黄县之北单村入境,东迳清丰北复入县境,又迳南乐北仍入县境,又东北迳县旧城东南十五里岔河嘴会漳河,至城东二十一里入元城界"。"北单村在旧城西南隅五十九里"③,今称后善村,属河北省魏县,与河南省内黄县南善村隔卫河相望。但是,因为道光三年卫河改道后,漳河依然在内黄境附近入卫,故其对卫河的影响并未停止,还不时喷沙阻塞运道,"道光十三年(1833 年),漳河沙喷,阻塞运道。十四年,漳水又喷,挖之使与卫合流以通漕运"④。此后直到光绪年间,卫河在入内黄境处可能又稍有变化,比如位于卫河入内黄县境处的高堤原在卫河东岸,此时移到了卫河西岸⑤,不过河道流经路线与今卫河河道大致相同。所以,民国有人称"今之河道,除入境地点略有不同,其下游所经,自道光年后,自未变也"⑥。

今卫河从二安乡码头村入境,流经二安、高堤、窦公、石盘屯、东庄、张

①　光绪《内黄县志》卷 12,《循良》,光绪十八年刻本,第 14 页。

②　史其显:《内黄县志》第十七篇,《水利》,中州古籍出版社 1993 年版,第 393 页。

③　《大清一统志》,《直隶·大名府》,一统志馆中稿本,有翁同龢藏书印章。

④　光绪《内黄县志》卷 8,《事实志》,光绪十八年刻本,第 21 页。

⑤　光绪《内黄县志》卷首,《县治图》,光绪十八年刻本。

⑥　内黄县志编纂委员会编:《内黄县志》卷 1,《舆地志·山川》,民国二十六年稿本,中州古籍出版社 1987 年版,第 77 页。

龙、楚旺、马上8个乡,52个村,至南善村出境。全长62公里,流域面积1090平方公里。①

四、南乐县境内卫河的徙入

由上述内黄县卫河的变迁可以看出,嘉庆以前卫河从内黄县东北直接流经大名境的张二庄,并不经过清丰和南乐县境。乾隆二十二年(1757年),"卫河堤决,灾及南乐全境"。卫河决口,洪水向南泛流,淹及南乐县全境,说明此时卫河已有南泛改道的趋势。嘉庆十五年(1812年)卫河在内黄县豆公村漫溢,淹及下游直隶地区,河南巡抚恩长所奏灾情,言及当时卫河流经路线云:"卫河,源出辉县之百门泉,系豫漕及芦盐通行之路,经由汲县、浚县、汤阴、内黄等县,并直隶清丰、南乐、大名等县境至山东临清闸外归入运河。"②从材料中可以看出,此时的卫河已经流经清丰县和南乐县,并在三县交界之地造成严重水灾,"嘉庆十九年,大名、清丰、南乐三县七十余庄地亩,久为卫水淹没"③,可能此时河形尚未徙定,因而到处漫流造成了三县水灾。正因为如此,也才有了嘉庆二十一年(1818年),卫河终于发生了改道时"始自涨汪入南乐县境"④之说。这次卫河改道后,"自河南内黄缘(清丰县)界"⑤,入大名县界,又从大名县界入南乐县境。在清丰、南乐境内的具体流经路线据《大清一统志》记载:"新卫河在(清丰)县西北境,由大名西来迳疃上村、南留固、朝旺村复入大名县界",朝旺村即今潮汪村。在南乐境内的流经路线为:"在县西北境,由大名朝旺村西来,迳翟村、张福桥至瓠子嘴折东北仍入大名县界。"⑥张福桥即今张浮邱,系同音所致异字。今卫河在两县流经路线如下:从大名县涨汪村东北入境,经百尺村西,又东北经元村堡北,又东北至后什固村北,又北迤西至谷村西,又西北至梁村东,又东北经张扶邱西。自百尺村至此,皆黄河故道。由张扶邱西北出故道西,复转而东北出邵家庄东,又北至翟村铺东南,折而东,有漳河自西来会。又北东经小翟村,又西北至孙家村东,又东北至西崇疃村北,入大名县界。可以看出,除个别地方略有改变之外,大致与嘉庆以后的河道相同。换言之,嘉庆以后,南乐县

① 史其显:《内黄县志》第二篇,《自然环境》,中州古籍出版社1993年版,第81页。

② 水利水电科学研究院编:《清代海河滦河洪涝档案史料》,中华书局1981年版,第317页。

③ 赵尔巽,等:《清史稿》卷129,《河渠四》,中华书局1977年版,第3836页。

④ 南乐县地方史志编纂委员会编:《南乐县志》,《大事记》,中州古籍出版社1996年版,第20页。

⑤ 赵乐巽,等:《清史稿》卷54,《地理一》,中华书局出版社1977年版,第1904页。

⑥ 《大清一统志》,《直隶·大名府》,一统志馆中稿本,有翁同龢藏书印章。

境内的卫河河道变化不大。

从卫河变迁的论述中我们可以看出,清以来卫河在滑县以下的中下游河段逐渐向东南偏移,其中发生变化最大的河段在内黄、清丰及南乐县一段。究其原因,一方面是因为卫河的主要支流均在滑县以下由西北向东南注入卫河,而卫河东岸除了流量不大的硝河外,则较少有河流的汇入,加上漳河的频繁迁徙,不断侵入,势必会对东岸造成冲击,从而引发卫河向东南滚动迁移。这种情形以内黄境内的卫河变迁最为典型。由于洹河的冲击汇入,加上漳河的不断侵犯,卫河由清以前安阳县境逐渐东移至内黄县境,并流经原本没有经过的清丰、南乐之境,呈现向东南弯曲变迁的趋势。《内黄县文物志》亦指出:“近几百年来,河势又是逐渐往东倾斜。”[1]上游的变迁必然引起下游魏县、大名境内卫河的改变,由内黄东北经回隆、泊口至小滩一线逐渐迁移到龙王庙到小滩。浚县境内的屯子至老鹳嘴十八里溜之地亦是如此,“夏为山水、泊水冲入暴涨,腾掷东注俗云坐湾者是也”[2]。所谓“坐湾”就是“河槽形成很大弯曲度”[3]。这种弯曲一旦发生自西注入的洪水,就会顶撞本已向东弯曲的河湾而冲溃决口,故此段卫河多向东岸决口,若偶尔向西决口就会使人感到十分惊讶。[4]所以,我们在该县志中才见到“民国十五年(1926年),水灾殃及卫河西岸”的记载,可见浚县境内淹及卫河西岸是不常见的。另一方面,卫河流域地处在北半球,卫河自南向北流动,由于向右的地转偏向力存在,水流会受到向东的一个力,于是卫河之水总是冲刷东侧的河岸,一旦哪一段有了弯曲,若不加固河岸,其弯曲必然加速成长。年长日久,卫河就不得不向右弯曲了。卫河东岸蜿蜒的大堤就是卫河改道的历史见证。20世纪六七十年代浚县段卫河东岸河堤内侧仍有不少被称作“死河”的芦苇坑,那应该是卫河改道又经历代取直后的遗迹。

第二节　支流的变迁

一、洹河

洹河,一名安阳河,系卫河一条重要的支流。据《水经》云:“洹水出上党

---

①　许作民:《黄泽与广润陂》,《殷都学刊》,1989年第3期,第113页。

②　光绪《续浚县志》卷3,《河渠》,光绪十二年刻本,第29页。

③　《洪涝档案史料》,第639页。

④　浚县地方史志编纂委员会编:《浚县志》,《大事记》,中州古籍出版社1990年版。

洹氏县,水出洹山,经隆虑县北邺县南,又东过内黄县北东入于白沟,今名安阳河。"按《水经注》曰:"源出山西上党洹氏县洹山"①,然后经善应山洑流而出。据《河朔访古记》引李宗谔言:"洹水源出虑林西北,平地涌出,初甚微细,流东九十里至安阳县界,泉脉渐大,此陈志所谓洹水洑流也。"②按《水道提纲》:"洹水出府西南山中,北流合珍珠泉水,折而东南流,经府城北,又折而南流,入于卫。"③此清初洹河流经之大概。

概而言之,洹河又称安阳河,发源于山西经林县伏流,到安阳境内善应山而出,经城西南绕城而东,最后入于卫河,是一条不大的河流,其"在安阳县北四里,深者三丈,浅者不能没胫",流量较小,自然洪水泛滥不重,故洹河属于河道变化较小、可疏可浚可防之河,"凡水之可疏可浚可防者,必其河道之有定者也;必其无淤者也;必其故道久湮,暂虽淤决无定而疏之浚之防之,即可无淤无决而有定者也,磁之滏水相之洹水是也。"④但这并不是说洹河从来就没有变迁。经过对资料的梳理,笔者发现洹河在清至民初这段时期里的变迁主要有两个方面:一是入卫地点的变迁;二是洹河河道的变迁。

(一)入卫地点的变迁

在明朝崇祯以前,洹河"自城西南绕城而东,经永和、曲店、伏恩村入卫河",入卫河的地点在伏恩村。而据成书于康熙年间的《读史方舆纪要》载:"洹水,其上流曰安阳河,自河南临漳县流经广平府成安县界,又东南入县境,经县(内黄)西北永和镇而入卫水"⑤,亦可见此时的洹河自永和镇入卫,应该是洹河入卫地点发生了改变,这可能与卫河河道西移有关。崇祯年间洹河决口,"河决姚家湾,在府东北二十里,不由故道,屡筑屡决垂三十年",可能此时的洹河自田氏镇附近入卫,因为据乾隆四年的《内黄县志·城郭图》可知,在田氏镇南、北豆公西曾是漳洹合流入卫之处⑥,推测此时洹河流经该处并曾有过漳河夺洹入卫的情况发生。这条入卫河道在康熙十一年

---

① 郦道元注,杨守敬、熊会贞疏,段熙仲点校、陈桥驿复校:《水经注疏》卷9,《洹水》,江苏古籍出版社1989年版,第893页。

② 嘉庆《安阳县志》卷5,《地理志·山川》,民国二十二年北平文岚簃古宋印书局铅印本,第10、11页。

③ 嘉庆《安阳县志》卷5,《地理志·山川》,民国二十二年北平文岚簃古宋印书局铅印本,第14页。

④ 陈端:《治漳河策》,光绪《临漳县志》卷16,《艺文·杂志》引,光绪三十年刻本,第18页。

⑤ 顾祖禹撰,贺次君、施和金点校:《读史方舆纪要》卷16,《北直七·大名府》,中华书局2005年版,第714页。

⑥ 乾隆《内黄县志》,《图》,乾隆四年刻本,第2页。

(1672年)知府邱宗文曾议改浚,后格于漕议不果。直到康熙二十七年(1688年)"知县武烈申请疏筑,河归故道",洹河又重新经由伏恩入卫河。乾隆三年的《安阳县志》称这次复归的故道是所谓的"旧洹河"即经杜固、白壁等村历辛村入卫之道。①

乾隆时期,洹河的入卫地点又发生了改变。据乾隆《安阳县志》,洹河"东过林虑洑而瀑于善应高平,自城西南绕城而东经永和、曲店、伏恩村入卫河。"②由以前的从辛村入卫改为伏恩入卫,这个入卫地点与明末时同。后"又改自北豆公村入卫"③,从北豆公入卫,当也是经伏恩村东流到北豆公。但据乾隆《内黄县志·城郭图》所示,准确地说此时洹河并非自北豆公入卫,而是自豆公集西入卫。豆公集即今豆公乡所在地,北豆公在田氏镇南田氏村南6公里左右,而豆公集在北豆公南2.2公里左右。可见洹河入卫之地点已向南偏移,这可能与此时卫河东移,由田氏、回隆、泊口一线转向田氏、楚旺而远离洹河有关。

嘉庆年间,卫河已东北流至楚旺,然后东北流出境至大名县张二庄。在此之前,洹河应该曾在楚旺北的甘家庄入卫,据《浚县志·卫河图说》:"卫河发源卫辉苏门山,东流经卫辉府□□□德胜桥焉,流至西马头村,历卢家板桥过淇门双鹅头□(此处缺数字——笔者注)五里,淇水西来入之。向东北流经新镇、石羊、李家道口、柴家湾,出滑县地界。由八里井、周口村环大伾、浮邱山前,週浚之西门云溪桥出童山、白寺、善化诸山,河岸分东西,东浚县西汤阴也。由屯子、马头、北泥滩口至五陵固,凡一百七十五里。又延衺北流经韩西口、草坡村、窦公集入内黄县界。历焦家庄、潭头口到固城靶,凡一百四十里,直趋运杨寺、楚王集至甘家庄,又卫水受洹水处也。北至张儿庄凡一百二十五里,至此丹、淇、洹三水皆入卫水,卫水始专为一,以通漕矣。"④在叙述甘家庄之后,指明"又卫水受洹水处",说明洹卫在此附近交汇。嘉庆二十一年(1816年)漳河漫溢入洹,洹水自张家奇村决口,知县贵泰助民修圈堤,自程家奇村起到伏恩、豆公止,计长二十六里⑤,可证洹河自豆公处入卫。可见,由于卫河自乾隆以后向东南摆动,带动洹河入卫地点也经常发生变动,总体来看大致在豆公至楚旺段入卫。

道光初,卫河淤塞。道光三年(1823年)知县别文樑开挖新道,自上起高

① 乾隆《安阳县志》卷1,《地理》,乾隆三年刻本,第15页。
② 乾隆《安阳县志》卷1,《地理》,乾隆三年刻本,第15页。
③ 乾隆《内黄县志》卷2,《地理》,乾隆四年刻本,第5页。
④ 嘉庆《浚县志》卷10,《水利》,嘉庆六年刻本,第3页。
⑤ 嘉庆《安阳县志》卷14,《古迹志》,嘉庆二十四年刻本,第25页。

堤、豆公，下至楚旺，缩短卫河河道 20 公里，东移二十余里，更进一步远离洹河，"洹分三道漫流入卫，恒泛滥成灾。清咸丰二年（1852 年），民凿新道，自北窦公至范羊入卫"①，基本固定了洹河入卫附近的河道。虽然据光绪《内黄县志·舆地诸图》上标注，洹河此时自沈村西北入卫②，好像洹河入卫处又有所变迁，但同书地理志中却记载洹河依然从内黄县北豆公入卫。按照常理推论，同一志书中不应该有此疏漏，查今临卫河的西沈村与范羊相距不远，仅有 1.5 公里之距，估计是图中所示不确，故当以志中记载为准。可见，自咸丰二年以后，洹河入卫之处虽然基本上变化不大，但还有细微差别，今洹河入卫处不在范羊村附近，而改从赵庄南地入卫，县境内长 7 公里。③

（二）洹河河道的变迁

洹河河道的变迁主要集中在安阳城东以下河段，按其变迁特点大致可分四个阶段，第一个阶段是从内黄县东北部的田氏一带到伏恩村入卫。

明末崇祯年间，洹河决姚家湾，冲出一条新河道，新河道的流经路线并没有明确记载，我们从上述洹河入卫地点的变迁中可以看出，很可能此时的洹河自姚家湾东北流，从内黄县田氏一带入卫。到了康熙二十七年（1688年），经过知县武烈申请疏筑，洹河又复回故道，此故道即所谓的洹河故道，亦称为旧洹河，即"自姚家湾、杜固、白壁等村历辛村入卫之路，计长八十里"。康熙五十六年（1717 年），洹河复决自姚家湾，"自柴村、宋村等处至辛村接正河路，从伏恩小河口入卫，计长六十里，今谓之新洹河"④。

第二个阶段是在乾隆年间主体河道自姚家湾以下、伏恩村以上的改变。

乾隆时洹河复"从西南绕城而东经永和、曲店、伏恩村入卫河"⑤，永和、曲店均在新洹河河道的西侧，可见，洹河向西发生了迁移。

除此之外，当时洹河流经杜固、白壁的旧河道应当尚有余水入卫。乾隆三年（1738 年）三月初一，河南巡抚尹会一奏："豫省上年夏秋之交，雨骤水急，沿河一带堤工间有冲塌。……又安阳县之南，汤阴县之北，有羑河一道，自合河口经由汪流桥，至大王寨汇流入旧洹河归卫。"⑥另外，乾隆《彰德府

① 内黄县志编纂委员会编：《内黄县志》卷1，《舆地志·山川》，民国二十六年稿本，中州古籍出版社 1987 年版，第 78 页。

② 光绪《内黄县志》卷首，《舆地诸图》，光绪十八年刻本，第 6 页。

③ 史其显：《内黄县志》第二编，《自然环境》，中州古籍出版社 1993 年版，第 82 页。

④ 乾隆《安阳县志》卷1，《地理》，乾隆三年刻本，第 15 页。

⑤ 乾隆《安阳县志》卷1，《地理》，乾隆三年刻本，第 15 页。

⑥ 《洪涝档案史料》，第 68 页。

志·图说》中，洹河自回隆镇南入卫。① 可见，乾隆年间的洹河多有变迁，其入卫之流也可能并非一道，而是多条河道并存，分散入卫。"深者三丈，浅者不能没胫"②，可能就与其多道分流有关。

第三个阶段是嘉庆以后，洹河随卫河东折而频繁迁徙，入卫地点也时常变动。

据嘉庆四年（1799年）的《安阳县志·县境总图》可知，经白壁到宋良桥集（今宋梁桥村）的旧洹河与新洹河同时存在，二水经汇合后自伏恩入卫。③ 但两年之后的嘉庆六年（1801年）成书的《浚县志》，其《卫河图说》所载卫河的流路线却又有了变化："卫河……由屯子、马头、北泥滩口至五陵固，凡一百七十五里。又延袤北流经韩西口、草坡村、窦公集入内黄县界，历焦家庄、潭头口到固城靶，凡一百四十里，直趋运杨寺、楚王集至甘家庄，又卫水受洹水处也。"④明确指出甘家庄系卫河受洹水处，可见，洹河在卫河东移楚旺后又从甘家庄入卫。

嘉庆二十一年（1816年）夏秋，漳河泛滥入洹，洹河自张家奇村决口，知县贵泰"于九十月间亲临勘验，民田淹没，村落几为泽国，乃于张家奇村决口，先事堵御，计坝工长一百丈、宽三丈。埽工五十丈，合龙跌塘处又二十丈，连土戗并抽沟做工九千九百三十三方五分，竣工后始详请归还，既又念小民乐于观成而难于谋始，若不预为堤防束水合流，数村田禾必为再致淹没，因再四譬喻，申明利害，逐村落助役垫修圈堤，自程家奇村到苏家奇村二里，又至张家奇村二里，又至贤孝村四里，又至单家庄四里，又至西南庄八里，又至南伏恩村三里，又至豆公口四里，计成圈堤二十六里，水归其壑，土反其宅，不逾月而积浸尽成膏腴"⑤，此堤人称贵公堤。从筑堤的地点可以看出洹河自程家奇村经苏家奇村、张家奇村、贤孝村、单家庄、西南庄、南伏恩村最后从豆公入卫。这一流经路线基本上与今洹河河道相同。

但是仅仅过了三年，洹河在安阳县境内的干流就又发生了改道，我们从嘉庆二十四年（1819年）的《安阳县志》卷1的《渠田图》可以看出此时的洹河依然分两道汇合到伏恩村入卫，只是除新洹河一路大致流经路线变化不大外，原来旧洹河一线则已不见于图中，代之而出现的另一流路则是乾隆初年的洹河流路，即经杜固村东流经永和镇、丹朱陵至曲店、南奇村一路。这些不同流路的河道充分说明此时期洹河变化的频繁性。乾隆五十九年

①　乾隆《彰德府志》卷首，《图说》，乾隆五十二年刻本，第4页。
②　乾隆《彰德府志》卷2，《山川》，乾隆五十二年刻本，第11页。
③　嘉庆《安阳县志》卷1，《县境总图》，嘉庆四年（1799年）刻本，第1页。
④　嘉庆《浚县志》卷10，《水利》，嘉庆六年刻本，第3页。
⑤　嘉庆《安阳县志》卷14，《古迹志》，嘉庆二十四年刻本，第25页。

(1794年)漳河又夺洹入卫,加上这一时期卫河东折,使得洹河洪水无处汇归,洹河处于一个逐渐固定河道的动荡期,这种情况也造成附近地区水灾频繁,正如嘉庆十五年(1810年)河南巡抚恩长所奏:"自乾隆五十九年,漳水盛涨漫溢南徙,由安阳之三台地方冲刷成河,与洹河合并归卫,水势遂无收束……至今十余年,每至夏秋盛涨,漳水湍激,挟洹入卫,势甚浩瀚。豫省之安阳、汤阴、内黄,直隶之大名、清丰、南乐等县,濒河各村庄间有被淹"①,嘉庆年间安阳境内更是几乎年年水灾。

第四个阶段是洹河河道逐渐固定在由伏恩经北窦公到范羊一线。

清道光初,卫河淤塞,开挖新道,东移20余里,洹水分三道漫流入卫,常常泛滥成灾,安阳、内黄境内的洪涝灾害多是由洹河决口漫溢导致,如道光三年、四年、五年、六年连续为灾。咸丰二年(1852年),开挖新道,自北窦公至范羊入卫,今改从赵庄南地入卫,县境内长7公里。②

综上所述,洹河的变迁主要表现在安阳城东部河道的多次迁徙改道,其中有自姚家湾至伏恩入卫处部分河道的改变,也有自姚家湾东北流至内黄西北部田氏附近的河道变迁。洹河河道的变迁,与其自身洪水泛滥、同时也与漳河多次入侵、夺洹入卫息息相关。漳河的夺流不但给洹河造成了巨大影响,使之经常洪水泛滥、河道迁徙,而且漳河的泛滥及洹河的改道,也对卫河河道产生影响,促使卫河向东北迁移,反过来卫河的东折南压又影响洹河河道的漫流泛滥以致不断改道。

二、汤水

汤河,旧名荡水,因每到汛期,水流湍急,声如牤牛吼叫,又称牤牛河,源出汤阴县西山。《水经注》载:"荡水出县西石尚山(今鹤壁市牟山脚下),东流经其县故城南,县因水以取名也","东北至内黄入于黄泽。"③唐贞观元年,以水微温,改曰汤水。④

汤河,历史上(至迟在明代)已为季节性河流。每遇雨涝,山洪暴发,河道决口漫溢,河水泛滥成灾。据旧志记载,从明万历初到清乾隆三年的100年间,对汤河下游堤防和河道曾经八次较大规模的修筑和疏浚,然而只治其

① 《洪涝档案史料》,第317页。
② 史其显:《内黄县志》第二编,《自然环境》,中州古籍出版社1993年版,第82页。
③ 嘉庆《重修大清一统志》,《彰德府一》,四部丛刊本,上海书店1934年版,1983年11月重印,第12页。
④ 郦道元注,杨守敬、熊会贞疏,段熙仲点校、陈桥驿复校:《水经注疏》卷9,《汤水》,江苏古籍出版社1989年版,第889、890页。

标,不治其本,在一次接一次的洪水冲击下,其堤防难免屡修屡溃。民国时期,曾多次派员勘测,做治理汤河准备,但终未能付诸实施,致使汤河水患日趋严重。

汤河因其河道较小,各地方志记载也大同小异,其干流变化并不算大。要想完全弄清其河道变迁,还需要有更完善的资料。虽然笔者尽力查找搜集,只能粗略描述其在清以来与羑河、洹水、卫河的相对关系。

在明末清初,汤河流经汤阴县城北,东流至高曤村与宜师沟水合。《水经注》曰:荡水东与长沙沟水合,长沙沟即宜师沟也。二水合处各有一桥,名曰双桥,东流经菜园北流入洹。二水即合,下流河隘难容,而洹水亦时泛溢,万历初屡溃,邑东苦之,郡守常公由大坡、青塚、高城改入卫河。① 据成书于清初的《读史方舆纪要》载:汤水本名荡水,在县治北一里。源出西牟山,流经县东五十里,东过大名府内黄县界,合洹水,入卫河。② 可见清初以前汤、洹二河在内黄县境曾有一段合流入卫时期。自此以后,汤河始单独入卫。不过汤河入卫河道经常淤塞,顺治十四年知府宋可发檄知县康允叔疏河二十里。③

乾隆时期,汤、羑二水并不交汇,而是自广润陂南界"别流入卫"④。羑河"自合河口经由汪流桥,至大王寨汇流入旧洹河归卫"。乾隆时期的旧洹河系经姚家湾、杜固、白壁一线,至辛村与新洹河汇流后,自伏恩入卫。既然羑河自大王寨入旧洹河,当是从大王寨东北流至曲店或宋梁桥附近汇入。而此时的汤河则"由高曤桥至荷仁村入卫"⑤,途经菜园、大坡、青塚、高城至黄门,从荷仁村入卫。⑥ 乾隆三年(1738年)知县杨世达会同安阳令陈锡辂曾修筑长二十五里的河堤,就是自洪桥(菜园)起至大黄门闫家桥止⑦。荷仁村即现在的和仁村,在内黄县豆公村西,乾隆时卫河经过豆公西向北流去,和仁村与豆公隔卫河相望,故汤河直接在此入卫是与当时河流情形相符合的。万历时汤河的入卫口在高城附近,高城即今东高城村、西高城村一带。大黄门即今东黄门村,大黄门在高城东2.5公里左右,可见汤河的入卫处比明万历时已向东延伸。这条河道与今汤河流经路线比照,可以看出汤河在和仁

①　崇祯《汤阴县志》卷4,《山川》,崇祯十年刻本,第31页。

②　顾祖禹撰,贺次君、施和金点校:《读史方舆纪要》卷49,《彰德府》,中华书局2005年版,第2329页。

③　乾隆《彰德府志》卷2,《山川》,乾隆五十二年刻本,第13页。

④　乾隆《彰德府志》卷2,《山川》,乾隆五十二年刻本,第14页。

⑤　《洪涝档案史料》,第68页。

⑥　乾隆《续修汤阴县志》卷1,《地理》,乾隆三年刻本,第5页。

⑦　乾隆《彰德府志》卷2,《山川》,乾隆三十五年刻本,第22页。

以上,河道基本变化不大。

乾隆以后,虽然汤河流经之地水患频仍,但只是短暂决口改道,并无冲成河形,如乾隆五十九年(1794年),漳水南泛,塞广润陂下游,水无所泄,淹没良田千余顷。道光八年(1828年),杨中丞浚汤故道,又由万家庄开渠引陂水至四伏厂桥,归汤以达于卫。讵汤高陂下,反倒灌于陂,至附近各村,时虞水患。① 道光七年(1827年)夏秋雨水过多,"汤阴县之汤河下游又续有水占之地,并安、汤二县广润陂积水地四百余顷,节经设法抽沟疏消,现在均应仍行确查"②。可见汤河下游的水患并不严重,大概只是沿河之地被水淹浸。

道光三年以后,卫河河道自东元村附近东折又东北流,不再经过豆公,所以汤河入卫地点也相应发生了变迁。卫河的徙离使汤河之水无路汇归,在地球离心力的作用下,汤河河道向南弯曲然后入卫。道光八年,河南巡抚杨国桢言:"汤河、伏道河并广润陂上游之羑河、新惠河,向皆朝宗于卫,因故道久湮,频年漫溢。现为一劳永逸之计,因势利导,悉令畅流。"③可见当时的疏浚工作不是寻故道而是利用汤河自然流势进行的。据光绪《内黄县志》,汤河"自神表村入境,由邑西界南流至冉村西入卫河"④。自此以后基本未再改变。民国《内黄县志》的记载亦与此相差不大,"(汤河)后由神标村入境,沿邑西界南流至冉村西入卫河。今自神表南折,改由西元村西汤、内交界处入于卫"⑤。西元村在冉村北1.5公里左右,可见汤河入卫之地在向北退缩,这应该是河水自动取直的表现。

今汤河全长69.2公里,汤阴境内长51.2公里。河床纵坡为1/100～2/2700,中段泄洪量为150～300秒立方米,下段(双石桥以下)泄洪量为85～150秒立方米。总流域面积为1190平方公里,在内黄县境流长3.6公里。⑥

三、漳河入卫地点的变迁

漳河的上游分清漳、浊漳二源。清漳出山西平定县沾岭,浊漳出山西长子县发鸠山。二水分流而东,至涉县东南之合漳村,始合为一。自此以下,

① 民国《续安阳县志》卷3,《地理志·水利》,北平文岚簃古宋印书局,民国二十二年铅印本,第6页。

② 《洪涝档案史料》,第402页。

③ 赵尔巽,等:《清史稿》卷129,《河渠四》,中华书局1977年版,第3840页。

④ 光绪《内黄县志》卷1,《地理》,光绪十八年刻本,第6页。

⑤ 内黄县志编纂委员会编:《内黄县志》卷1,《舆地志·山川》,民国二十六年稿本,中州古籍出版社1987年版,第78页。

⑥ 史其显:《内黄县志》第二编,《自然环境》,中州古籍出版社1993年版,第82页。

横跨华北平原,至山东馆陶县入卫河。历史上的漳河水患频仍,以善决善徙而著称,在华北大平原上纵横驰骋,南北摆动,因其泥沙含量极高,故所到之处常常吞没村落城镇,摧毁田园庄稼,更严重的是淤塞河道,改变地貌及当地的生态环境。而且漳河决徙带来的水灾对卫河流域各河道的影响很大,也是包括卫河在内的各河道变迁的重要原因之一。所以,漳河在卫河流域是如何变迁以及它有什么特点与规律,均是值得我们关心和研究的问题。

关于漳河的变迁,学界相关研究虽然不多,但已有之,如谢金荣《明以来漳河中下游河道之变迁》以及石超艺的博士论文《明以来海河南系水环境变迁研究》,且石文亦按照谢先生的"三路"分法即北路、中路和南路予以更进一步论述。但是他们只是侧重河道的研究,对于漳河在南路的变迁石文也只是从各地水患情况来说明漳河在南路的变迁,而缺乏对漳河在南路变迁特点及规律的分析。鉴于漳河变迁的频繁性,要想完全弄清其历次河道变化的路径显然不太可能,但无论其河道变迁如何,其尾闾即入卫口相对清晰,且因其有关漕运,记载资料相对较多,故笔者就以漳河南行时尾闾变迁为对象,探讨分析其变迁特点和规律。

南路的范围即漳河南行与卫河合流,大体自临漳、魏县以大名至馆陶一线以南并在馆陶以上入卫河,与现漳河所走路线相近。① 鉴于本书研究的时空范围大致与南路相符,故笔者本节内的研究只限于南路。石超艺认为漳河在南路的变迁"北不过滏,南不过卫",《中国自然地理·历史自然地理》所说的"不包括洹水(今安阳河)是不对的,他认为应该包括今安阳河"②这个判断是正确的。其实从清代漳河的变迁地点可以看出,漳河曾经汇入过洹水,比如18世纪末至19世纪初,漳河曾频繁地南夺洹水。③ 但并没有超过洹水的界限,也就是说漳河入洹是其南流变迁的最西界,其南界和东界则当以达卫河为限。

清初康熙以前,漳河基本沿袭明代以来的状况,以北流为主,多股并存,但已有了南徙的趋势。据康熙十五年(1676年)《大名县志》:"卫河,在县治南三里许,……自淇门入本府浚县界受淇汤诸水,经内黄与漳水合,东北至县境大严屯、横腰南界,又东注龙王庙达临清直沽入海。"④可见当时漳卫合流处是在内黄县境,但这种情况维持时间并不算长,康熙二十三年(1684年)

---

① 谢金荣:《明以来漳河中下游河道之变迁》,《海河志通讯》,1984年第2期。
② 石超艺:《明以来海河南系水环境变迁研究》,复旦大学2005年博士论文,第76页。
③ 《洪涝档案史料》,第384页。
④ 康熙《大名县志》卷4,《河防志》,康熙十五年刻本,第1页。

漳河"由磁州入河南彰德府临漳县界,东北入广平南界分为二支,一由大名府魏县至山东东昌府馆陶县入卫河;一入山东东昌府之邱县又分二支,一经威县之南东北行入冀州之南宫县,至天津府青县入运河;一入顺德府之广宗县,北行至赵州宁晋县会滏阳河,抵冀州入滹沱河"。漳河又开始北、中、南三路并行。以后"日更南迁"。康熙三十二年(1693年)……卫河微弱,惟恃漳为灌输,由馆陶分流济运。明隆万间,漳北徙入滏阳河,馆陶之流遂绝。至是三十六年,忽分流,仍由馆陶入卫济运。① 康熙三十六年(1697年),"其自成安经威县(疑当为"魏县②"),东抵山东馆陶县入卫遗迹长一百二十余里,漳水不经者百二十四载。至康熙三十六年六月初九漳水骤至馆陶与卫河会,此后北流渐微。至康熙四十七年(1708年)入邱之上流尽塞而全漳入于卫,即今南馆陶所出之漳河也。③ 自此以后,漳河完全由馆陶入卫。因本书讨论地域范围系临清以南的卫河流域,而康熙三十六年以前漳河忽南忽北,虽有南流之时,但大多数时间流经北路和中路,因北路和中路不在本书研究范围之内,故本节讨论自康熙三十六年后漳河徙回南路始。

关于漳河河道及入卫处的变迁,据笔者不完全统计,列表如附录三。

从附录三中可以看出,在清至民初的时间里,漳河在南路的入卫地点大致可分两个区域:一是大名县东北元城、馆陶附近地区,即小滩镇以北至南馆陶镇之间的范围。二是大名县西南及东南地区(包括安阳、内黄,大名东南部、清丰、南乐交界区域),即临漳之显王村到卫河岸边的大名县龙王庙之间的区域。而在大名县正东方向则很少发生漳河自此入卫的情况。

具体而言,漳河入卫地点有以下几个特点:

第一,康熙三十六年(1697年)到乾隆五十三年(1788年):漳河以在元城以下及馆陶附近入卫为主。

自康熙三十六年漳河自馆陶全漳入卫后,虽然漳河上游河道经常决口,或时有河道变迁,但基本上其入卫地点都在大名县东北部。当然,其中也有发生变迁的时候,不过时间都比较短暂。漳河在康熙四十二年、五十年、六十一年都曾南徙④,既然南徙,其入卫地点也必然发生变迁。康熙五十九年(1720年),漳水决治入安阳界⑤,说明漳水已向南流,入安阳界而汇流入卫。

① 赵乐巽等撰:《清史稿》卷127,《河渠二》,中华书局1977年版,第3775页。

② 按威县在成安东北,中间隔曲周县与邱县,与成安并不接壤。另外漳河从成安经威县抵山东馆陶的距离亦不止一百二十余里,当误。

③ 乾隆《临清州志》卷1,《疆域·河渠》,乾隆五十年刻本,第20页;乾隆《衡水县志》卷2,《地理》,乾隆三十二年刻本,第6页。

④ 乾隆《馆陶县志》卷2,《山川》,民国二十年铅印本,第9页。

⑤ 《自然灾害史料》,第556页。

这种漳河南泛的趋势终于在乾隆元年(1736年)发生了大的改变。据乾隆二年李光型所言:"漳河自渔阳下二百二十里,常为安阳临漳患,先是河曾南徙入安阳,其患纵百四十里,衡四十余里。后复东行临漳,比年由临漳城北,出直隶,而成安受其患。旋由临漳城南出直隶,而魏县值其冲,……丙辰(乾隆元年)正月,河由临漳之显王村决,入百阳渠,由大小青龙渠入洹达卫。……余力为经理四昼夜,是夜未逾辰,闻河尽归故道,及明视之,已去堤二十余丈矣。"[①]可见这次决口也不过是短暂的夺洹入卫。而《魏县志》本年却有漳河东北至元城入卫的记载:"漳河决于临漳县下游,魏境内遂成支河两道:一由德政、杜二庄又东北入元城地;一支由仕望集、李家口至申桥又分为二:北流者经韩道村又北入元城境,东流经韩道(今属大名县)村南入府城濠。"[②]东北入元城境,应该自元城入卫河是没有问题的。

乾隆四年(1739年)《内黄县志》载:"卫河经流境内西南,自南高堤东北达泊口,漫衍百五十里出境。"又引《大名府志》云:"卫河,即水经淇、汤诸水所合流以出者也。"又云:"近内黄以下与漳水合流。"[③]并明确指出"田氏村有旧关即旧漳河合流入卫处,后徙于魏县之西入滏阳河,今徙于魏县城北东下至分水龙王庙入卫"[④],这里所说的"旧漳河合流入卫处"可能就是指乾隆元年的夺洹入卫,因为乾隆初期,卫河就是经内黄回隆、泊口东北流,洹河在豆公附近入卫。三年之后的乾隆四年,漳河入卫处已移到大名县龙王庙地方。龙王庙今在大名县东南约六公里左右,在内黄县的东北方向,"但水大决口,犹为本邑之害"[⑤]。

可见,在乾隆元年至三年这短短的四年时间里,漳河入卫处也在发生变迁。乾隆二十四年(1759年)漳河也曾在大名府西南与卫水合,"夏漳河徙水,不行故道,趋府城西南流与卫水合,大名、元城淹"[⑥]。但也不过只有一年的时间,乾隆二十五年(1760年)漳河就又归馆陶入卫了。

第二,自乾隆五十四年(1789年)至民国十五年(1926年):以在安阳至大名、南乐境入卫为主。

乾隆五十四年(1789年)"漳水自铜雀台南分支,经安阳韩陵山东,同洹

---

① 嘉庆《安阳县志》卷6,《地理志·渠田》,民国二十二年北平文岚簃古宋印书局铅印本,第8页。

② 魏县地方志编纂委员会:《魏县志》,《概述》,北京地方志出版社2003年版,第16、17、18页。

③ 乾隆《内黄县志》卷2,《地理》,乾隆四年刻本,第4页。

④ 乾隆《内黄县志》卷2,《地理》,乾隆四年刻本,第5页。

⑤ 光绪《内黄县志》卷1,《山川》,光绪十八年刻本,第6页。

⑥ 《自然灾害史料》,第605页。

水入运河。五十九年,漳河决三台入安阳界"①,自此以后至民国初期,漳河基本在安阳洹河至大名东南龙王庙之间入卫。只有道光二年、三年漳河决口,多道漫流,故有自馆陶入卫者,有自内黄县入卫者。虽然如此,其主流依然在内黄县入卫。另外,光绪十八年(1892 年)可能又从馆陶入卫,造成卫河决口,馆陶受灾,"六月初二日,漳水注卫,馆陶卫河东西两岸大堤决口数处,全县几成泽国"。

在这个区域里,漳河入卫地点随卫河向东南迁徙而改变,从安阳境内夺洹入卫逐渐向东北转移,由内黄西北部至魏县东南,再到南乐西境,最远东南至大名县龙王庙。而在大名县以南这个区域,漳河入卫处的最北地点当在魏县的双井镇,据嘉庆《大清一统志》所载:双井镇,在大名县西二十里,当漳卫合流之处。② 今魏县双井镇在泊口东北约 9.5 公里处,漳卫合流于双井镇当在清道光以前。虽然在明正德以后有过在双井镇的漳卫合流,"漳河自闫家渡决入,后又自双井渡决入",③从行文语气来看,"当"字表明编修志书时还可能是此情况,至少时间不会相距太久,应该在清嘉庆前还曾经有过在此处漳卫合流,理由有三:一是此时卫河自张二庄东北流至馆陶县王家庄东北入运河,双井镇在张二庄北偏东约十五公里,正好在卫河的流经路线上。二是本条资料系嘉庆一统志中所载,而其取材内容止于嘉庆二十五年(1820年)。故可知嘉庆年间漳卫于双井镇合流。三是据光绪《畿辅舆地全图》中可以看出,道光三年改道前的旧卫河流经双井镇附近,而改道后的新卫河则向东南迁徙,距双井镇甚远。④

第三,漳河决口的地点主要在临漳县境,当决口地点靠近上游或在成安县,则北流自馆陶入卫。反之,当决口地点靠近下游或在安阳东北部,则夺洹入卫或在内黄县、大名县以南直接入卫。由于受决口位置所限,下流被魏县及大名县城所分,故漳河总是以临漳决口处为顶点,自魏县、大名北至馆陶入卫或南入安阳、内黄等地入卫,而没有在大名县东部入卫的记载。

第四,清至民初这 284 年中,除去康熙三十六年前多路分流的 54 年时间,在剩下的 230 年中,漳河自馆陶附近入卫的时间有约 91 年(两段时间内虽然都有迁徙,但时间很短,故忽略不计),约占总年数的 40%;自大名县以

① 民国《续安阳县志》卷末,《杂记》,北平文岚簃古宋印书局,民国二十二年铅印本,第 7 页。

② 嘉庆《大清一统志》,《大名府二》,四部丛刊本,上海书店 1934 年版,1983 年 11 月重印,第 1 页。

③ 民国《河北通志稿》第一册,《地理志·水道》,北京燕山出版社 1993 年版,第 460 页。

④ 清《畿辅舆地全图》,第五册。

南地区入卫的时间约有 139 年,约占总年数的 60%,可见在清至民初的时间里,漳河以在大名县以南地区入卫为主。

需要特别指出的是,民国十五年(1926 年)漳河自南乐县邵庄(今邵村)入卫[①],而今天的漳河系自馆陶入卫,那是 1942 年徙成的。1942 年,漳河在南上村决口,由于决口未能堵住,河流徙成新河,改道由今徐万仓入卫河。[②] 1943—1946 年,沿南上村至徐万仓筑南、北大堤[③],1958 年漳河上游系列水库陆续开工,此后漳河改道未再发生。

通常来说,任何一个流域都是以主河道为中心,由流域内各河道组成的一个相对稳定、相互联系的水道网络,卫河流域亦是如此。当一条河流发生变迁,侵袭其他河流,必然导致河网的混乱。就卫河流域而言,漳河的迁徙打破了流域内各河道之间的平衡,它的决口与夺洹入卫或者直接入卫往往引起连锁反应,导致卫河水灾的多发与河道变迁,同时也使得与其相连的洹河、汤河发生变迁,从而改变局部的水资源分布和水环境。这种洪水泛滥、河道变迁虽然能在局部改良土壤,但更多的是带给相关地区灾难和破坏。

第三节　河渠淤塞与陂塘耕垦

洪水不仅改变河道流向,其对地表地貌的改变亦非常明显。洪水过后,其挟带的泥沙在低洼之地淤积下来,改变了原有的地表地貌,使河道淤塞,陂塘面积变小,塘底上升抬高,从而使河道的通水能力、陂塘的蓄水、减洪能力下降,反过来又使水灾导致的损失更大。如辉县在"乾隆十六年(1751年),六月大雨倾盆,山水暴涨,桥(双溪桥,在百门泉上)被冲塌,几乎变陵为谷,基岸无复存留"[④],充分显示出洪水的巨大破坏。

---

①　魏县地方志编纂委员会编的《魏县志》,《自然灾害》,北京方志出版社 2003 年版。

②　王有之:《邯郸地区平原古河道及其与水利建设的关系》,《华北平原古河道研究论文集》,中国科学技术出版社 1991 年版。

③　王有之:《邯郸地区平原古河道及其与水利建设的关系》,《华北平原古河道研究论文集》,中国科学技术出版社 1991 年版。

④　光绪《辉县志》卷 16,《艺文·记中》,光绪十四年郭藻、二十一年易钊两次补刻本,第 39 页。

一、水灾与河渠淤塞

水灾导致河道的变迁,这在前面河道变迁中已经论述。同时,河道的变迁也使得一些以变迁河道为归路的河渠失去泄水之道而淤塞漫流。河渠的淤塞是洪水泛滥的后果,另一方面也因之导致更严重的水灾发生。

漳河变迁与沟渠淤塞。漳河在华北平原上南北迁徙过程中,其挟带的泥沙在洪水过后淤积下来,使原本一些排洪泄涝的沟渠淤平而废。比如自乾隆五十四年(1789 年)漳水自铜雀台南分支,经安阳韩陵山东,同洹水入运河。五十九年,漳河决三台入安阳界。① 漳河连续南迁,给附近地区带来了巨大的影响,"漳河南泛,塞陂下游,水无所泄,淹没良田千余顷"②。其具体情况可从河南巡抚恩长的奏折中略窥一二,"自乾隆五十九年(1794 年),漳水盛涨漫溢南徙,由安阳之三台地方冲刷成河,与洹河合并归卫,水势遂无收束。乾隆六十年(1795 年)……筑坝挑沟,期将漳水逼归故道,甫经竣工,旋值夏间水势骤涨,复于三台迤东之显旺村漫溢南趋,所有故道悉成平陆。当时未经具奏,赶紧疏浚,至今十余年,每至夏秋盛涨,漳水湍激,挟洹入卫,势甚浩瀚。豫省之安阳、汤阴、内黄,直隶之大名、清丰、南乐等县,濒河各村庄间有被淹"③。不仅水灾严重,村落被淹,而且沟渠淤废、故道悉成平陆,足见其对当地环境造成的灾难性后果。此次漳河南迁后,除广润陂下游淤塞,造成积水二十年未涸外,被淤废的沟渠有记载的还有以下几个:

百阳渠,在临漳县西南显王社,自天平渠引漳水十五里南入安阳界,本为安阳渠,伪言为百阳,年久淤塞。雍正五年(1727 年)知县刘湘疏浚,七年知县陈大玠复加挑浚,深七尺,阔一丈五尺,自显王村起绕昭德村、曹村、河图村、明阳屯、漳流寺至安阳穆村出境,计长一十二里,直达洹河。乾隆五十九年,漳河南迁废。

洪善渠,在河图集村东北,由弘善村入百阳渠。雍正十二年(1734 年),知县陈大玠新开,漳河南迁废。

昭德渠,在河图集正东,由昭德村入百阳渠,雍正十二年,知县陈大玠新开,漳河南迁废。④

---

① 民国《续安阳县志》卷末,《杂记》,北平文岚簃古宋印书局,民国二十二年铅印本,第 7 页。

② 民国《续安阳县志》卷 3,《地理志·水利》,北平文岚簃古宋印书局,民国二十二年铅印本,第 5 页。

③ 《洪涝档案史料》,第 317 页。

④ 光绪《临漳县志》卷 1,《疆域·河渠》,光绪三十年(1904 年)本,第 41 页。

漳河的变迁给徙入地带来变化,同样也会因河道迁离造成徙出地的环境改变,比如临漳县的坊表桥,原是因为"冬月漳水寒冽,人艰济涉",知县陶颖发才造搭木桥以通往来。但雍正五年,漳河南徙,河流故道不复有水,既然无水,当然就"无繁搭桥"了。①

这些河渠的淤塞,不仅改变了地貌形态,而且当夏秋之季洪水暴发时,会因洪水无法顺利下泄而四处泛滥,危害城镇村落的安全。如彰德府城在康熙初年的数次大水围城就是万金渠的淤塞导致,"康熙七八年间,水害遂三至堤岸,皆没树仅见梢,怒涛挟雨雷撼风排,西北二城之址壁半圮水,突入城闉者丈余,居人不为鱼者幸尔。究厥祸,本由于渠道淤塞,疏泄无归故也"②。

一些护城河的淤塞,在古人看来还会影响到一县的"民俗殷富,文学振兴"。因为在中国古代社会,人们视城濠为一县城的形胜所需,城濠畅流就会使当地"人文鹊起,科甲蝉联",就连身在异乡的本地人也会沾濡。所以,历代各地方官都非常重视城濠的修浚。当然,如果城濠淤塞不畅,他们就会认为将导致"民生日瘁而文物渐衰"。究其缘由,则是"人文寥落令人徒致慨于山川之明秀也,而且向称素封之家,概就衰微,即商人贸易亦复难期殷实,追述其由,未必非此河淤塞之故"。此说虽有些夸张,但是城濠的疏浚畅通,对县城发展及减少水患则是肯定无疑,如辉县护城河浚成之后,不仅"人文蔚起,……即农工商贾藉兹振作,亦可转啬为丰,而城之东南亦可永绝水患矣"③。

河道淤塞不仅导致严重水灾、影响到生态环境,还会殃及清代的生命线—漕运。卫河河水自古有"清水"之名,所以相对漳河而言,其对地貌影响相对较小。但在漳卫合流以下河段,由于漳河的汇入,也经常出现卫河盛涨,倒灌运河,淤积河道的情况。卫河关系到漕运,所以一旦河道淤塞,就有被迫停漕的危险。乾隆三十三年(1768)九月初一河东河道总督嵇璜奏,"临清板闸以南……河道,因六、七月(7月中旬至9月上旬)内卫水盛涨,浊流倒灌,停淤四五十里,厚一丈四五尺至二丈不等。经……闭柳林闸板四日,遏汶敌卫刷淤七尺余,回空粮船始得通行。"九月十五日嵇璜奏:"九月初一(10月11日)自济宁起程由水路至临清……细察卫水倒灌停淤,实属深厚。自设法疏导逼水攻沙二十余日,又陆续刷去浮沙二尺,连前共刷深一丈有余。

---

① 光绪《临漳县志》卷2,《建置·桥梁》,光绪三十年(1904年)本,第17页
② 乾隆《彰德府志》卷26,《艺文》,乾隆五十二年刻本,第26页。
③ 光绪《辉县志》卷17,《艺文·引》,光绪十四年郭藻、二十一年易钊两次补刻本,第35、36页。

探量河底存淤已去过半。虽以下淤沙渐实,冲刷较难,然距十一日煞霜之期,尚可再刷二尺余"①。对于卫河淤积河道的原因,河道总督吴璥说得非常明确,嘉庆十二年(1807 年)十一月二十五日河东河道总督吴璥奏:"临清砖板二闸,为汶水入卫尾闾。卫水发源于河南辉县百门泉及河内县九道堰,合清、浊二漳之水,至临清板闸外会流北注,由天津归海。每年伏秋大汛,漳、卫并涨,往往陡长至一丈余尺及二丈以外不等,挟沙带泥与黄河无异。"②运河的淤积,就是由于漳卫合流后的泥沙含量大增,当夏秋大汛,二河并涨之故,可见卫河的淤积主要在汇漳以下的河段。

二、陂塘内的较量:水患与耕垦

关于陂塘的概念与功用,古人早有评论与说明。《说文》曰:"陂,野池也;塘,犹堰也;陂必有塘,故曰陂塘。其溉田大则数千顷,小则数百顷。……今人有能别度地形,亦效此制,足溉田亩千万,比作田围,特省工费又可蓄育鱼鳖,栽种菱藕之类,其利可胜言哉。"③《畿辅水利辑览·袁黄劝农书摘语》也有相似界定:水塘,即洿池也,因地形坳下,用蓄水潦。周礼所谓以潴蓄水者也,或修长圳堰,以备灌溉田亩,兼可蓄鱼鳖栽莲芡,凡陆地平田别无溪涧井泉灌溉者救旱非塘不可,其大者则为陂塘,……各溉田数千顷,能别度地形,亦效此制,利莫大焉。④ 这些材料都说明陂塘蓄水灌田,兼有蒲鱼之利。其实陂塘的存在还有另一个重要的功用,那就是减少水灾,"淀泊之用有翕受之功,亦有停蓄之利……纳众流而节宣之,不使之一往冲突而不可御也"⑤。虽然陂塘没有淀泊面积广大,但其蓄水减灾之功却是一致的。遗憾的是历史时期的人们却很少能做到这些,重农的传统使人们只重开垦耕种而忽视了其蓄水减少水灾的一面,故我们以陂塘水患治理为视角来研究其反映的人地关系。

由于卫河所流经之地系古黄河河道,所以在卫河两岸,或断或续地存在着许多陂塘,比如修武县东北有吴泽陂,浚县境内的白寺陂、长丰陂,滑县的卫南陂,安阳、汤阴交界的广润陂,大名县的鸬鹚陂,还有内黄县的集贤陂

---

① 《洪涝档案史料》,第 178 页。

② 《洪涝档案史料》,第 299 页。

③ 《泽农要录》卷 5,吴邦庆辑《畿辅河道水利丛书》,道光四年益津吴氏刻本,第 6 页。

④ 《畿辅水利辑览·附朱云锦豫中田渠说》,吴邦庆辑《畿辅河道水利丛书·畿辅水利辑览》,道光四年益津吴氏刻本,第 42 页。

⑤ 陈仪:《陈学士文钞》,吴邦庆辑《畿辅河道水利丛书·畿辅水利辑览》,道光四年益津吴氏刻本,第 4–5 页。

等,这些陂塘地势低洼,夏秋洪水暴发时常常"积雨水溢,弥望无际"①,有的甚至常年积水,如何处理陂塘蓄水与开垦耕种的关系是人们面对水灾的应对方式,其合理与否值得深思。故本节以长丰泊为例,研究其水灾背景下的变迁情况,以期能为如何合理处理人地关系提供一点有益的借鉴。

长丰泊是华北平原较大的一个泊塘,可以与著名的梁山泊相提并论。明《一统志》长丰泊在浚县西二十里。按《地理志》:天下水名泊者有二,一曰梁山泊,一曰长丰泊,泊今为牧马地②,然为水占不得用。《张志》:"今观地形即白寺、童山二陂水所汇,每秋雨河水泛溢,淹没民田,经年不涸。"③"明嘉靖中疏浚,延袤九十余里。"④可见在明中后期,方圆九十余里的长丰泊依然有水,经年不涸。它原为白寺、童山二陂,至明崇祯时已合为一,"白寺、童山二陂在县西二十里白寺之南、左家洼之东,一名皇帝陂,陂当为二,今合为一",足以证明当时泊中水势逐渐扩大,以致二泊连成一体。原来"稍仿广平滏河故事,沿岗穿渠,东北属屯子口入卫,其田因多可稻(按此明时大名府志),今故迹湮塞,势愈趋下,一值潦溢辄为卫河受水,非舟不渡,积岁不耕,旧志所谓无利有害者也"⑤。这种情况使得泊内居民"田畴无望,催科不免,民弃家者十之七",本来想通过穿渠排水,进行耕种,但由于常年积水,故迹湮塞,造成泊内不能耕种,故时人以为无利而有害。从这些材料中可以看出,明末以前长丰泊虽然有时耕种,但总体而言,泊内水灾严重,泊塘积水面积逐渐扩大,以致二泊合一,泊内基乎常年有水而无法耕种。

清朝初年,经过不断治理,通过开沟凿渠,长丰泊积水问题得到缓解。据康熙二十三年(1684年)松江周洽《看河纪程》载:"长丰坡在县西二十里,即白寺、童山二坡所汇。每逢夏秋雨集水泛淹田,后疏凿成渠,南起交卸村,北抵屯子,□工成九十余里,野鲜沮洳。"⑥其实周洽所说的这条南起交卸村北至屯子马头,长九十余里的河渠并非清初所修,而是明嘉靖时所修的那条渠,后虽屡经修浚,到清初"渠复湮如故"。经知县张中选申请疏凿,又重修南自郭村所交卸村起,北至屯子马头入卫河,计长七十五里的长丰泊渠,这条渠比明嘉靖时那条短了近二十里,渠成后"乃得有秋,乡人至今赖之"。《河南通志》云:"白寺、童山二陂在县西二十里,其水经年不涸,附近屡忧水

---

① 乾隆《彰德府志》卷10,《河渠》,乾隆五年刻本,第6页。
② 嘉庆《大清一统志》,四部丛刊本,第18页,《卫辉府一·山川》载:"明统志,泊在县西二十里,今为牧马池。""池"字误,既为牧马,当为"地"而非"池",
③ 嘉庆《浚县志》卷12,《古碛》,嘉庆六年刻本,第27页。
④ 嘉庆《大清一统志》,《卫辉府一·山川》,四部丛刊本,第18页。
⑤ 嘉庆《浚县志》卷12,《古碛》,嘉庆六年刻本,第32页。
⑥ 嘉庆《浚县志》卷9,《山水考》,嘉庆六年刻本,第18页。

患。雍正五年（1727年）饬浚自交卸村起至屯子镇止，沟长六十五里，宽二丈五尺，深九尺"。从九十余里到六十五里，起点和终点相同，却缩短了二三十里，只能说明长丰泊内的积水面积在逐渐缩小，没有积水的地方，自然不用再修排水沟渠。可见，在明末到清初的时间里，长丰泊积水面积又在逐渐缩小。

但是沟渠的兴修并不能完全解除长丰泊的水患问题。每当夏秋伏汛，山洪暴发，淇、卫骤涨，加以沟渠失修，堤防损毁，漫溢之水还是汇流入泊，淹没田地和庄稼。除了修渠泄水之外，有时还会修堤挡水。乾隆五年（1740年），知县鲍志周因十里铺、亭子陂旧堤倾坏，民田屡被淹没，乃募役兴修，民赖其利，名之曰鲍公堤。胡振祖《鲍公堤碑记》详细记述了当时长丰泊的水灾情况："县城西十里铺濒临卫河长丰泊下游，每遇夏秋水发或繁霜霪雨，上游诸水汇流而下，庐舍田畴皆成泽国，旧制筑堤二道以为捍御，北即十里铺，南为亭子陂，久不加修，遂致颓圮，民常疲于救水，半失作业，水行之上，膏腴之壤变为硗瘠田者不能偿种，流离迁徙，满目灾伤，盖数十年矣。鲍公下车……十里铺堤……补筑者凡一千五百丈，增高培厚者凡二千五百余丈。亭子陂堤……重加修筑，凡二千五百九十余丈。"[1]虽然如此，堤防沟渠在洪流的冲刷与泥流的漫卷下难免淤积，于是又重回水灾肆虐的局面。

百姓生活陷入这种"水灾—治理耕种—再水灾—再修治"的循环中，或许刚修过沟渠堤防的数年里，农业生产方面还可有所收获，一旦年久失修，就又回到水灾频仍的老路。长丰泊地处太行山诸水东流的山前斜坡，这种位置特点本身就决定了它易受水淹，这是自然的造化，并非人力所完全能施。王执玉《卫郡各河情形议》云："淇水经城北二十五里东至浚县界入卫河，来源虽多，随境引导灌田，入之不骤，盖其有利农功无妨运道矣。顾夏秋大雨时行，太行诸山之水随流直下，随流各挟陂水奔腾而来……各河四溢，即卫河不能兼容，（疏）导不勤则淤积……"[2]。地势低洼，加上山洪同时暴发，重叠下注，卫不能容，自然灌注卫旁之长丰泊，长丰泊的水患也就在所难免。

光绪年间，长丰泊水患依然如故，"童山、白寺二陂之间，弥望沙砾，浩乎无垠，实为长丰之泊，嗟乎水之患其在是哉"[3]。后虽为此又重新修筑长丰渠，可光绪九年（1883年）的新镇、郭村之间卫河决口，"泛滥及屯子、马头，

① 嘉庆《浚县志》卷10，《水利考·渠田》，嘉庆六年刻本，第12页。
② 嘉庆《浚县志》卷10，《水利考·渠田》，嘉庆六年刻本，第13页。
③ 光绪《续浚县志》卷3，《河渠》，光绪十二年刻本，第30页。

一望无涯,淹没民田亩计逾三十万,独近渠之所,水有所泄,民始更获,有效可观。"①只有近渠之地有点效果,其他地方依然淹浸如故。在这种情况下,虽然又先后修筑了亭子、新镇、道口等渠、希望解决长丰泊的水患问题,但其效果可想而知。

民国时期因年久失修,所有交通桥梁多为坍塌,渠道淤塞,排水不畅。每年农历六七月,天雨连绵,加上火龙岗之滚岗涧水向东流淌,广阔延袤,天水一色,自白寺至长寿村之护水堤,汪洋如海。民国十四年(1925 年)夏,洪水竟延至县城西之三皇庙。往来须靠舟楫,交通极为困难。坡内村庄常因积水不能排泄,形成坡洼淤湿,贻误种麦时机。穷苦农民为来年生计,不得不淌水踩泥,用犁楼(系该区劳动人民因地制宜发明的播种工具。将楼腿改装如刀式之犁铧,在泥水中可以顺利地前进)抢种。然虽播种,终因粗放,播缝中仍现粒粒麦种,来年丰歉,可以想见。倘遇春季雨贵如油,更是种一葫芦打一瓢。再加上长期积水形成的盐碱土质,旱日白茫茫,涝时水汪汪。劳动人民虽与天夺食,却仍难果腹,每每弃乡外逃,乞讨度日。② 这种与天夺食的行为一方面是人们面对水灾的一种积极态度,另一方面其徒劳的结果也说明人们"与水争地"做法不可取。千百年来,沧桑变幻,长丰泊虽已无积水,但地貌仍旧低洼,以致坡内及附近村庄广大劳动群众经年生活在水深火热之中。一遇灾荒,即出卖土地,亦无人购买,再加上历届政府的苛捐杂税,土地负担日益严重,劳动人民情愿忍痛将土地以白过粮③的方式推出,亦没人接受。④ 这无疑是人们对过去"与水争地"生活方式的一种否定。

长丰泊的治理情况就是在"治理—淤塞—水灾—再治理"的怪圈中前行,虽然为了治理陂内水患,人们投入了大量的精力和财力,但最终的效果却往往不尽如人意,泊内水灾依然严重。究其原因,当是人们盲目开渠排水、涸田开垦泊内土地的行为违背了陂塘蓄水防涝的本质功用。泊内土地被耕垦,洪水无处下泄,必然引发洪水四溢,导致水灾。所以,有识之士评价陂塘时说:"陂塘之利,鱼虾杂产,菱苇丛生,贫者因而养生,富者因而便利,大雨一注,众流所积,前者既泄,后者复蓄,山乡水利无逾此者。"⑤可见,陂塘

---

① 光绪《续浚县志》卷 3,《河渠》,光绪十二年刻本,第 31 页。

② 刘式武:《疏浚长丰渠之呼吁》,载政协河南省浚县委员会文史资料研究委员会:《浚县文史资料》第二辑,1988 年版,第 125–126 页。

③ 即将土地所有权无偿付给,仅将应征丁银拨去。

④ 刘式武:《疏浚长丰渠之呼吁》,载政协河南省浚县委员会文史资料研究委员会:《浚县文史资料》第二辑,1988 年版,第 127 页。

⑤ 《泽农要录》卷 2,《附徐献忠山乡水利议》,吴邦庆辑:《畿辅河道水利丛书》,道光四年益津吴氏刻本,第 2 页。

蓄水汇洪,既有陂塘之利,又使众水有归、避免大范围的水灾当是不错的选择。所谓"人与水争地为利,以致水与人争地为殃"①的担心与警告值得人们好好体味。

陂塘本是以蓄水防洪为主,古人已有充分认识,"农田必资水利,水有利亦有害,去其害而收其利,其莫重于陂渠乎,渠受水亦泄水者也,宜广宜深,淫潦则导之使流而无漫溢之患,以灌溉则取之不竭而无枯旱之虞。后世田不井授而沟渠,则犹古浚畎浍距川之遗意,不可以不修也"。② 可见古人对陂塘利用的看法,即利其能蓄洪水防洪,又能利用其所蓄之水抗旱灌溉,如此才能去害而收其利。但随着人口的增加,在政府鼓励开荒耕种的政策下,陂塘逐渐被开发成耕地。据许作民考证,与长丰泊不远的广润陂即古黄泽,由于两千年来的淤积和垦殖,今日的面积比古黄泽已小很多,陂底也高得多了,以致积水面积越来越小,人们步步向陂内移居,新出现了许多村落。③ 长丰泊的情况也是如此,陂塘面积逐渐减小,蓄水能力下降,一遇洪水便泛滥成灾,致使陂内田禾及村落、城镇安全受到严重影响。所以,为了缓解陂内洪涝,有利于农民耕种土地,陂塘内沟渠等排水工程不断兴修,这一方面加快了陂塘内积水的消退,另一方面也使陂塘面积不断缩小,涸出土地不断被当地居民开发耕种,对防洪及卫河流域水环境也造成一定的负面影响,从而形成"开垦—陂塘变小—易遭洪水—兴修水利工程—再开垦"的恶性循环。赵永复就曾指出:"水灾的多发,显然与湖泊陂塘消亡后减弱了本区蓄水能力有关。"④

中国自古因人口压力就有开垦荒地的传统,《晋书·束皙传》载,时欲广农,皙上议曰:"如汲郡之吴泽,良田数千顷,渟水停洿,人不垦植。闻其国人,皆谓通泄之功不足为难,泻卤成原,其利甚重。而豪强大族,惜其鱼蒲之饶,构说官长,终于不破。"⑤在惋惜不能垦殖以求农利的同时却忽视了对当地水环境的破坏性。其实,陂塘的功用就是调蓄洪水,水多则蓄,水少则泄。但人们为了求得微薄的收成,不惜违背陂塘之本性,治水耕种,不仅耗费了人力财力,但结果并不理想。安阳县境"东北辛店集附近、正东茶店陂及东

① 赵尔巽,等:《清史稿》卷129,《河渠四》,中华书局1977年版,第3829页。

② 乾隆《安阳县志》卷2,《建置》,乾隆三年刻本,第26页。

③ 许作民:《黄泽与广润陂》,《殷都学刊》,1989年第3期,第115页。

④ 赵永复:《历史时期黄淮平原南部的地理环境变迁》,复旦大学历史地理研究所编:《历史地理研究》,复旦大学出版社1990年版,第10—11页。

⑤ 房玄龄,等:《晋书》卷51,《束皙传》,中华书局1974年版,第1431页。

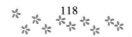

南广润陂等处土田最劣,因其地势洼下,水脉较浅,涝时洪水浸没田禾,十无一收。"[1]即使暂时疏凿畅通,"雨水不致潴屯",使陂塘成为"全县产粮最丰之区"[2],却往往忽视了其负面影响而得不偿失。由于疏浚陂内沟渠,使雨水下泄过快,势必减少在当地停留时间,使蒸发减少。可见,陂塘的开垦与河道的变迁与淤塞,不仅使沿河居民的生活受到影响,而且使卫河流域的水环境与生态系统发生了改变。一方面当水灾发生时,造成水灾损失范围和程度的增大;另一方面也破坏了陂塘的蓄水作用,减少了水资源在流域内的停留时间,从而改变了小流域内的水循环,使流域内灾害频次逐渐增加,从而最终更严重地危及人类的生活安全。所以,在区域开发过程当中,对环境的开发要适度,要注重协调人与环境的关系。[3]

---

① 民国《续安阳县志》卷3,《地理志·土壤》,北平文岚簃古宋印书局,民国二十二年铅印本,第8页。

② 民国《续安阳县志》卷3,《地理志·土壤》,北平文岚簃古宋印书局,民国二十二年铅印本,第9页。

③ 刘红升:《明清滥伐森林对海河流域生态环境的影响》,《河北学刊》,2005年第5期,第138页

第四章

水灾对城镇、村落的影响

卫河决口或漫溢不仅会造成河流改道、地表地貌的变化,更有甚者,还会直接危及沿河州县村落的安全,造成人员生命财产的损失,并由此引发土地退化、政区变化、社会纠纷及社会动荡等间接问题。水灾所造成的损失是巨大的,洪水过后,聚落荡然无存,良田瞬间变为沧海。

第一节　大水淹城与城镇保护

河流之于城镇,有其有利的一面,同时也有其不利的一面。在中国古代社会,河流沿岸尤其是能够通航的河流两岸的城镇,往往能够借河流而兴盛。但是,一旦河流洪水泛滥,则会冲进城内、淹没田庐,溺毙人口,轻则墙倒屋塌,市政损毁,重则全城化为一片废墟,甚至不得不因此迁往他处,这无疑会对沿岸城镇的发展造成巨大制约。故沿河城镇,如何协调水利与水害这对矛盾,是需要正视的一个现实问题。

一、被水患城镇的统计及分析

清至民初,卫河流域水灾频仍,沿河城镇村落多受其害,一些城池"竭数十年之人工物力不足以抵三五日之洪波巨浪"①。翻开史料,卫河流域各沿

---

① 吕游:《漳滨杂记》,光绪《临漳县志》卷16,《艺文·杂志》引,光绪三十年刻本,第42页。

河州县因为水灾而被水淹城或迁城的记载比比皆是。现根据正史、地方志及有关资料对城镇被洪水淹浸的情况做一个统计，以期能较直观地认识水灾对城镇村落的影响程度。（见表4-1）

表4-1　清至民初卫河流域州县大水淹城次数统计表

县名	公元纪年	历史纪年	淹城情况	资料来源
修武	1751	乾隆十六年	沁决，城门塞	道光《修武县志》
修武	1761	乾隆二十六年	丹沁及境内山水倒灌入城	道光《修武县志》
修武	1794	乾隆五十九年	沁水决口，直冲修邑	道光《修武县志》
辉县	1652	顺治九年	阴雨二十日，城墙崩毁	《辉县市志》①
新乡	1653	顺治十年	阴雨，新乡城门倒塌，城楼倾圮	《新乡市志》②
新乡	1654	顺治十一年	沁决，东门城楼倾	《新乡市志》
新乡	1662	康熙元年	沁决，围浸城门二尺余	《新乡市志》
新乡	1663	康熙二年	水灌新乡县城	《新乡市志》
新乡	1739	乾隆四年	霪雨大水陡发，城垣坍塌	《新乡市志》
汲县	1663	康熙二年	沁决，郡城以土塞门	《自然灾害史料》
汲县	1739	乾隆四年	决堤圮城	《自然灾害史料》
汲县	1751	乾隆十六年	大水几至坏城	《自然灾害史料》
汲县	1757	乾隆二十二年	沁决，城内水深数尺	《自然灾害史料》
汲县	1794	乾隆五十九年	大水，城厢皆成洪流	《卫辉市志》
汲县	1892	光绪十八年	卫河漫溢，护城堤决口，洪水围城	《卫辉市志》
汲县	1917	民国六年	卫河溢，水没德胜桥栏杆，舟楫若游空中	《卫辉市志》
淇县	1854	咸丰四年	洪水从西门灌城，堵塞不住	《淇县志》
滑县	1757	乾隆二十二年	被水灾，城几浸坏	《自然灾害史料》

①　此表中《辉县市志》《淇县志》《滑县志》分别为中州古籍出版社1992年、1996年、1997年版，不再另注。

②　此表中《新乡市志》《卫辉市志》分别为生活·读书·新知三联书店1994年、1993年版，不再另注。

续表 4-1

县名	公元纪年	历史纪年	淹城情况	资料来源
滑县	1890	光绪十六年	阴雨48天,滑城被淹	《滑县志》
滑县	1911	宣统三年	大雨如注,水灌城厢,房屋倒塌	《滑县志》
安阳	1834	道光十六年	洹河淹城	《自然灾害史料》
安阳	1894	光绪二十年	洹河淹城	《自然灾害史料》
内黄	1869	同治八年	水围四门,行船直至城下	《自然灾害史料》
内黄	1870	同治九年	水围四门,行船直至城下	《内黄县志》
内黄	1890	光绪十六年	平地水深数尺,行船直至城下	《自然灾害史料》
南乐	1901	光绪二十七年	大雨,(城垣)间有损坏	《南乐县志校注》(以光绪为底本),山东大学出版社1989年版
大名	1755	乾隆二十年	卫河决,圮大名县城	《大名县志》①
大名	1757	乾隆二十二年	卫河陡涨,漫入城内、街巷积水四、五尺	《大名县志》
大名	1770	乾隆三十五年	(漳水)溢南岸,环府城而北	《自然灾害史料》
大名	1775	乾隆四十年	漳河决,大水薄府城	《自然灾害史料》
大名	1892	光绪十八年	夏风雨坏城,五月暴风大雨折毁郡城女墙数十处,东面城墙摧坏数十丈	《自然灾害史料》
临漳	1648	顺治五年	积水河溢,城倒八百丈②	光绪《临漳县志》
临漳	1652	顺治九年	漳河又发水,水与城门齐	《临漳县志》③
临漳	1654	顺治十一年	大水冲入西门,环城皆水	《临漳县志》
临漳	1656	顺治十三年	漳水泛溢,城中搭浮桥往来,城隍庙前石狮尽没	《临漳县志》

---

① 此表中《大名县志》为新华出版社1994年版,不再另注。

② 《自然灾害史料》引《旱涝史料》:"漳水发两次,环城十数里,城门没五尺。五月,漳河泛溢,冲开堤口,水淹县城高三尺,天雨连绵。"第469页。

③ 此表中《临漳县志》为中华书局1999年版,不再另注。

续表 4-1

县名	公元纪年	历史纪年	淹城情况	资料来源
临漳	1722	康熙六十一年	漳水泛涨，西城楼倾；城内行舟。水与县署檐齐，文卷浮沉	光绪《临漳县志》，《自然灾害史料》
临漳	1761	乾隆二十六年	漳水入城。漳水流入临漳县城，淹没大名、元城	《自然灾害史料》
临漳	1885	光绪十一年	漳水溢，西南城垣圮者二十余丈	光绪《临漳县志》
临漳	1888	光绪十四年	水涨堤决，环漳邑之四旁被灾	光绪《临漳县志》
临漳	1924	民国十三年	漳水来自明古寺，直淹县城。水由北门涌入，冲毁文昌阁(二道门)	《临漳县志》
临清	1892	光绪十八年	卫河在贾家口、大营村、江庄决口，冲坏民庐无数，砖城南、北、西三门被水淹坏	《临清市志》(齐鲁书社 1997 年版)
馆陶	1730	雍正八年	卫河泛滥，城屯四门	乾隆《馆陶县志》
冠县	1757	乾隆二十二年	卫河决，城四门皆积水	《冠县志》(齐鲁书社 1997 年版)
魏县	1755	乾隆二十年	漳水决，陷魏县城	《魏县志》①
魏县	1757	乾隆二十二年	漳河决于朱河下，水浸入县城，城垣坍塌，房屋浸漂，居民流离失所	《魏县志》
魏县	1914	民国三年	漳、卫水齐发，魏县遭受重创。11 月，因漳、卫水齐发，魏县遭受重创，遂省入大名为西区	《魏县志》

从上表中我们可以看到，清到民初这 284 年中，卫河流域 21 个州县城被水淹浸的次数竟达 46 次之多！具体各县情况如下：修武 3 次；辉县 1 次；新

---

① 此表中《魏县志》为方志出版社 2003 年版，不再另注。

乡5次;汲县7次;淇县1次;滑县3次;安阳2次;内黄3次;南乐1次;大名5次;临漳9次;临清1次;馆陶1次;冠县1次,魏县3次。当然,这些统计资料可能并不完全①,但是足可以看出水灾对县级城镇的巨大破坏。其中临漳县城是受水患困扰最重的县级治所,其次是汲县,排在第三的是新乡和大名。在这些水淹县城的灾难中,轻则洪水围城,城墙倒塌,房屋倾圮,城中行舟,一片泽国。更为严重的是作为地区政治经济文化中心的州县治所,水灾之后,甚至不得不迁城以避河患。比如魏县城就曾在我们查到的三次淹城记载中两次调整了县级区划,一次是乾隆二十二年魏县归并大名、元城。另一次是民国三年灾后又省入大名为西区。关于魏县城的归并与变迁,将在下节中专门论述,在此不赘。

这46次淹城记录按年代可以划分如下:

顺治年间有7次:临漳4次,辉县1次,新乡2次。

康熙年间有4次:新乡2,汲县1次,临漳1次。

雍正年间有1次:馆陶县1次。

乾隆年间有17次:大名4次,汲县4次,修武3次,魏县2次,新乡1次,滑县1次,临漳1次,冠县1次。

道光年间1次:安阳1次。

咸丰年间1次:淇县1次。

同治年间2次:内黄县2次。

光绪年间9次:临漳2次,汲县1次,滑县1次,安阳1次,内黄1次,南乐1次,大名1次,临清1次。

民国年间3次:汲县1次,临漳1次,魏县1次。

从以上统计中,我们惊讶地发现,清乾隆以前,县城被淹的次数竟然有29次之多,且发生的地方是卫河上游的新乡、汲县、修武和漳卫交汇之处的临漳和大名。这除了可能与气候以及上游丹沁、卫河的地理条件有关外,还可能与清中前期县域之间各自为政,治理河道缺乏配合以及漳河的频繁迁徙有关。嘉道以后至同治时期,县城受淹的次数明显减少,仅为4次。表面上看,这与当时清朝国势日衰的形势相悖。其实,也恰恰是在乾隆中期以后,朝廷兴修了许多河道的堤防,对洪水泛滥起到了遏制作用。如临漳县附

---

① 如浚县据研究清以来就有14次大水围城,见刘家任:《浚县古城》,政协河南省浚县委员会文史资料研究委员会:《浚县文史资料》第四辑,1991年版,第159—184页。本书笔者未予采用,首先,清以来的时间段不明确,无法弄清本书时段内的次数;其次,围城与淹城有所区别,就笔者所见史料,有许多浚县城周围大水的史料,但并无明确记载大水淹城的史料。

近的漳河堤，"乾隆二十六年，漳水冲决临漳县，动帑修筑沙家庄土堤三百七十八丈。二十八年，又于五学村到后村，筑土堤五百八十余丈，自后屡有添筑，以防水患"[①]。与此同时参与治理水患的民间个人及组织逐渐增多，全流域共同治理的大局观也逐渐形成大家的共识。道光年间，吴邦庆就明确提出治理水道要"通盘考虑"的思想，并张贴公示，鼓励众议修改，"反复详求，务期有利无弊"[②]。所以，虽然此时期清朝由盛转衰，但地方各县在相互配合下仍取得了不错的治理效果。如修武县知府沈荣昌[③]为治理修武境内水患，欲治理疏导新蒋二河，以资宣泄诸泉之水。而新河下游经获嘉归入卫河，"地属临封"，故他建议两县共同疏导以解决水患，"良有司加意民生，当和衷而谋疏导，两地俱可免水潦之患矣"。后来到了道光年间，他的建议终于在知县邹光曾[④]的协调下得以实现："县北新河一道，东迳辉县境，又东流至获嘉县刘家桥，归头道横河脯口入丹河。又蒋河一道接新河汉北迳辉县境，归二道横河汉口入丹河。虽经挑挖深通，而下游河尾系在辉获二县境内，年久淤塞，不能畅流，以致东北乡一带田禾庐舍常遭淹浸。上年详奉各宪委本府会同卫辉府勘明应挑，本年麦后乃捐廉募夫过境挑挖，现在一律深通，两河之水得以建瓴下注，东北二乡可免水患"[⑤]。充分体现只有上下共谋，方能避免共同水患。可见，全流域各地协调配合、共同治理河道是减少水灾的重要措施。清末光绪年间至民初，卫河流域各县城受淹次数又显著上升，达到了12次，并且受灾县城几乎分布于整个卫河流域，这可能与当时政局动荡，政府及民间均无暇顾及治理有关。

二、保护城镇的措施

面对水灾对城镇的严重威胁，地方官府和当地人民采取了许多保护城镇的措施，如把城墙由土筑改为砖墙、修筑护城堤等办法，但还是屡修屡圮。

---

① 嘉庆《大清一统志》，《彰德府一·山川》，四部丛刊本，上海书店1934年版，1983年11月重印，第11页。

② 《畿辅水道管见·附畿辅水利私议》，吴邦庆辑《畿辅河道水利丛书》，道光四年益津吴氏刻本，第65页。

③ 据嘉庆《大清一统志》，《怀庆府二·名宦》：沈荣昌，浙江人，乾隆中守怀庆，以振兴文教为第一……属沁水暴涨，决古阳堤，漂没庐舍，荣昌即日开仓抚恤，全活无算，所兴水利甚多。查本志《怀庆府·堤堰》，古阳堤的增修为乾隆二十六年，故可知沈荣昌知怀庆应在此前后。四部丛刊本，上海书店1934年版，1983年11月重印，第25页。

④ 邹光会系江西建昌人，监生，道光二年任修武知县。据民国《修武县志》卷5，《职官》，成文出版社民国二十年铅印本，第27页。

⑤ 道光《修武县志》卷4，《建置志·渠堰》，道光二十年刻本，第17页。

南乐县城即是如此,南乐县城的城垣系唐武德六年(623年)筑,……至嘉靖十三年(1534年),知县叶本重修,始易土而砖。后知县路王道、锁青缙暨国朝顺治中知县蔡琼枝,以兵荒水灾屡加修缮治。康熙中,知县方元启、潘开基俱捐资重修,后渐圮坏。咸丰辛酉之乱,城以不守,知县孙文焕莅任急筑之;是年冬,知县张保泰告竣,此后常加修补。光绪二十六年(1900年),知县恭寅重修,支用仓谷以工代赈;二十七年秋遇大雨,间有损坏。二十八年知县施有方复加修葺,并筹岁修款为善后计。①

在加固城墙的同时,各城镇也往往修建护城堤以保卫城镇的安全,故地方官在"以城池仓库为重,护城堤防令坚厚,无使再得冲决"思想的指导下不断加强护城堤的修筑。如临漳县为避漳水浸城,就不断加筑护城堤。为保护堤防,还在沿堤栽种柳树以防冲啮。据载,临漳县护城堤"周围一千一百四十四丈,雍正四年知县刘湘筑。七年二月内、八年三月、六月内知县陈大玠屡修培筑,计高二丈五尺,底阔三丈,顶阔一丈八尺。沿堤栽柳,以护城池,以防漳水。往例城上堤上工料俱庄村鸠钱修葺。知县陈大玠悉自捐修。嗣堤多坍塌,柳亦无存。同治七年知县骆文光复修。光绪二十一年,知县周秉彝浚濠培堤。二十九年,遍植杨柳,始复其旧"②。有的甚至不惜一切代价来修筑护城堤,吕游在《开渠说二》中就力主集中全部的人力物力来培护城堤,以保护城郭、衙署、府库、仓廒。③

但是,护城堤的存在也并非一劳永逸的万全之策。护城堤防的效用虽然明显,却也不能让人高枕无忧。尽管有城堤护防,不少城池仍"屡遭水冲垮",城池与护城堤也不得不"屡屡重建"。且漳河为多沙河流,长此以往,必定会导致城外泥沙越积越高,城内地面益发低洼,护城堤防越筑越高。如魏县,由于护城堤使城外泥沙越积越高,致使"城内地益下,多积水,水居十之八。漳决溢则环流自垣下浸入城,如泉源。然城内居民庭内自出水,或方爨自灶内流出,人不保朝夕"④。地处漳滨的临漳县亦是如此。由于漳河不断淤积,护城堤不得不随之加高。同治初年,因水灾而重修临漳县城护城堤时,"临漳地滨漳河,城池屡为漳河徙避,……五百余年来漳水亦数次浸灌,是以城外积高,城中低洼,此次修城虽加高五尺,尚不能高出四关民居之

---

① 史国强校注《南乐县志校注》(以光绪本为底本),《建置·城池》,山东大学出版社1989年版,第34页。

② 光绪《临漳县志》卷1,《疆域·河渠》,光绪三十年刻本,第42页。

③ 吕游:《开渠说二》,光绪《临漳县志》卷16,《艺文·杂志》引,光绪三十年刻本,第32页。

④ 民国《大名县志》卷7,《河渠》,民国二十三年铅印本,第6页。

上"。这种外高内低的情形，一旦洪水决口，必然对临漳县城造成灭顶之灾。① 汲县就曾因洪水过大冲决护城堤而遭淹浸，光绪十八年（1892 年）六月二十一日，大雨，山洪暴发，卫河漫溢，护城堤决口，洪水围城，沿河村庄受灾惨重。为排城外积水，查得北关外宝坛寺后有乾隆时修的泄水故道，遂疏浚，水穿护城堤，经水印村入卫河，积水渐消。② 所以，除修筑护城堤之外，各地还根据自己当地的情况而采取不同的护城措施。

（一）浚县城的保护措施

浚县城位于卫河东岸，西面以卫河作护城河，河宽 60～85 米，水流湍急，其险阻非一般濠池所能相比。加以浚县城区的海拔高度在 60.5～61.47 米不等，地势较低，河流纵横，故易于遭受水患。

卫河水灾，连年不绝，历史上有"卫河闹浚县，十年九年淹"的传说。在与洪水灾害的长期斗争中，古代的浚县人民积累了丰富的以城防洪的经验。采取了以下有效的防洪措施：

1. 修有坚固的、能防洪抗冲的城墙，城墙外壁的基础全用条石，以白灰拌桐油垒砌。基础深宽，城墙高而坚。

2. 为了保护城基，在南、东、北三面护城河边"筑长堤、高丈余"，以抗水冲，并在堤上植柳以保护堤防。城西临卫河一段，用石鏊河东岸以保护城基，使城"可固守，并无河浸之"。

3. 城墙较厚，城墙内部使用三七灰土，采用层层夯筑的版筑方法，加强了城墙的反渗透能力，这是一项重要措施。

4. 城墙外壁以砖石包砌，增强了城墙的抗冲能力。

5. 城门设闸，以御河水。

6. 在西城墙的低洼处开挖二便门（俗称水门）以排泄潦涝。③

（二）临漳县护城措施

由于漳水经常在临漳县县城南北迁徙，漳河的泥沙不断淤积，形成城外高于城内的地势，而"郭外地高半于城，城之形若釜、若瓯、若出水荷"。这种独特的地理环境，使临漳县城的防洪问题非常严峻，所以当地官员除了"培筑护城堤逾门额宽称是"，加高加厚护城堤外，还要解决城中内涝问题。

① 骆文光：《修建城工礮楼说 三则》，光绪《临漳县志》卷 16，《艺文·杂志》引，光绪三十年刻本，第 48 页。

② 卫辉市地方史志编纂委员会：《卫辉市志》，《大事记》，生活·读书·新知三联书店 1993 年版。

③ 政协河南省浚县委员会文史资料研究委员会：《浚县文史资料》第四辑，刘家任：《浚县古城》，1991 年版，第 170、172、173 页。

由于城内低于城外,虽然外水不易侵入,但城内积水却不易排出。遇"夏秋之交,雨积水涨,……惟城无出水处,久雨则室惟水宅,洼者蛙产龟居,民患之"。故在县令的再三考虑下采取以下措施,以解城中水患:

1. 根据地势,仿江南置水车,雇人昼夜不停将内城濠的水汲往外城濠。

2. 但由于外高内低,当外濠水多后,外濠之水又从地下向内濠涌出,于是就根据地势,在外城濠东南堤角较低的地方开一水道,即此福惠渠,向河中排泄外濠之水。

3. 为不阻交通,在福惠渠上架一桥梁,以利行人。

4. 水干之后,以内濠土培城,以外濠土培堤。自是"城益厚"而"堤益丰",城中无患。临漳之民赋烈文之章曰:"锡兹祉福,惠我无疆,子孙保之。"

陈大玠《福惠渠记》对此有详细的记载:"访有旧水闸在城南西偏,因外濠高倍内濠,久已塞。复再四筹,北门差可出水,仿吾闽置水车五,募夫数十,俾更翻昼夜作将水佐。外濠乃堤为之障,潜滋暗润,水由地中复涌内濠。遍度地势,于东南堤角暂开一水道,自堤至于河凿一渠至河,计长可四里,深广各七尺,而后乃今得畅流。又虑途径纡,于堤外元帝庙前架一梁,俾车马得通。及乎水出地干,即以内濠土培城而城益厚,以外濠土培堤而堤益丰,自是居民有寝处之安矣,农夫获灌溉之利矣,行旅免跋涉之艰矣。"[①]可见,临漳知县因地制宜,采取合理措施综合治理,解除了临漳县城的水患,取得了不错的效果。

(三)改变河流流向

在中国古代,人们对县城的建置有很多讲究,在他们看来,县城濠是一个县城的形胜所需,有了它就可以使当地"民俗殷富,文学振兴"。所以,地方官十分注重对城濠(护城河)的修疏。比如辉县城城濠,"因历年久远,不行开浚,遂致淤塞。昔之涓涓不息,今且变为土壤矣。兼之水田不兴,旱灾相继,是以民生日瘁而文物渐衰。……后遭秋雨连绵,城濠两岸土淤濠内,以致濠水微浅,并未挑浚。后至顺治十五六年,山水涨发,全然淤没,至今水不通流干涸者三十余年"。[②] 此"以培风脉以资灌溉"的玉带河,也可以说是辉县城的护城河,系明万历年间辉县尹陈必谦所开,他"见卫河南下,一往无情,因创改新河,名曰玉带。自礼字闸下引水东流,至新桥折而南下,至三里屯西南流,至胡家桥入智字闸,闸下仍归卫河,纡抱城邑,以培风脉。一时人

---

① 陈大玠:《福惠渠记》,光绪《临漳县志》卷12,《艺文·记上》引,光绪三十年刻本,第61页。

② 光绪《辉县志》卷5,《建置·城池》,光绪十四年郭藻、二十一年易钊两次补刻本,第11页。

文鹊起,科甲蝉联,不惟本邑称盛,即他乡之发迹者亦多系辉人,应验不爽,历历可证"。此后因山水涨淤,至"康熙二十八年,县尹滑公彬详请复浚,久之又塞。乾隆十五年,县尹文公兆奭又浚,每浚则文风户口无不增盛。今又八十年矣,人文寥落令人徒致慨于山川之明秀也。而且向称素封之家,概就衰微,即商人贸易亦复难期殷实,追述其由,未必非此河淤塞之故"。此河浚成之后,不仅"人文蔚起,……即农工商贾藉兹振作,亦可转啬为丰,而城之东南亦可永绝水患矣"①。各地对护城河的崇信程度可见一斑。

在此种思想的指导下,即使无水道绕城,各县也要费尽心机挖护城壕以四面围城,一来可以起到防御的作用,二来亦可与风水相合。但如此河绕城周的布局,使得河水对城墙不断冲刷,当洪水暴发,就可能冲毁城墙,淹浸城内,造成城镇的巨大损失。修武县地居"丹沁之阳,卑湿湫隘,水患颇多。而大者有二,其一小丹河,其源出丹林,自西而来,环城三面,屈曲迂迴如带,折而北。每遇秋霖则怒涛涨溢,啮城隅,没田禾,濒河之民且与鱼虾争命"②。故为避免水大淹城,又不破坏所谓的风水,古人就采取改变河道流向以减轻对城墙的直接冲击。内黄县境内有硝河,上游为硝河陂,是排水季节河,纵贯县东侧。康熙三十八年(1699 年)疏浚成渠,通于卫河,改曰柯河,一名永丰渠。雍正十一年(1733 年),因此河直射县城,改移西向转北而东,绕城三面。③ 为保护县城而人为改变硝河的流向。

总之,为使城镇免于水灾,智慧的古代人民做出了艰苦的努力,在与洪水斗争中,因地制宜,采取不同措施来保护城镇的安全。虽然也暂时取得一定效果,但从长远来看,这些都只是治标不治本的权宜之策,要想避免水患,更应该在河道治理及保护水环境生态平衡上下功夫。

第二节　水灾与魏县城的变迁

水灾对人类或自然环境的破坏形式有多种,或压杀人畜,或倒塌房屋,或农业歉收无收,或工业停滞,或吞噬村庄,或毁灭城市,不一而足。从长期

---

①　光绪《辉县志》卷 17,《艺文·引》,光绪十四年郭藻、二十一年易钊两次补刻本,第 35、36 页。

②　道光《修武县志》卷 4,《建置志·渠堰》,道光二十年刻本,第 21 页。

③　史其显:《内黄县志》第二编,《自然环境》,中州古籍出版社 1993 年版,第 82 页。

的历史观察,水灾所危及的范围往往超出自然灾害的本身,对于整个社会的政治、经济、文化、科学等诸方面均影响甚巨,严重地制约着社会生活、社会生产和社会进步。具体到河流沿岸的城镇,影响更是深远。除了上述可能的损失外,有时在水患的威逼与破坏下,有些城镇不得不迁城另建新址。比如临漳县治所就"由邺镇而旧县,由旧县而今邑"①,进行过数次的迁移。除迁城之外,在水灾对郡县治所损毁严重、不能继续使用的情况下,则不得不进行区划的调整,这不可避免地会对国家行政管理以及当地百姓的生活带来诸多麻烦与不便。故本节即拟以清代大名府魏县城为例,分析水患对地处漳卫之间的魏县所造成的影响,以及当地官民为避免水患而采取的措施,从而探讨卫河流域水患所反映出的人地关系。

一、魏县城的地理环境

清代,魏县为大名属邑。"大名当畿之最南而魏当郡之最北,郡者畿之南藩,而魏者郡之北门也。其地南跨衡漳,□(此处原书字迹不清,缺一字——作者注)于卫,沛于潞以达于京师,漕渠之所经也。西走邯郸之大道,虏隘通焉。故国家设官特以宪使兵备大名,而议者往往以增魏之土兵为言。"②也就是说,魏县地处漳、卫之交,是畿之南藩的北门,处于东西交通要道的关键节点,驻兵以防御,对于拱卫京师,其战略重要性不言而喻。

据《魏县志》:清初的漳河大致以走"北道""中道"为主,故境内无漳患。③ 但漳河变迁无定,康熙四十三年(1704年)后,漳河开始向南道迁移,至康熙四十七年(1708年)北流断绝,全部走"南道"入御河。从此,漳河在魏县城南北迁徙,给魏县城带来巨大的灾难。而当时的卫河,流经魏县的南部,大致自内黄县菜园村东流,在张二庄南入魏县境,东北流经军寨村北、留固村西、中烟村东、田教村西、长兴村东,又经楼底村、寺南村、楼寺头村和旦町村,入大名境。④ 然而,正因为魏县城地处漳、卫之交,故其所处区域的地

---

① 吕游:《漳滨筑堤论二》,光绪《临漳县志》卷16,《艺文·杂志》引,光绪三十年刻本,第38页。

② 康熙《大名府志》卷28,《艺文志·兵部员外申巖魏城重修记》,康熙十一年刻本,第32页。

③ 此说不确,据本志所载就有二次河溢:顺治十一年(1654年)魏县河溢,伤禾稼。康熙十一年(1672年)河溢。只是水患并不严重。

④ 魏县地方志编纂委员会:《魏县志》第二卷,《自然环境》,北京方志出版社2003年版,第130页。

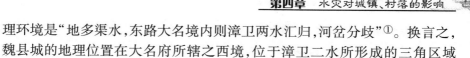

理环境是"地多渠水,东路大名境内则漳卫两水汇归,河岔分歧"①。换言之,魏县城的地理位置在大名府所辖之西境,位于漳卫二水所形成的三角区域内,故当夏秋汛期,洪水暴发,往往易受漳、卫二河水患之扰。

魏县城历史上的数次迁移,即多因漳河水患。故城初在于村,后因避水先后以旧县庙、洹水镇和五姓店为县治。

五姓店古城,原城址即今魏城。明洪武三年(1370 年)复因避漳河水患而迁徙至五姓店(今魏城镇)至今。② 当时没有城守,只是在城外无人烟居住之处匝土堤以却漳河。直到明正统年间,"因时有外警,烽燧入京师,辅甸之内骚然,始筑城。周五里有奇,高二丈一尺,池深广下,上之以差。天顺三年,知县杨春增高城四之一,内列瓷城。而弘治间漳水至,鲍琦亲操版捶兴徒外环堤八里,水寻却。及蓟盗起,高爨因外堤缮高二丈,深倍其四之一,置悬楼、营所,勒卒戍守之。万历二十年秋,暴雨浃旬,(城垣)周遭尽圮,兼漳水附郭,浸撼难御。知县田大年剂度量工,修葺完固"③。清代因袭明代,魏县治所并无改变,然而其受漳河水患却日益剧增,给魏县城及当地百姓造成巨大损失。

二、清代魏县城水灾概况

由于历史时期漳、卫河道得不到彻底的治理,致使魏域三年两溢,泛滥成灾。故自清代建立之日起,魏县城就不断遭受漳卫二河水患的影响。尽管官府和当地百姓曾不断对县城进行修补,然而在一次甚过一次的洪水冲击下,魏县城终致城毁,终于在乾隆二十三年不得不迁城,归并于大名和元城二县,魏县作为一级清朝的县级政区而终止。故本书论述魏县城的水患情况起自清初终于乾隆二十二年。兹将魏县城遭水患情况的史料④列述如下:

康熙十六年(1677 年),春、夏、秋魏县大水。
康熙十八年(1679 年)八月,霖雨四旬,魏县大水坏田舍。
康熙四十一年(1702 年),秋魏县大水。

① 骆文光:《修建城工碳楼说 三则》,光绪《临漳县志》卷16,《艺文·杂志》引,光绪三十年刻本,第 47 页。
② 魏县地方志编纂委员会编:《魏县志》第一卷,《建置区划》引,北京方志出版社 2003 年版,第 55 页。
③ 康熙《大名府志》卷1,《境内图说》,康熙十一年刻本,第 20-21 页。
④ 本部分内容系引自《清代海河滦河洪涝档案史料》《海河流域历代自然灾害史料》。

康熙四十二年(1703 年),秋魏复大水。

康熙四十三年(1704 年),漳河溢,被水。

康熙五十四年(1715 年),漳水南遇,淫雨过多。

雍正四年(1726 年)四月,漳水骤发,十余村被淹。

雍正十一年(1733 年),魏县被灾歉收

雍正十三年(1735 年),大名府属之长垣县曲予省封邱县滚水堤决口,低洼村庄数处并魏县之杜疃村亦有漫流积水。

乾隆元年(1736 年)七月,漳河水势骤长,石槽村民堤漫漾五、六丈(马头村民堤漫漾十余丈)。

乾隆三年(1738 年),高地实收八分,洼地实收八分,被水者实收五分、六分,淹甚者无获,通县合计实收七分。

乾隆五年(1740 年),漳河水发,自魏县一带出槽。

乾隆十一年(1746 年),城南漳、卫交流之处,设有滚水草坝并泄水支渠。五月初六(6 月 24 日),雨水长发,漳河骤高四五尺,即于滚水坝上过水分流。

乾隆十四年(1749 年),魏县、大名、元城、南乐漳河泛溢,沥水淹浸。

乾隆二十年(1755 年)五月,漳水决陷魏县城,六月御河决圮大名县城。

乾隆二十二年(1757 年)夏五月,漳河溢,堤决朱家河(误,当为朱河下村——引者注),下注魏县城。

其实这些材料并非全部,据《魏县志》所载,还有如下水灾情况补充:

顺治十一年(1654 年),魏县河溢,没禾稼。

康熙十一年(1672 年),河溢。

雍正三年(1725 年),夏水,秋又水。

雍正八年(1730 年),大水。

乾隆二年(1737 年),秋,大水。

乾隆四年(1739 年),淫雨伤稼。

乾隆十二年(1747 年)夏,大水。

乾隆二十一年(1756 年)夏末秋初,天降雨数日不止,城中积水数尺深。县丞杨琪恐城毁,于东北小门处开涵洞,意欲排泄城内积水。因城

墙修长年久,城外不断被漳水淤埋,高于城内,造成外水内进。①

在这些魏县遭遇大水的材料中,需要特别指出的是,雍正十三年(1735年)的这条水灾材料,从所处位置来看,长垣与封邱滚水坝决口当是指黄河而言,但魏县杜疃村的漫流积水应该非黄河所能及。杜疃村在今魏县城内,从长垣、封邱而来的黄河水,中间隔有卫河,当不会漫至杜疃,此次魏县杜疃的漫流积水应该仍系漳河或卫河漫水所致。

通过分析上述材料,我们可以明显地看出,由于魏县所处的地理位置及环境,在清初漳河走"北道""中道"的情况下,魏县所受水患之水主要来源于当地的雨涝,直到康熙三十八年(1699年),直隶巡抚李光地为分散水势,开一支河由广平入魏境。经县北的义井、后屯、寺庄,复由广平,经大名、馆陶入御河。从此,漳河再度患及魏县。康熙四十三年(1704年)后,漳河逐渐结束"北、中、南三道"分流状态,集中到南道。康熙四十七年(1708年),漳河北流断绝,全部走"南道"入御河。② 所以,自康熙四十三年以后,漳河、卫河水患对魏县的影响日渐增大,且随着时间的后移而愈来愈重,有时甚至连续年年水灾。同时,清代前期魏县城的水患多集中在城外,漳水或南或北,并没有淹城的记录,而到了乾隆二十年(1755年),终于冲决淹没了魏县城,但这次灌城,史料没有详细的灾情记载,好像灾情并不十分严重。可是,一灾未过一灾又至,乾隆二十一年(1756年),城内积水数尺深……于东北小门处开涵洞,本来意欲排泄城内积水,但因城外高于城内,反倒造成外水内进。二十二年(1757年),漳河洪水再次冲入魏县城,"漳河自城西北朱河下地方,……冲开护城堤堘,穿入外层土城,将内层砖城颓坏之东小门浸塌,灌入内城,平地水深数尺。官署民房多被淹浸,居民皆上城躲避"。而究其原因,则是历年漳河在城南、北泛滥,使南、北地势淤高,而城内相对低洼之故。所以当洪水暴发,必然冲向地处洼处的魏县城内。故直隶总督方承观奏曰:"魏县滨临漳河,南北河道二股,或趋南,或趋北,或南北兼行,水势本无定轨。水过之地积渐淤高,城邑有如釜底,是以护城民堘一经漫溢辄至灌浸为患。"这次漳水淹城,受损颇为严重,方承观称之为"被灾特重,居民仓猝逃避,虽衣被细软稍有携带,而什物资粮悉归乌有。较之乾隆十六年(1751年)

---

① 魏县地方志编纂委员会:《魏县志》第一卷,《建置区划》,北京方志出版社2003年版,第73页。

② 魏县地方志编纂委员会:《魏县志》第二卷,《自然环境》,北京方志出版社2003年版,第124页。

开、长等处黄水淹浸,尤属艰苦",受灾的村庄"已与成灾十分无异"①。而且
"护城河水深二丈余,城内平地水深二三四尺,与城河之水相平。城河之外
为护城堤,堤外地势积年受淤,在在高昂。城河之水既不能通出堤外,故城
内之水亦不能消入城河,已成瓮中釜底之形。官署民房倒塌过半,修复较
难"②。房屋倒塌或许还能重建,但城内之水无法排泄出去,则是更为难办的
问题。可见当时魏县城已成水城且并非短时间内可以解决,迁城他处不可
避免。

关于此次大水淹城事件,当地还流传着一个感人的传说:"在上古时代,
古黄河流经魏县。这块美丽富饶的地方,风调雨顺,五谷丰登,老百姓安居
乐业。不料,美丽富饶的景象却引来修炼万年的鳖精。鳖精带领虾兵鳖将
强占魏县后,餐食童男童女,危害百姓,而且大旱三年,使庄稼颗粒无收。老
百姓终日祈祷,惊动天庭。玉皇大帝派他最宠爱的娇儿——天龙下凡魏县
泊儿村白龙潭捉拿鳖精,鳖精把仇记恨于老百姓,施法术水淹魏县城。天龙
闻讯,即令其九弟神龟下凡助阵,神龟钻进魏县城下,驮起了县城。于是水
涨城涨,保住了全城百姓,直至鳖精魔法使尽,被天龙抓回天庭。此后,魏县
又恢复了原来的风调雨顺、五谷丰登的盛世景象。"至今,魏县还流传着"北
京到南京,魏县两座城。每逢发洪水,水涨城墙升"的民谣。

此后几千年,据说,由于天龙和神龟佑护和赐福,魏县物华天宝、人杰地
灵、名人辈出。明代,在朝做官的魏县人很多,有"魏半朝"之称,意在朝廷做
官有一半是魏县人。南方才子屡试不第,做不了官,又嫉妒又气愤,就让风
水先生到北方看个究竟。当风水先生看到神龟驮城的魏县这块宝地争夺了
他们的风水,阻塞了仕途,就暗搞破坏,下黑心设法毁掉它。他以保魏县城
免遭水灾为由,游说县令杨琪,在城四角钻了四口大井,而这四口大井恰好
钉在了神龟的四爪上。到了清朝中朝,漳河发大水,由于神龟被锁,四爪动
弹不得,驮不起城,致使魏县县城被洪水淹没。魏县从此废置,并入大名。③
此类传说固然不可全信,但从一个侧面反映出乾隆二十二年(1757 年)这次
大水淹城后果之严重。而事实也的确如此,"河水漫溢,浸淹民田,平地水深
丈余,陆地行舟,城垣坍塌,房屋漂浸,粮无收,价暴涨,居民外逃过半,卖妻
卖子,饥人相食,人死大半"④。这真是骇人听闻的人间惨剧!

---

① 《洪涝档案史料》,第 134 页。

② 《洪涝档案史料》,第 137 页。

③ 魏县人民政府网:http://wx. hd. gov. cn/wMcms_ReadNews. asp? NewsID = 296,
2010 年 6 月 8 日。

④ 魏县地方志编纂委员会:《魏县志》,《概述》,北京方志出版社 2003 年版,第 4
页。

三、水灾所反映的人地关系

当然，对于魏县城的水患问题，当地官民百姓也并非无所作为，而是力图在改变这种状况，或修渠排涝，或筑堤护城，或迁移城址。这种努力是封建社会中，生产力相对落后的条件下，人与自然环境之间人地关系的一种表现。

（一）堵筑决口，修渠排涝

对于水患的治理，最直接易行的方法就是堵塞决口，堵塞的方法多在水退之后进行。就漳河来说，当洪水发生，固然会冲决堤岸，淹没田地，威胁城镇，但一旦水退，涸出之地即可耕种，甚至有一水一麦之地，可因此而收获倍增。所以当地官民并没有把漳河水患视为猛兽，只是在水退之后抓紧时间堵塞决口。如乾隆元年（1736 年）六月二十四日，据直隶总督李卫奏："大名府属之魏县，于六月初四（7 月 12 日）因豫省漳水陡发，涌入城南旧河，漫溢二口，约五六丈之宽。内中俱系淤滩，每年仅可种麦收获一季之地。虽系常有之事，现在水退抢筑。"①可见，漳河水发，冲进城南旧河之事并非偶然，而是经常发生，所以总督李卫才认为"系常有之事"，没必要大惊小怪，抢筑决口即可。

但是，漳河的南北迁移，使魏县城外地势愈积愈高，而城内宛如釜底，因此很容易形成城镇内涝。对于城内内涝只能通过向城外排水解决，但城外地势的淤高，排水泄城内积水之目的显然无法达成。乾隆二十一年（1756 年）夏末秋初，天降雨数日不止，城中积水数尺深。县丞杨琪恐城毁，于东北小门处开涵洞，意欲排泄城内积水。因城墙修长年久，城外不断被漳水淤埋，高于城内，造成外水内进。②开涵洞泄水不仅没有解决城内积水的问题，反倒使城外之水不断涌入城内，加重了城内的水患。在此情况下，直隶总督方观承采纳魏县丞杨琪提议，于县上游北岸广平境内开支河十余里，东北注入义井故道以分其势。③义井故道也就是康熙三十八年（1699 年）直隶巡抚李光地为分散水势，开支河所经之道，即由广平入魏境，经县北的义井、后屯、寺庄，复由广平，经大名、馆陶入御河。从魏县城的上游分散水势，减轻来水对魏县城的压力。

①　《洪涝档案史料》，第 64 页。

②　魏县地方志编纂委员会：《魏县志》第一卷，《建置区划》，北京方志出版社 2003 年版，第 73 页。

③　同上，第 124 页。

(二)迁城与区划调整

当城镇水患无法避免,城镇损毁严重到无法修复的程度时,迁城就是另外一种选择了。

乾隆二十年至二十二年(1755—1757 年)连续三年的大水冲城,使得魏县城损失惨烈,城内因水浸严重而"遽难修复",但是"若境域内另行择地改建,必在距河稍远之处,而体察民情又复不愿远移"。现实的困难使另迁新址变得不可实行,而调整区划又有有利的条件,"窃思建置固有常经,而制宜尤在因地。魏邑系繁难中治,所辖 337 村,与大名、元城 2 县土地、人民太牙交错,故词讼之涉户婚、田产者,往往 3 县并控。司道等详加相度,大名府属之大名县,附近府城地甚偏小,而附郭元城亦系中治,似不如将魏县裁汰,归并大名、元城管辖,无庸再议迁筑城署,庶经费不致多糜,而政治亦称简易"。可见归并魏县的主要原因是魏县连遭水灾,就地重建难免再遭水灾,迁选新址而非民愿,加以大名县近府而地狭,与魏县地相接且犬牙相错,有一定的有利条件,所以才得以实行。而并非主要考虑新建城池耗费重大之故。[①] 至于百姓之所以不愿远移,其中一个重要的因素就是这样会增加他们往来县城交租纳粮的负担。在古代交通工具尚不发达的社会中,距离的变远意味着成本的增加。

可是,是否归并魏县就是正确的解决办法呢?

对于县一级区划的幅员大小,据学者研究,在国外是以"使这个区划中的所有居民都能在一天之中往返于区划中心与居住地之间"为原则的。秦汉时期制定的"县大率方百里"的原则,以汉里计算,从县的中心点到四境的距离相当于 17.5 公里,这样的距离也是一天的路程,对于官员下乡劝课农桑,对于农民进城交租纳粮都是比较合宜的。县级政区的幅员虽然在二千年当中有所变化,但变化幅度不大,其原因与保持正常农业生产以维持国家的经济生活稳定有直接关系。[②] 可见,治所的位置应当大体处于所在区域的中心,如此才能有利于国家的管理,百姓经济生活的稳定。

清至民国的情况亦大抵如此。这一点我们还可以从民国初年河北道治的迁移事件中得到证实:河北道,1913 年(民国二年)1 月置豫北道。1914 年(民国三年)5 月改名。道尹为要缺二等,驻武陟县(今河南武陟县驻地木城

---

① 石超艺:《明以来海河南系水环境变迁研究》,复旦大学 2005 年博士论文,第 113 页。

② 周振鹤:《建构中国历史政治地理学的设想》,《历史地理》第 15 辑,第 16 页。

镇①西南,阳城乡东北沁河河道中间),辖安阳、汤阴、林县、内黄、武安、涉县、汲县、新乡、获嘉、淇县、辉县、延津、浚县、滑县、封丘、沁阳、济源、原武、武陟、孟县、温县、阳武等24县。道尹驻武陟县,是沿袭清代旧制,侧重于黄河防治。民国成立后,设有河防局专管黄河水利,道尹仍驻武陟县,位置偏于全道西侧,给行政管理带来诸多不便,而"汲县居道区正中,且当京汉、道清两铁路交贯之冲,若建为道治,理民治河,均较在武陟为便。"同年8月,经内务部核覆,移驻汲县(今河南卫辉市城区)。② 可见,这种地"居道区正中",便于"理民治河"的原则,在选择道、县治所时,是一个应当非常注意的重要问题。

以此说来,清代合理的县级幅员亦应该与此相差不大,故乾隆二十二年,魏县与大名、元城合并后,幅员的增大,县治的迁移,必然会为行政管理和百姓生活带来困难。在民国时期的复县运动中,大名县知事畅文藻就曾明确指出合县不便有四:①学警扩充上有不便;②盗匪缉捕上有不便;③诉讼听断上有不便;④负担分配上有不便。其中①②④以涉国家管理之不便为主,③则更关百姓利益,"旧魏西南一面,在距城且及百里,遇有讼事发生,无论繁重案件,则保人川资,证人旅费消耗不赀;即轻微之件,而听讼之官,不足以应争讼之人,往往案不时结。回家则往返不易,而差役之勒索又多;在城等候,则薪桂来珠,损失不堪言状,而抛家失业又感痛苦"③。无形中增加了百姓负担。

当然,我们还可以从魏县归并后的实际情况管中窥豹。乾隆二十三年(1758年)魏县归并大、元之后,本来只有学校建置仍驻旧城,"当时因学额仍旧,故独留学官、教官于旧城,名曰'乡学',以别于大名固有之县学。"但是,事实上在实际的执行过程中并非如此。旧城依然留有以前魏县所设的各种机构和人员,"讵此端一开,百事踵仿,凡钱粮、差徭、词讼、胥役等项,原属大者曰县,亦曰本邑;原属魏者曰乡,亦曰新并,界限截然,百余年来,牢不可破。自新政举行,如警学、实业、自治各机关团体,莫不两两相对,畛域愈明"④。究其原因,当应是魏县归并大、元之后,县域面积的增大给政府管理和百姓生活带来许多不便,出于政府管理的现实需要,同时也照顾百姓的生

①　周振鹤主编,傅林祥、郑宝恒著:《中国行政区划通史》(中华民国卷),复旦大学出版社2007年版,第374页。

②　《政府公报》第833号,1914年8月30日,第20册,第577页。

③　魏县地方志编纂委员会编:《魏县志》,《附录》,北京方志出版社2003年版,第1203页。

④　《乾隆间并县部议》,大名县志编纂委员会编:《大名县志》,《附录·文献辑存》引,新华出版社1994年版,第795页。

活,才不得已在实际的执行过程中保留了原魏县的行政机构。虽然魏县治所归并大名,但实际的行政运作却仍是一如从前。所以,民国二年(1913年),当政府要把大名与元城归并,事权与财权统一时,遭到各方的强烈反对。原因之一就是当时魏县归并只有其形而无其实,而现在却是要"论归并正理,最要扫除畛域,使人民耳目一新,无复彼我之见,方为便利"①,事权和财权全部归并,所以自然会遭到各方既得利益者的反对,连当时的知事都不得不感叹,"以习俗复狃于大、魏合并之旧辙,为一隅所围,而不可速化故也"。可见,行政区划的合理划分是有其自身规律的,因水患而导致的治所变迁,从而引起行政区划的调整,亦并非想当然地无章可循,不符合实际情况的行政区划调整,只会给政府管理和百姓生活带来麻烦且最终宣告失败。行政区的层级与幅度要在方便行政组织与管理,有利于提高行政管理效率的原则下,合理地加以确定。②

由上述魏县城在清初百余年的变迁可以看出,地处漳卫河流域的古代城镇,在生产力和科学技术相对落后的条件下,面对水患的侵袭,人们只能在水患发生后堵筑决口,修渠排涝,抑或对护城堤、护城河予以加筑、疏浚。然而,漳河是一条迁徙不定且泥沙含量较多的河流,当河流频繁泛滥,城外地势不断淤积,愈来愈高,而城内如釜底之时,冲毁沿河城镇势不可免。然则不得已的迁城与区划调整,违背了正常的区划规律,必然会造成一系列的问题和麻烦。可见,漳卫河流域古代城镇的稳定发展与否,与其周边的自然环境息息相关。生态环境的改变迫使城镇的迁移,甚至引起行政区划的变迁,从而对国家管理和当地居民的生活带来许多不便,这是我们不得不重视的一个问题。

第三节　水灾与村落

一、水灾的印记——村名

华北平原的村落经历了元末明初的残酷战争后所剩无几,大部分都是

---

① 《民国三年大元归并法》,大名县志编纂委员会编:《大名县志》,《附录·文献辑存》引,新华出版社1994年版,第796页。

② 刘君德、靳润成、周克瑜:《中国政区地理》,科学出版社1999年版,第54页。

在明初新建①,经历明朝而发展壮大,或分或合,或新建或消失。村落的变迁无论是肇建还是改变首先会体现在村名上,所以各村村名是当地百姓思想的表达,寄托了村民复杂的情感,可以说每个村名的起源与变迁都印有时代的烙记,能够反映出一些时代的信息。影响村落变迁的因素十分复杂,而其中水灾就是一个相当重要的因素。鉴于本书主要讨论水灾与人地关系,故而只论水灾对村落的影响,其他原因引起的村落名称变迁则略而不论。

在村落因水灾原因而发生变迁的过程中,村落的名称也呈现出不同的变化。笔者查阅了大量地方志,认为水灾与村落名称的联系有以下几种情况:

(一)以水灾后的村落特征来命名

有以环境特征来命名的,比如泊口乡崔野冲、郭野冲、赵野冲、王野冲、后野冲。五村彼此相邻,皆为明初山西迁民居此所立。因地势低洼,田野大量被冲,故名"野冲"。② 德政镇所辖的前小寨、后小寨原名河浴村亦是因邻漳河常受浴而得名。后来为防水灾,两村皆筑土寨,就以所筑寨墙为该村的象征,将村名更为"小寨"。有以村民特征来命名的,如位于魏县棘针寨乡乡政府西偏北 1 公里侯庄的命名,就是来自灾后人瘦如猴之故。清代,该村因水灾,禾苗尽绝,颗粒无收,饥荒使村民瘦如猴,后人称该村为猴庄,改"猴"字为"侯"。林县横水村则是因洹河流经该村呈南北走向,穿村而过而得名。民国时期,集市贸易集中于洹河西岸,有粮行、花布店、饭店、盐、铁、油等店铺 20 多家,为双日集。③

(二)水灾后具有特殊意义的村落改名

水是人类赖以生存的物质,所以古人立村多在近"水"处,方便用水。不过,当河水泛滥,近河村落及民田也易被淹浸,故一些村落之名即改用吉祥之词,取祈福、平安之意。魏县德政镇所辖安上村,原名河东村,因西邻漳河而得名。漳河改道后,取安定稳当之意,改村名为"安当",又以"当"字难听,更村名为安上。临漳县镇河村亦是如此。当地原有三个村:郭家庄、东薛村、西薛村。清乾隆年间,漳河改道,迫使东薛村、西薛村搬迁与郭家庄合

① 王庆成:《晚清华北乡村:历史与规模》,《历史研究》,2007 年第 2 期,第 78 页。

② 本节中凡是魏县村落名未加注者均出参见魏县地方志编纂委员会编:《魏县志》第三章,《城镇乡村》,方志出版社 2003 年版,第 83-116 页,以下不再出注。

③ 林县志编纂委员会:《林县志》第二十一编,《乡镇·横水乡》,河南人民出版社 1989 年版,第 696 页。

并,村民希望从此不再受漳河危害,故取名镇河村。①

野胡拐乡高八庄的改名却有劫后余生的幸运之味。高八庄本系明初王氏由山西迁此立庄,以姓氏取名王庄。乾隆二十二年(1757 年)洪水暴发,村里有八户农民,因地基较高未被水淹,人们避此得以幸存,遂改名高八庄。而临漳县的二分庄则以建村人的排行取名。据查,乾隆年间漳河泛滥,冲毁一些村庄,李姓老二迁此定居,取名二分庄。咸丰年间的地方志中有此村名的记载,并一直沿用至今。

(三)水灾后村落的分合、重建而更名

关于水灾导致村落合并与裂变的情况,我们将在下节中专门论述,本节只就水灾后村落的合并、分裂或重新建村过程中村落名称的改变予以阐述。在查阅地方志的过程中,我们发现,水灾发生后,许多村落出现了分合裂变或重建新村,在此过程中,村落的名字几乎均有改变。如一些村落被洪水冲击后,分成两个村落,则在原村名前冠以方位,以示区分。魏县边马乡东楼底村原与西楼底村(牙里镇所辖)为一村,名楼底。因村中一座楼房的上层被洪水冲走,只留下楼底而得名。清末楼底村被冲成两部分,一个东楼底村,一个西楼底村,现分属两个乡镇。相反,如果以前两个村落名称前冠有方位,在合并后则会去掉方位词而成合并后该村的村名,临漳县上柳村即是如此。清乾隆年间,漳河改道,西上流被冲毁,并入东上流,从此合并称上流,后演变为上柳。临漳县刘太昌村村名的命名则是被合并两村名称的直接结合。据查,民国四年(1915 年),漳河从倪辛庄到曹村之间决口,冲毁刘村,该村居民搬迁到太仓村东另建新村,后二村合一,改名刘太仓,后演变为刘太昌。

有些村落,因遭水灾一部分村民迁出后,原村落的村名也会改变,比如临漳县老庄,其原名为李家寨,系明初所建。到了清代,漳河逐渐迁徙到该村附近,不断泛滥成灾,居民大部分外迁,留下在此居住的村民将村名改为老庄。

当然也有例外的情况,有时村中部分村民迁出另建村落,新建村的村名则不会改变,仍然以原村落名称呼。如临漳县杜堂村,据《杜氏族谱》及杜氏先祖碑文记载,明初杜永资从山西洪洞县迁来定居建村,取村名叫杜家堂。宣统二年(1910 年),原村被冲毁,杜姓一部分搬迁于此,村名仍为杜家堂。后来为了与漳河南岸杜家堂有别才改名为杜堂。这种情况可能与村民思想上怀恋故土、难忘故乡的感情有关。

---

① 本节中凡是临漳县村落名未加注者均参见河北省临漳县地方志编纂委员会编:《临漳县志》卷1,《政区建置》,中华书局1999年版,以下不再出注。

（四）水灾后相对位置及归属变化而改名

一些村落因发生水灾导致河道变迁，从而引起村落的相对位置发生了变化，比如原来河道流经村北，水灾后改流村南，因而村落名称随之改变。例如魏县所属泊口乡前佃坡，明初立庄时以其姓氏为名取名张庄。后漳河改道村北，人称为河南张庄。光绪十年（1884 年），漳河又改道村南附近，始由佃户修坡，发展到全村人修坡，故更名佃坡，后为避重名，按方位改名前佃坡。

另一种情况是村落被水冲毁，居民迁居他村后融入该村，原村名消失而以迁入村之村名为名。如魏县南双庙乡简庄，该村原为简庄、东野冲两村。简庄之名取自于赵氏从大名县简庄（今大名县管庄）迁入此地时的原籍之名。清雍正年间简庄被洪水冲毁，居民北迁至东野冲，村名随富户称简庄，原东野冲之名则废。

还有一种情况是因水灾导致县级区划的变迁，县辖村落归属相应改变，因之村名发生改变。如魏县沙口集乡辛庄，该村原名“东小辛庄”。清乾隆二十二年（1757 年），魏县城被洪水淹没，归大名管辖，改名北辛庄。

综上所述，卫河流域大部分形成于明初的村落，一般名称不会轻易改变。但一些沿河村落因频遭水灾而发生变迁，其村名也因之发生更改，变化的情况有多种，或因与其他村落合并而改名，或以灾后出现的一些新特征为新村名，还有的是水灾之后取一些具有特殊含义的名称为村名。但无论如何，这些村名的变化不可避免地都带有时代的印记，包含丰富的历史信息，体现了人类在水灾背景下对生活和自然环境的态度，这也是水灾重压下人地关系的一个侧面反映。

二、水灾与村落的变迁——迁移与分合

卫河流域地处华北平原，“地势平衍，虽有潴水之淀泊，并无行水之沟恤，雨水偶多，即漫流田野，淹浸庄稼”。因而很容易受到水灾的侵袭。另外，华北的河流两岸，多为沙质土壤，结构松散，筑堤较为困难，许多河流没有大堤的约束，一遇降水，就出现漫流的现象，这也是该地区多水灾的重要原因。特别是临漳以下的漳河更是迁徙无常，给当地的城镇村落带来极大危害，所以，“在所有自然因素中，水灾与河患对村落裂变最为显著”。① 河流的每次迁徙改道，都会对附近的村落产生影响，使村民被迫迁往他处。如乾隆五十九年（1794 年）卫河发大水，卫辉府城“附近村庄大半被水淹浸，居民

---

① 黄忠怀：《明清华北平原村落的裂变分化与密集化过程》，《清史研究》，2005 年第 2 期，第 26 页。

迁徙或避居庙宇"①。

河流泛滥对沿岸的土壤也会产生影响,在漳、卫河流域,由于浊漳含沙量较多,沙化比较严重,严重影响了土壤的肥力,例如景县在靠近漳河地区"因漳水泛滥,淤积为沙,致成不毛,村民遂皆迁徙"②。因此,河流泛滥导致土壤肥力的下降、生产生活环境恶化也是村落迁徙的重要原因。

(一)村落的迁移

一般而言,因受水灾的淹浸,村落的迁移大部分均为整体迁移,但有时也有部分村民迁移另建新村的情况,比如临漳县新后屯村,即因乾隆年间以后,漳河多次泛滥成灾。为避水灾,后屯的部分村民迁出而形成的,为了有别于原村名,故名为新后屯。

关于村落迁移之后的去向,一种是与其他村落合并。例如临漳县的小郭村即系郭家村、高家庄二村合并而成。据乾隆《彰德府志》记载有郭家村、高家庄,后高家庄被漳水冲毁,村民搬至郭家村,两村合并,因村不大,称小郭村。临漳县镇河村则是由三个村庄合并而成。据查,此地原有三个村落:郭家庄、东薛村、西薛村。清乾隆年间,漳河改道,迫使东薛村、西薛村搬迁,与郭家庄合并,村民希望从此不再受漳河危害,故取名镇河村。

另一种则是选择异地重新建村。这种选择为大多数村落所采用,可能与外来居民不太容易融入一个新村落有关。原村被淹后,居民另迁新址建立新村,一般而言,建立的新村不会再用原来的名字,往往另起新名或在原村名中加入"新"字或表示方位的字以有别于旧村。如临漳县西辛庄就是另起新名。清康熙年间,因漳河泛滥,将村冲没,居民迁出另建新村寨,故取名新寨。临漳县的高庄亦是如此,高庄的前身叫吴村。清代漳河多次泛滥,吴村被水冲毁,该村高焕章迁此定居,取名高家庄,简称高庄,吴村之名弃而不用。临漳县郝辛庄也是因原村落王村频遭水灾,从王村中迁出而取名。据《郝氏宗谱》记载:郝姓从山西洪洞迁居漳南王村垦荒营生,因王村北临漳河,时受水患,后部分郝姓西迁,另建新庄,名曰郝新庄,后演变为郝辛庄。其他的如西后坊表、西前坊表、杜堂、井龙等均属此类。

无论是选择易地重建还是与其他村落合并,都只是村落相对位置的改变,至少没有表现出村落数量的增长,此特点与水患后的村落分裂有所不同。

---

① 《洪涝档案史料》,第236页。
② 民国《景县志》卷1,《地势·地形》,民国二十一年铅印本,上海书店2006年版,第77—78页。

（二）村落的分合

水患影响下村落的变迁，除迁移之外，还有村落分合，即村落的合并和分裂两种方式。村落的合并体现为两个以上的村落合并为一，这是村落总数量上的减少。在水患冲击下，村落因受水患侵袭而不得不迁移，但由于自然村落的相对封闭性，外来人口较难融入其中，故在村落分裂和合并这两种相向发展的方式中，村落的发展更多地表现为分裂，这使得华北平原村落数量不断增加，并逐渐演化为现代村落之分布格局。

为说明水患背景下清代卫河流域自然村落的分合情况，我们以魏县为例予以阐述。魏县地处华北平原的南部，地当大名府之北门，是京畿之地的重要屏障。其地南跨衡漳①，"环漳水而襟卫河，面太行而抵沙麓"②，更有洹河流经。有清一代，魏县发生水患 37 次，其发生水患之情况与卫河流域其他地区相比处于平均稍偏下水平，非水患最严重之处，亦非最轻微之区域，故有一定的代表性。为直观起见，特选取史料明载因水患导致村落分合的情况列表 4–2（魏县在乾隆二十二年因水患而裁撤，所辖区域归并大名、元城，因资料零乱，统计可能并不完全）。③

表 4–2　水患影响下清代魏县所属村落分合情况表

现属乡镇	原村落	分合后村落	分合类型	分合时间、原因
魏城镇	北关村	大北关、小北关	分裂	明末清初、水患
南双庙乡	简庄、东野冲	简庄	合并	清雍正年间、水患
边马乡	楼底	东楼底、西楼底	分裂	清末、水患
张二庄乡	烟村	烟村、东中烟	分裂	清、水患
大马村乡	旦疃	北旦疃、南旦疃	分裂	清、水患

注：①本表根据魏县地方志编纂委员会编《魏县志》第三章《城镇村落》（方志出版社 2003 年版）统计制成。

②本表仅统计了文献中明确记载清代因水患而发生分合的村落，非同时具备此二条件者，则未予统计。

从表中可以看出，在水患影响下，魏县村落在清代发生分合的情况以分

---

① 周邦彬修，郜焕元纂：《大名府志》卷二八，《艺文志》，康熙十一年刻本，第 32 页。

② 程廷恒修，洪家禄等纂：《大名县志》卷二，《舆地志》，民国二十三铅印本，第 117 页。

③ 见附录一中《魏县水灾统计表》。

裂为主。这与华北平原的大多数村落在明初建村后,呈现出不断增多的发展态势①基本一致。在这5个发生分合的村落中,除了简庄、东野冲因水患合并之外,其余四个村落在水患的冲击下均发生分裂,占到村落变迁中的五分之四。水患不甚严重的魏县尚且如此,整个卫河流域的情况大抵与此相仿。故可以说,在水患背景下,清代卫河流域村落的变迁主要表现为数量不断增加的趋势。

村落因水灾而分裂,其途径有以下三种:

其一,洪水直接将一个村落冲成两部分,从而导致村落裂变成两个自然村落。因为漳河迁徙无常,所以这类现象在漳河沿岸比较常见,比如现属魏县边马乡东楼底村。该村与西楼底村(牙里镇所辖),原系一村,名楼底。因村中一座楼房的上层被洪水冲走,只留下楼底而得名。清末楼底村被冲成两部分。一个东楼底村,一个西楼底村,现分属两个乡镇。大马村乡北旦疃、南旦疃。两村原为一村,名旦疃。相传为明初迁入时所建,后因水灾分为两村,便冠以方位。魏城镇所辖的大北关、小北关亦是如此。两村建于明万历年间(1573—1620年),先民从外地迁此定居,因离县城北门较近,故称北关村。后漳河泛滥,河流从该村中间流过,将村一分为二,后人按村落大小称河南岸北关为大北关,称河北岸北关为小北关。沙口集乡的大斜街、小斜街。该二村原系一村。因村中街斜取名斜街,后被洪水冲成两段,各按村落大小称大、小斜街。这样的史料还有很多,在此不再赘述。

其二,洪水把原村落淹没冲毁,原村落居民分别迁出,从而形成两个及两个以上新的村庄,比如现属临漳县的前赵坦寨与后赵坦寨就是如此。据清乾隆《彰德府志》记载:赵坦寨在康熙年间,因漳河泛滥,把村庄冲毁,居民南移北迁,村分为二,在南者为前赵坦寨,在北者为后赵坦寨。当然,卫河的决口与泛滥也会导致沿岸村庄的被迫分离。如现属魏县大辛庄乡曹夹河、王夹河。二村原为一村,明初曹、王二姓由山西迁此立庄。后卫河水将村一分为二,曹、王二姓便分开居住,因两村间夹着一条河,遂将村名改为"夹河"各冠以姓氏。同时,有的村落因水淹而迁移,会分裂成多个新的村落,如临漳县的昭德村,乾隆五十九年,漳河决口改道,昭德村被冲毁,居民陆续外迁,另建新村,先后建立起骆庄、丁家村、桑庄、南显杨四个自然村。

其三,原村落被洪水淹浸后,部分村民迁出形成新的村落,而原村落仍旧存在。如临漳县东冀庄、西冀庄。据查,明初冀姓从山西洪洞迁此定居,取名冀家庄。清乾隆《彰德府志》记载为冀家庄。后因漳河为患,部分居民

① 王庆成:《晚清华北乡村:历史与规模》,《历史研究》,2007年第2期,第78—87页。

西迁,另建新村,取村名西冀家庄。留后者称老冀家庄,后改为东冀家庄。

频繁的水灾不仅直接造成城镇严重的经济损失,而且大量的村落在水灾之后被迫分合与裂变,改变了原有的村落布局,同时也阻断了原村落正常的发展进程,妨碍了当地农村经济的发展,进而影响到国家的经济发展和社会秩序的稳定。

三、村落的防水设施——护村堤防与寨堡

在靠近河流或易发水患的地方,人们为了应对水灾对村落的淹浸,避免冲毁村落家园,采取了许多保护村落的办法,比如倪书林……所居逼近漳河,时虞水患,常于岸旁植柳以防冲刷,村赖以安。[1] 而最为保险和有效的方法则当数修筑护村堤防与寨墙。

(一)护村堤防与寨堡

护村堤防的修筑,有的是在建村之时就绕村筑寨,以防水患,如魏县魏城镇石、吴、冯、李辛寨,该四村建于明初,系山西迁来,四姓分立四庄。为防水患,皆绕村筑寨墙,故得名"新寨",并各冠于姓氏。其中李新寨原名李家村,清末改称新寨。后"新"字演变为"辛"字。而有的则是在不断遭受河患的情况下才被迫修筑,魏县德政镇所辖的前小寨、后小寨。二村距离很近,原系一村,统称河浴村。因邻漳河常受浴而得名。后漳河改道,部分人搬到漳河故道东定居立村,取名河浴东。原村名仍为河浴村。为防水灾,两村皆筑土寨,并将村名更为"小寨"。为区别重名,按建村时间和坐落位置分别冠于前、后。

护村堤防的形式有围堤、圈堤、月堤等。滑县老岸镇的围堤"因旧堡外遗址而成,周八百三十六丈,高八尺五寸,上广一丈,下广二丈三尺,上备土牛,周围树丛柳千六百六十三株,用杀水势而护堤址。近数年来长垣及附近地方屡有水灾,而是镇独安居乐处,无倾危覆溺之患"[2],对城镇起到了很好的保护作用。

在卫河附近,沿河村庄除了修筑卫河堤防外,还在村落外围修筑月堤以加强防范。光绪九年(1883年)七月,卫河于新镇郭村、码头决口,淹农田30亩。是年冬,民众治理卫河,旧堤高宽各加五尺,共长36600余丈。傅庄到侯胡寨一带居民将小堤加宽加高,总长4200余丈。双鹅头村民筑本村月堤,长

① 光绪《临漳县志》卷9,《列传三·笃行》,光绪三十年刻本,第20页。
② 民国《重修滑县志》卷11,《堤防坝埽》,民国二十一年铅印本,第29页。

1300 余丈。① 除此之外,光绪十五年(1889 年)倪文蔚在奏折中提到了护村堤:"卫辉府之滑县,地居直隶长垣县之下游,该县桑园村接近滑境。六月下旬,河水盛涨,桑园民埝被冲,黄水奔腾下注,循滑堤东北,由老安镇一带直趋卫南坡出境。滑堤内外两面皆水……北面寨墙早坍,居民筑有圈堤一道,水至堤面仅余尺许,情形岌岌可危。"②"民埝""寨墙""圈堤"都是村庄防水工事,寨墙主要用于防匪,防水是次要的……许多河流的护村堤防无法连接,防洪时只能靠民埝。民埝是单个村庄修建的护村堤坝。

除了修筑护村堤防,一些村落还修有寨墙。兴修寨墙主要是为了防御,如魏县野胡拐乡所辖的合义村,此地原有几个小村,居住分散,常受欺压。为御外患,他们便聚一起筑寨立村,取名寨里,后更名为合义村。咸、同年间,社会动荡,人民起义和反抗事件常有发生,一些地方为避匪乱而纷纷修筑寨堡加强防御,如民国《修武县志》中有同治年间各村修筑堡寨的详细记载③。但在距河较近和易遭水患的地方,寨墙也必然能起到防水患的作用。

寨墙的修筑一般由当地富户或地方乡绅出资兴建,我们在查阅各地方志时发现,几乎各地村落的寨堡均是如此。除了前述修武县兹再举一县,比如滑县刘作云为同治年间人,兵部武选司郎中,慈周寨人……出钱四千余缗修筑寨堡,保金甚多,乡里称之④。祁勃然为同治年间候选训导,居杨兆村,出资五千五百三十缗修焦虎寨,乡里依为保障⑤。

但是由于村落的经济实力所限或修护不及时等,护村堤防和寨墙也并不能完全避免村落遭受水患,汹涌的洪水有时也冲塌护村堤防,淹没村落。如光绪十三年(1887 年),河决丁滦杜庄,黄庄寨墙俱被冲开,老岸、塔丘水势尤大。⑥ 所以,在临河一带地势低洼的地区,为防水患,当地百姓还联合起来修筑圈堤。卫南坡历史上就是常遭水淹的地区,"在滑县东六十里古卫南废县,即受昨城以下酸水、濮水、柳青河倒坡诸水,下流达于澶渊,今已淤为平地。案卫南坡地势洼下,南有老安渠水来,西南有苑村渠水来,正西有小寨渠水来,西北有白道口桥口水来,正北有金堤口水来,此坡中惟有柳青河一道自西南向东北,宽五丈,深一二三尺不等,上自安上村下至三韩庙,迤东与

① 浚县地方史志编纂委员会编:《浚县志》,《大事记》,中州古籍出版社 1990 年版,第 21 页。

② 《洪涝档案史料》,第 531 页。

③ 《民政·寨堡》记有该县同治年间各村修筑寨堡的情况,如民国《修武县志》卷8,成文出版社民国二十年铅印本,第 613 页。

④ 民国《重修滑县志》卷 18,《人物·义行》,民国二十一年铅印本,第 7 页。

⑤ 民国《重修滑县志》卷 18,《人物·义行》,民国二十一年铅印本,第 9 页。

⑥ 民国《重修滑县志》卷 20,《祥异》,民国二十一年铅印本,第 6 页。

濮阳县澶州河接连,虽有形迹,年久淤浅,每逢黄河沁河决口或夏秋大雨霖霖,坡中之水出不敌入,故屡被水淹,民不聊生。是以坡之东沿傅草坡与小田等村于清同治年间共筑南北顺水土堰一道,长约七八里,不时修补,以防水患。至民国十年又复加高培厚,宽八九尺、高三尺余。又丙寅仲春,坡北杨庄村社长胡万岭,村正申席珍,田庄村正副田玉印、张廷岚同筑圈堤一道,宽一丈五尺,高六尺,此二庄村始无水患焉"①。附近村落共同努力,不断加高加固圈堤,除去多年水患,取得了不错的效果,故引来其他各村的纷纷效仿,"至大王庄、郭庄、徐庄、清邑屯五县村亦居卫南坡北,地势洼下,坡内只有漕河一道甚浅,自西向东宽四丈,深二三尺不等,上至白道口,下至三韩庙北与柳青河合,故大水之年,五谷淹没,大王庄村正副朱建寅、张玉磐率众于民国十五年亦筑圈堰一道,宽一丈五尺,高六尺,是岁遂致有水而无患"②。

(二)护村堤防与村落内聚

为应对水灾,各村单独或几个村落联合修筑的堤防、寨墙等,在某种程度上提高了村落抵御水灾的能力,增加了村落的安全性。同时也使共同拥有一个护村堤防的各村之间有了相对多的联系,所以,有学者认为,华北地区河流泛滥、平原地区的工作距离较大以及寨堡(围墙)的发展,导致了村落内聚化的发展。③ 护村月堤也有利于村落的内聚。④ 黄忠怀先生认为,华北地区"从总体上来说,村落仍是不停处于裂变分化之中,也就是说村落的发展不是内聚,而是分化。正是村落处于不停的裂变分化之中,村落的数量不断增长,完成了村落空间分布过程"⑤。其实,就卫河流域而言,村落形式上的数量裂变分化与内涵上的内聚并不矛盾,比如河流泛滥会导致一些村落的分裂变化,同时也并不影响另一些村庄为了应对洪水等而表现为内聚的一面。虽然各个村落从内部结构组织上来说仍然是各自独立的个体,但在面对洪水灾害,单个村落无力应对时,临近的村落互相联合、互惠互利,联合修筑防洪寨墙,使各村形式上暂时表现为村落的内聚。所以,笔者认为,华北地区村落的裂变分化与内聚是相辅相成的,一方面存在着结构型、灾害

---

① 民国《重修滑县志》卷3,《舆地第二·山川》,民国二十一年铅印本,第22页。

② 民国《重修滑县志》卷11,《堤防坝埽》,民国二十一年铅印本,第29页。

③ 王建革:《华北平原内聚型村落形成中的地理与社会因素》,《历史地理》,第16辑。

④ 邹逸麟:《"灾害与社会"研究刍议》,《复旦大学学报(社会科学版)》,2000年第6期,第26页。

⑤ 黄忠怀:《明清华北平原村落的裂变分化与密集化过程》,《清史研究》,2005年第2期,第30页。

型、行政型等形式的分化,另一方面也存在着部分村落之间联系的内聚化发展。

总之,为应对水灾对村落的冲击,有经济实力的村落修起了护村堤防,在一定程度上减轻了水灾的侵害。同时,护村堤也使村落在形式上联系更加紧密。尤其是多个村落的联合修筑,使包含于内的这几个村落联系增多,有的甚至经过若干年的发展,慢慢融合成一个大村,增强抵御外患的能力,有利于村落和当地经济的发展。

第四节 双刃之剑:城镇村落经济的破坏与土壤改良

洪流漫溢、决徙之处可以顷刻淹没田禾,冲毁土地,甚至圮塌民舍,淹没人畜,使人民流离失所,其景凄惨,难以细述。洪水退去之后,灾患和损失一般不会立即结束,在某些地区,一些更持久、更难以应对的新问题会接踵而至。因此,对于城市来说,水患所带来的几乎全是无尽的灾难,唯恐避之不及。但对于农村某些地区来说,洪流的影响却存在着两面性。它在造成了重大的破坏同时也带来了可贵的资源。

一、城镇村落经济的破坏

在中国古代这样一个农业社会中,经济的发展主要是指农业的发展,而农业生产是以人口和土地为指标的。《吕氏春秋·审时》:"夫稼,为之者人也,生之者地也,养之者天也……此之谓耕道。"[①]就是说农业生产在人力之外,还与生产庄稼的土地有关,故农业生产人口的充足与否和土地的瘠薄是正常年景下农业丰歉的关键要素。所以,笔者就以此二要素来探讨水灾对城镇村落经济的影响。

当洪水来临,庄稼被淹浸致死,造成减产甚至绝收。翻开史籍,诸如"大水伤禾""禾苗尽毁""田禾淹没""麦田尽毁"等记载不绝于目。更有甚者,严重的洪水还会冲塌官民房屋衙署。如康熙六十一年(1722年)7月3日,"漳水骤发泛溢,城中行舟,水与县署檐齐,文卷浮沉,仓谷漂没三千余石,民

---

① 夏纬瑛校释:《吕氏春秋上农等四篇校释》,农业出版社1956年版,第88页。

居倒塌。"①美国史学家黄宗智指出："一年天灾，意味着三年困境，而连续两年的天灾，则意味着一辈子的苦难。"②不断的水灾，势必对城镇村落的经济发展造成巨大的破坏性影响。

（一）人口减少及财产损失

水灾与旱魃不同，它具有的突发性使人无法提前应对。所以，当洪水来临，尤其是那些老弱病残者大多来不及逃避，多有因此而淹毙者。乾隆二十二年（1757 年）六月二十一日，据方观承所奏："魏县……漳河陡涨，将民堤漫开……旬日以来细查，惟因病在床之男妇三口淹毙"③。据魏县志载："乾隆二十二年，魏域大雨成灾，河水漫溢，浸淹民田，平地水深丈余，陆地行舟，城垣坍塌，房屋漂浸，粮无收，价暴涨，居民外逃过半，卖妻卖子，饥人相食，人死大半。"④汤阴县在乾隆五十九年（1794 年）发生的大水，损失同样惨重。六月二十二、二十三日，怀、卫、彰大雨倾注，各处山水陡发，卫河涨至数丈，漳水南溢，田禾淹没。民谚相传："乾隆五十九，冲开柳园口，农民无法过，四处逃荒走。"⑤有些被水围困来不及脱逃者可能暂时寄居树上，如滑县在同治二年（1863 年）有"黄河西移，老岸、桑树、小渠一带皆成泽国，人多巢居"⑥的记载，或有因此而得以生存者，如修武县人梁纶就曾在乾隆辛巳沁河决后与父亲"架木巢居，水退得全"⑦。但无论如何，当水灾发生时，即使有居树上而暂时幸存者，其最后逃脱被淹死厄运的又能有几人？

洪灾加以人祸，对脆弱的灾民更是沉重的打击。水灾之后，地主豪门又上门逼债，这无疑是雪上加霜，使穷苦之人死的死，逃的逃。兹举《大名县志》中一例：大名县殷李庄乡李二牌的李蕴珂，民国六年（1917 年）时因漳、卫两河并溢，庄稼颗粒不收，地主豪绅上门逼债，全家只剩他孤身一人。奶

①　河北省临漳县地方志编纂委员会编：《临漳县志》，《大事记》，中华书局 1999 年版，第 16 页。

②　黄宗智：《中国农村的过密化与现代化：规范化认识危机及出路》，上海社会科学出版社 1992 年版，第 55 页。

③　《洪涝档案史料》，第 134 页。

④　魏县地方志编纂委员会编：《魏县志》，《概述》，北京方志出版社 2003 年版，第 4 页。

⑤　汤阴县志编纂委员会编：《汤阴县志》，《大事记》，河南人民出版社 1987 年版，第 9 页。

⑥　《自然灾害史料》，第 744 页。

⑦　"梁纶，乾隆辛巳七月沁河决，夜半水抵县城，不没者数版，时其父廷机居韩邨别墅，当水冲。纶越城出，或登屋疾呼，以水势汹涌止之，纶泣之曰：'父母陷溺，何为生为？'桴木抵父所，相抱泣，架木巢居，水退得全。"道光《修武县志》卷 8，《人物志·孝友》，道光十九年刻本，第 58 页。

奶临终前躺在地上对他说："孩子,咱们一团火似的一家,被地主逼的死的死,散的散,以后你要争口气,一定要为咱家报仇!"①

不仅仅如此,大灾之后必然紧跟有大疫,这是对灾后余生人的生命的又一次掠夺。饥饿交迫下的灾民不堪承受病魔的侵袭,不少人往往又因此倒下。嘉庆二十四年(1819年),黄河在仪封决口,滑县被灾甚众,水灾之后产生的大疫,使当地人口减少十之六,损失惨重,以致道光元年(1821年)"白日见鬼,路断行人,病死者十分之六"②。在光绪三年(1878年)的大灾荒中,修武县旱灾、水灾接踵而至,虽经政府和各地行善乡绅的捐助赈济,但还是人口损失"十之有七"③。民国七年(1918年),大名县漳河决口,秋大疫,死者枕藉,甚有一家尽亡者。④民国八年(1919年),内黄县上半年大旱,下半年水灾,瘟疫,人有死亡。⑤民国八年,淇、卫二河决口泛滥,加上霍乱、伤寒流行,浚县死亡人口数万。民国十九年(1930年),雹灾后卫河泛滥,加上霍乱流行,死亡人口占总人口的3‰。⑥如此等等,足见灾害对人口的危害之大。所以"尽管洪水本身造成的死亡数在大多数情况下不会很大,但……随洪水而来的瘟疫和饥荒比洪水导致更多的死亡。这一切灾难都发生在正常的赈济能够进行的和平时期"⑦。有正常的赈济尚且如此,在赈济不及时或不到位的情况下,人口的伤亡可想而知,并且灾荒期间人吃人的现象也时有发生。灾荒不仅会导致人口的直接死亡,"在灾荒中结婚率肯定有所下降,而且处于灾荒中的人口由于营养不良,生育能力也会受到影响,这些必然导致生育率下降。因此这些灾荒对人口增长的抑制作用远远超过直接造成的死亡人口数"⑧。可见,虽然灾害对人口的直接损失可能尚有精确数字,但灾后的长远影响对人口的损失则难以把握。

---

① 大名县志编纂委员会编:《大名县志》第六编,《人物·人物传》,新华出版社1994年版,第699页。

② 同治《滑县志》卷11,《祥异》,同治六年刻本,第13页。

③ 民国《修武县志》卷7,《民政·赈恤》,成文出版社民国二十年铅印本,第562页。

④ 大名县志编纂委员会编《大名县志》,《大事记》,新华出版社1994年版,第14页。

⑤ 史其显:《内黄县志》,《大事记》,中州古籍出版社,1993年版,第14页。

⑥ 浚县地方史志编纂委员会编:《浚县志》第六编,《水利》,中州古籍出版社1990年版,第354页。

⑦ 何炳棣著、葛剑雄译:《明初以降人口及其相关问题(1368—1953)》,生活·读书·新知三联书店2000年版,第298页

⑧ 侯杨方:《中国人口史 第6卷 1910—1953年》,复旦大学出版社2001年版,第585页。

除了人口的直接伤亡外,大水之后,为了生存,大量的难民外逃,而其中的绝大多数都是青壮年劳动力。人口伤亡和外逃使得灾区人口锐减,大量耕地抛荒,灾区更是一片萧条。漳河"聚七十二沟之蓄而泄之于壁立万仞崖,勇猛迅悍,去住不恒,当夫秋雨集而众流奔赴也,若万马赴敌而大将鼓之也,若焚轮捲籍而风雨之骤至也。其淤也若神为之输而鬼为之运也,其决也若雷迅霆击而崩崖坠石也。向来徙流治之南北,纵横漫衍数十余里,红蓼白苇一望无际。凡被水乡村揭瓦负椽,势将辗转于沟壑……"[①]乾隆二十二年(1757年)的魏县大水,就使清代魏县沙圪塔村人、清代大族江苏按察使崔向化的子孙因水患迁往他乡,致使祖茔墓地遂告荒芜。[②] 黄耀庭,东庄镇汉晁村人,1920年内黄水灾,他全家迁居道口,二年后移居开封。[③] 像这样的例子还有很多。可见水灾对人口的巨大影响。所以,水灾过后,"哀鸿遍野",满目荒凉也就不足为奇了。[④]

水灾所造成的损失除人口减少外还有房倒屋塌等财产损失。民国五年(1916年)夏,"漳河溢。水自车往营村(当时属大名县)南溢,淹禾稼坏房舍,村庄受害者甚多"[⑤]。民国十三年(1924年),大水。城西南漳河西岸数十村田庐漂没,龙王庙屋舍倒塌十之六七,灾民达600万人。[⑥] 民国十七年(1928年),七月初旬,淫雨为灾。大名县城中倒塌房屋四千余间,四乡亦多有倒塌者。西门、北门水相连,由门中往外流。漳卫河溢,滨河田禾均淹没,其低洼地有潴水淹者。[⑦] 大水还冲断铁路,影响交通,造成重大损失。新乡铁路分局管辖京广线安新段间,跨海河支流较多,东西向河道呈梳形排列,为河南三大暴雨中心地带之一。安阳、汤阴、淇县、汲县等地,历史上曾多次

---

① 陈端:《治漳河策》,光绪《临漳县志》卷16,《艺文·杂志》引,光绪三十年刻本,第19页。

② 魏县地方志编纂委员会编:《魏县志》(附录),北京方志出版社2003年版,第1223页。

③ 史其显:《内黄县志》,《人物》,中州古籍出版社1993年版,第700、702页。

④ 史其显:《内黄县志》,《人物》,中州古籍出版社1993年版,第700、702页。

⑤ 大名县志编纂委员会编:《大名县志》,《大事记》《自然灾害》,新华出版社1994年版。

⑥ 据《自然灾害史料》,第836页,本年度"七、八月华北地区遭三次暴雨袭击,七月中旬永定河、潮白河上游两次暴雨,八月初南运河、子牙、大清、永定各河上游暴雨,暴雨极其猛烈(临漳关二十三小时降雨600公厘)。田禾被淹,倒塌房屋甚多,灾民约600万人,京广线以东,津浦线经西,邯郸以北中部平原地区灾情为重。邯郸地区十七个县受灾(1922—1923,1925均为大水)"。

⑦ 大名县志编纂委员会编:《大名县志》第一编,《地理·自然灾害》,新华出版社1994年版,第102页。

发生严重水灾。新焦支线北沿山麓，南望大河，西枕丹沁、东抵卫水，每逢汛期洪水泛滥，排泄不及即造成水患。铁路黄河大桥河床淤积严重，雨季水流湍急，径向不定，洪峰最大流量达 2.23 万立方米/秒，历史上曾多次发生冲毁桥墩事故。民国七年(1918 年)8 月初，因大雨连绵，沁河水发，冲毁获嘉、狮子营间和修武、待王间路基 7 处，共计 300.73 米和第 42 号桥桥基、桥座，造成道清铁路中断行车 28 天。[①] 影响之大令人扼腕。

水灾过后，除了被水淹死的人口外，更多的灾民为求得活路而逃亡外地。一些发展生产所必需的生产资料比如牲畜也在水灾中多有溺毙，如新乡县在民国十三年(1924 年)七月，就"大雨连日，山洪暴发，民房倒塌，淹死民畜不计其数"[②]。面对满目疮痍的农村，毋论水灾造成的财产损失有多严重，就是灾后重建也因劳动力、生产资料的缺乏而难以进行。所以邓拓认为，历次灾荒的结果，使整个中国农业，很难进行扩大再生产，甚至不能维持简单再生产，通常只有在少量耕地之上，勉强从事极小规模的再生产，农村经济到了这个地步，就不能不全面崩溃，而慢性周期的饥馑自不可避免[③]，指出水灾对农村经济的毁灭性打击。

(二)水土流失与土壤沙碱化

倾盆大雨造成水土流失，这在位于太行山区的林县、辉县等地尤其明显。暴雨汇集成山洪奔腾而下，冲毁山田、冲刷土壤，形成滚滚下注的泥石流。林县"天旱把雨盼，下雨冲一片，卷走黄沙土，留下石头蛋"，[④]就是当地生动的写照。每到夏秋雨季，洪水的冲刷使当地水土流失相当严重。在造成严重的水土流失的同时，更是给山区居民带来无尽的灾难。康熙十一年(1654 年)夏六月，辉县大水，冲去民房无数，冲坏山田九十余顷。[⑤] 与此同时，还改变地表地貌，甚至有沧海桑田之变，"乾隆辛未(1751 年)六月大雨倾盆，山水暴涨，桥(双溪桥，在百门泉上)被冲塌，几乎变陵为谷，基岸无复

① 新乡市地方史志编纂委员会编：《新乡市志》第二十三卷，《铁路》，生活·读书·新知三联书店 1994 年版，第 629 页。

② 新乡县志编纂委员会编：《新乡县志》第二编，《地理·自然灾害》，生活·读书·新知三联书店 1991 年版，第 67 页。

③ 邓云特：《中国救荒史》，商务印书馆 1998 年版，第 197 页。

④ 林县志编纂委员会编：《林县志》第 1 卷，《地理》，河南人民出版社 1989 年版，第 7 页。

⑤ 道光《辉县志》卷 4，《地理·祥异》，光绪十四年郭藻、二十一年易钊两次补刻本，第 5 页。

存留。"①充分显示出洪水的巨大破坏性与威力。

林县山坡面积202.18万亩,占总面积的65.9%。但是自明朝以来,山坡多被开垦,树木几经砍伐,致使植被减少,汛期一到,山洪暴发,冲沟倒岸,山坡有土之地皆被冲光,水土流失严重。据丰峪村一通石碑记载:同治九年(1870年)六月二十三日,暴雨成灾,洪水四溢,冲出无数道沟壑,冲毁山坡耕地,卷走树木,差点冲掉丰峪村。民国二年(1913年)八月一日,降大雨,任村区被冲毁耕地3000多亩。民国二十一年七月,降暴雨,合涧区被冲地一万多亩。民国二十六年(1937年)七月至八月,连续降雨39天,东岗村被冲毁耕地1500亩,合涧区的西部山坡洪水横冲直撞,冲毁耕地2万多亩。淅河河床由原来100米扩大到500米。……由于自然生态失去平衡,水土流失的状况越来越严重。据水文资料记载,新中国成立前,平均每年流失泥沙39.7万立方米,水土流失面积1383平方公里,有5.93万亩山坡由肥变瘦,壤土变成沙砾土,形成"天旱把雨盼,下雨冲一片,卷走黄沙土,留下石头蛋"和植树没有土、草木难生长的景象。②沁河决口后,山水下泄,冲走地表土,造成修武县城南"沙砾成丘,满目蓬蒿",无法种植庄稼。但这些田地都是课赋之地,所以,大水之后百姓纷纷"呈报缴田者不绝"③。辉县多为山冈沮沼之地,在境内占十分之七,在明代兴盛时"硗坂寸壖皆起科,沙碱污潦悉重赋"。可是,随着山林植被的破坏,"年久水冲沙压,大半不毛矣"④。

洪水的泛滥还容易造成土质的改变。"洪水所淹没之农田,无论所经时间之长短,土质皆不免受其破坏,时间愈久则破坏亦愈甚,因土壤一经大水之浸渍,其中所含之大部分碱性化合物悉被分解,水退之后,地面则留有一层白色之沉淀,……有时水中含沙特多,或大河改道,所过之处,地面尽为沙碛,寸草不生,严同沙漠。"⑤通常来说,也就是最容易导致土壤的沙碱化。由于浊漳水含泥沙量较多,清浊合流后,漳水在临漳、魏县、广平、馆陶一带泛滥较为频繁,对沿岸土壤沙化的影响非常大。在临漳县,清初绅民"诉河占

① 道光《辉县志》卷16,《艺文·记中》,光绪十四年郭藻、二十一年易钊两次补刻本,第39页。

② 林县志编纂委员会编:《林县志》第7卷,《水力电力·水土保持》,河南人民出版社1989年版,第246页。

③ 民国《修武县志》卷5,《职官·宦绩传》,成文出版社民国二十年铅印本,第384页。

④ 道光《辉县志》卷16,《艺文·记中》,光绪十四年郭藻、二十一年易钊两次补刻本,第25页。

⑤ 邓云特:《中国救荒史》,商务印书馆,1998年版,第175—176页。

沙压之苦,临邑四百余村,无一村不受漳水之患。"①漳河的这种特点,使它改道至哪里就影响到哪里,改道附近的土地常常因漳河泛滥而沙化。如在18世纪末到19世纪初,漳河曾频繁地南夺洹水。② 乾隆六十年(1795年),安阳、汤阴、内黄三县中临漳、卫二河村庄,因漳水改道,夺顶卫而其沿河"附近地亩多被水占沙压。"③所以,内黄县志中竟然有"盐地十八村""沙压十八村""水淹十八村"④的记载。土壤的沙化,使农作物无法生长,变成不毛之地,故朝廷不得不丈其多少,免其粮赋。咸丰元年(1851年),内黄县尚小屯村树立《大风碑》记载沙压十八村免粮事。⑤ 这些地方土壤沙化都与漳水泛滥后,其挟带的泥沙淤积下来有关。在卫河上游的修武县境,光绪四年(1878年)七月,沁河决堤,造成大面积沙压地,虽历经县长勘验升科,尚有三百四十多顷无法升科。⑥

不仅如此,在河流泛滥的低洼之地,由于淹浸积水的长时间,还往往会造成土壤的盐碱化。卫河所经的内黄县与开州接壤并称硗瘠,且多硝河下垫,故多沙卤,苦淹者以十年之通居六七者也。是以令斯邑者恒蹙额以从事。⑦ 究其原因,是与硝河直接相关。硝河的上游为硝河陂,在内黄县南,南起梁庄乡小后河村,北到六村乡的马集和赵庄,南北长22公里,东西宽平均1公里,总面积22平方公里。宋淳化四年(993年)黄河决澶州(今濮阳)形成。旧属濮阳、滑县、内黄三县交壤,下通硝河。新中国成立前,盛产芦苇、皮硝、土碱、小盐,是蝗虫滋生地,故有"四十五里硝河陂,盐碱芦苇蚂蚱窝"的谚语。⑧ 位于漳河经常泛滥地区的大名县,由于漳河经常泛滥,土地也变盐碱。大名县治周围旧治、大街、西关、南关、韩道、七里店、万堤等村,颗粒不收,农民靠淋盐为生。⑨

长期泛滥的洪水对沿河地区土壤的盐碱化起到了加剧的作用。如浚县的长丰泊,西接太行山麓,"一逢夏秋淫潦,泊之左右绵亘数十里尽成泽国,积久不涸","膏腴之壤变为硗瘠田者不能偿种"⑩。在安阳第二区的土壤是

① 同治《临漳县志略备考》卷4,成文出版社,同治十一年(1872年)刻本,第26页。
② 《洪涝档案史料》,第384页。
③ 《洪涝档案史料》,第402页。
④ 史其显:《内黄县志》,《概述》,中州古籍出版社1993年版,第3页。
⑤ 史其显:《内黄县志》,《概述》,中州古籍出版社1993年版,第12页。
⑥ 民国《修武县志》卷9,《财政·田赋》,成文出版社民国二十年铅印本,第665页。
⑦ 康熙《大名县志》卷1,《境内图说》,康熙十一年刻本,第4页。
⑧ 史其显:《内黄县志》第二编,《自然环境》,中州古籍出版社1993年版,第76页。
⑨ 大名县志编纂委员会编:《大名县志》第六编,《人物·人物传》,新华出版社1994年版,第699页。
⑩ 嘉庆《浚县志》卷10,《水利》,嘉庆六年刻本,第11页。

"高者黄壤,低者涂泥斥卤"①。这也应该是低洼处长期积水造成的土壤盐碱化现象。洪水过后,由于地表形状的坑洼不平,水流停聚,经烈日暴晒后,也往往会导致土壤的盐碱化现象发生。如临漳沿河居居,为了肥田而取土于漳河大堤之内,结果造成"堤内坑坎,雨水停聚,烈日暴晒之,尽成斥卤,转相延引,无有穷极。……务本堤北之地,一望无际皆成盐卤"②。新乡县中部,地势低洼,土壤盐碱。据清康熙《新乡县续志》中载明邑人梁海的诗,其中写道:"万顷平沙久废犁,篆文错落夜清凄,光腾蓼诸琼楼近,色映云汀玉宇低,莫莫龙堆皆琥珀,茫茫雁碛尽玻璃,倒厄不尽洪门兴,相伴婵娟细品题。"描述的就是新乡县洪门附近土壤严重盐碱化的现象。历代劳动人民虽然与盐碱灾害做过不懈斗争,但由于旧的统治者只知派粮加捐,毫不体察农民的疾苦,加之封建经济的制度束缚,盐碱沙碛长期得不到根本治理,可悲的是少数达官文人不看洪门无月之夜,盐碱生辉,白茫一片,寸草不生的贫困实质,反而把"洪门夜月"作为八景之一载入《县志》。③

当然,并非所有易遭水患的地方均会土壤沙化、盐碱化。土壤的沙碱化与当地的地理位置及地形条件也有很大关系,比如魏县,虽濒遭河患,但"魏土皆膏腴,无沙碱"④,可能是与当地地处漳河中游的地理位置及地形条件有关。⑤ 另外还可能与洪流退去的速度也有关系。地处卫、运交汇处的临清县水灾频仍,但却盐碱土壤较少,"仅砖城北门外一区,面积约十数顷,盐类过多,终年湿润斥卤"⑥。或许就是因临清地近河流,排水通畅,水退较快之故。

在传统的农业社会里,现代化肥料尚未普及利用,有机肥也并不充足,因此,沙化和盐碱化的土壤常常成为颗粒不收的不毛之地,可见河水泛滥所引起的土壤沙化和盐碱化对农业经济的发展影响巨大。

二、水灾对土壤的改良

水灾不仅给城镇村落带来灾难和土壤沙碱化,危及农业经济良性发展,

---

① 民国《续安阳县志》卷3,《地理志·土壤》,北平文岚簃古宋印书局,民国二十二年铅印本,第9页。

② 吕游:《漳滨筑堤论二》,光绪《临漳县志》卷16,《艺文·杂志》引,光绪三十年刻本,第41页。

③ 新乡县志编纂委员会编:《新乡县志》第四编,《经济》,生活·读书·新知三联书店1991年版,第206页。

④ 康熙《魏县志》卷1,《地亩》,康熙二十二年刻本,第8页。

⑤ 石超艺:《明以来海河南系水环境变迁研究》,复旦大学2005年博士论文,第118页。

⑥ 民国《临清县志》,《疆域志五·土质》,民国二十三年铅印本,第25页。

同时,洪水泛滥带来的泥沙在一定条件下还可以起到改良土壤的作用,达到肥淤的效果。大名县所属兆固乡,地处漳河套内,虽系"常年被水淹没"[①]的地方,但却土质肥沃,素有粮仓之称,就是因为被水淹没后留下的淤泥肥田。在漳水所及的其他地方亦有此种情形,比如安阳、汤阴和内黄都有漳河泛滥后淤肥的土地,道光十四年(1834 年)十月三十日河南巡抚桂良片的奏疏有云:"安阳之崔家桥,临漳之薛家村,内黄之滑河屯,汤阴之正寺村等处……因本年七月(8 月 5 日)漳水涨发漫溢……察看现在积水全行消涸,水迹尚存,地亩受淤之后土膏滋润。"[②]

漳河之所以有淤灌肥田之效,与其特点和流经地的地理条件息息相关。在临漳,"当(漳河)盛涨时虽弥漫汪洋,然每在夏秋大雨之时,其来甚猛,其去甚速,不过三两日,即已消退"[③]。而且"冀州之地高燥,大约十年九旱,水之为灾偶然一见耳。则漳之利民也常多,而害民也常少。"[④]这种洪水特点是由当地的地形地势以及气候特点决定的,同时也与漳河洪流主要暴发于夏秋两季、来猛去迅变迁无常有关。"当其受害时则苦不可待",然而河流泥沙中带来了丰富的养分,有时能将"硗瘠变为沃壤","濒河之民因以致富"[⑤]。临漳"民多有粮无地,向例南塌北种,北塌南种"[⑥]。当地居民利用洪水过后涸出的土地随时耕种,就是因为漳洪过后,土地"不粪而肥",因此部分受水地区反而"较之不被水村庄获利倍蓰。"[⑦]所以,只要在能得到浊流淤灌肥田的地区,就可以享受"一水一麦,一麦抵三秋"[⑧]的意外收获。当地群众还有谚曰:"引上一水,顶上三肥","引上三水,撑破肚皮。"[⑨]就是洪灾过后淤田能有不错收获的真实表达。

---

① 大名县志编纂委员会编:《大名县志》第一编,《地理·城镇乡村》,新华出版社1994 年版,第 65、115 页。

② 《洪涝档案史料》,第 423 页。

③ 李泽兰:《西门渠说略》,光绪《临漳县志》卷 16,《艺文·杂志》,光绪三十年刻本,第 54 页。

④ 吕游:《漳滨筑堤论一》,光绪《临漳县志》卷 16,《艺文·杂志》,光绪三十年刻本,第 35 页。

⑤ 吕游:《漳滨筑堤论一》,光绪《临漳县志》卷 16,《艺文·杂志》,光绪三十年刻本,第 35 页。

⑥ 陈大玠:《磁、临河滩地碑记》,光绪《临漳县志》卷 12,《艺文·记上》,光绪三十年刻本,第 58 页。

⑦ 民国《大名县志》卷 7,《堤堰》,民国二十三年铅印本,第 18 页。

⑧ 《洪涝档案史料》,第 213 页。

⑨ 河北省农业科学院、河北省农林厅资源利用局:《河北农业土壤》,河北科学技术出版社 1959 年版,第 84-89 页。

漳河的淤肥之效也与离河远近有关。离河近的地方由于多年淤积,地面越来越高,故水过而泥留,使土地不粪而肥。相反,离河较远之地水清而无沙,洪水淹浸之处反倒形成斥卤,不生禾稼。据载漳河"每有决溢,尝喷淤沙,十有余里不粪而肥,利在获麦。淤沙日久,田亦渐高,水常过而不留,以故近漳者反多不患水,而十余里以下,水清无泥甚者,地卑而水不泄,芦茅相望,斥卤频生,有害而无利,以故近漳者反多患水(此处有错,应为远漳者反多患水),而李家口以东尤甚,常数十里茫无津岸,或历冬春始涸,民甚苦之。"①

漳河的淤肥原因还与漳河出山后的流经地有关,"漳河自入豫境以下,地势宽衍,向无堤防,每年盛涨,普律漫滩,水退即可归槽,且停淤肥厚,泛涨后就所淤之土播种二麦,倍获丰收。近漳居民间有被淹不以为苦,并有以水涨不到不得种麦为忧者,是以古人称漳水为富漳。"②从临漳以下至大名、元城一带,多为漳河泛滥之区,是故该区淤肥现象也比较多。如临漳县李家疃一带"久系频临漳河一水一麦之地……水退之后,其积淤可以种麦,故该地有一麦抵三秋之谚。"③乾隆年间漳河在魏县一带决口,导致魏县南部与元城、大名一带被水,而村庄的土地"得此淤肥,计日消涸,可以满种秋麦"④。所以吕游在《开渠说二》中指出:"临邑钱粮所以甲于临封诸县者,以滨漳河二麦收成有自然之利也。"⑤可见,在临漳县,漳河的肥淤作用对当地居民的重要性。故当漳河决口后,当地居民极其不愿堵筑决口,因为对于他们来说,利是远大于弊的。

漳河在大名县一带能起到改良土壤作用的原因还与漳河水势变化有关。据《大名县志》记载:"咸同以来,漳河水势浩大,历冬及春,常无涸期,被水村庄,蒲红满目,比岁不登,故堤防最为重要。光绪中叶以后水随涨随落,泥挟沙淤不粪而肥,及至仲秋,月杪地即可耕种二麦,收获逾恒,一岁可获一石,或五六斗不等,较不被水之村庄获利倍蓰。"⑥水势浩大,地无涸期时,自然无法种植庄稼。只有水势随涨随落,淤积的泥沙才能使土地不粪而肥,获得更好的收成。

---

① 民国《大名县志》卷7,《河渠》,民国二十三年铅印本,第6页。
② 光绪《临漳县志》卷16,《艺文·杂志》,《节录徐中丞摺语》,光绪三十年刻本,第43页。
③ 《洪涝档案史料》,第213页。
④ 《洪涝档案史料》,第137页。
⑤ 吕游:《开渠说二》,光绪《临漳县志》卷16,《艺文·杂志》引,光绪三十年刻本,第32页。
⑥ 民国《大名县志》卷7,《河渠》,民国二十三年铅印本,第17、18页。

不仅漳河有此现象，在卫河中下游沿岸卫河经常决口的地方，洪水带来的泥沙淤积之后也有此种现象。在卫河平原，每当秋洪退后，除了靠近决口的田庄和洪水尾闾的洼地或遭沙石覆压或存水难消外，其余大片土地，因流缓沉积，地面留下一层细细的肥土，俗称"污泥"，通常厚达一二寸至三四寸，最厚的可达一尺许，只要将麦粒撒入污缝之中，即便是遇到秋旱，也因"水分足、土质肥，次年麦收必丰，每可抵偿夏作的损失"①。淇县也是"每秋水涨溢，利河淤肥美"，因地处上游，"又处建瓴下注若溜，故独利无害"，②充分享受河淤带来的好处。南乐沿河亦有淤肥之地，乾隆十二年（1747 年）八月初二那苏图奏："沿河低洼被水之区……南乐……等处，沿河多系一水一麦之地，均止一隅轻灾。"所谓"一水一麦"之地，与漳河附近一样都是指先年洪水过后第二年可以丰收小麦的地方。在南乐县梁村一带，以前属漳河入卫的三岔口处，由于常受漳卫河的泛滥淤积，田畴为淤泥所蒙，甚肥沃，两岸受其利，故梁村一带有"粮仓"之称。③

上述特点在卫河所经之地有所表现，但漳河流经地区表现得较为明显。漳河因属多沙的浊流，洪流的泛滥并不只是单纯地引起水灾，其淤沙也可以改变土壤的性状与肥力，这种改变可以是恶劣地破坏，也可以是建设性地改良。这种改变主要取决于洪流泥沙的含量、洪流流速，以及洪流所经地区的地形条件。理论上讲，洪流含沙量越高、洪水流速越大、地形条件越高亢，引起泛滥区土壤沙化的可能性越大；若洪流含沙量低、洪水流速慢、地形条件越低洼，则引起泛滥区土壤盐碱化的可能性越大；而含沙量、流速、地形条件介于两者之间的泛滥区，往往能够取得较好的土壤改良效果。20 世纪 50 年代，在河北地区群众中仍流行着一句谚语——紧出沙，慢出淤，不紧不慢出两合，④就是这种特征的真实反映。所以，河流在不同泛滥区对水土资源的影响可以是截然不同的⑤。就是在同一泛滥区，不同历史时期，河流上流的

① 王钧衡：《卫河平原农耕与环境的相关性》，《地理》，第 1 卷第 2 期，1941 年 6 月 1 日。

② 光绪《续浚县志》卷 3，《河渠》，光绪十二年刻本，第 34 页。

③ 史国强校注：《南乐县志校注》卷 1，《地理·山川》（以光绪本为底本），山东大学出版社 1989 年版，第 17 页。

④ 河北省农业科学院、河北省农林厅资源利用局：《河北农业土壤》，河北科学技术出版社 1959 年版，第 84—89 页。

⑤ 王建革：《清代华北平原河流泛决对土壤环境的影响》，《历史地理》第 15 辑，上海人民出版社 1999 年版，第 153—165 页。

植被情况不同,流域水土流失的程度不同,土壤受沙化、盐碱化的程度也不同。①

　　总之,就卫河流域水灾而言,洪水对沿岸土壤的影响有沙化、盐碱化的一面,同时也有个别地区因地形、水流速度等条件不同而达到肥淤的一面。虽然局部地区能达到"一水一麦"的效果,充其量也只能算是对水灾损失的一种小小补偿。而土壤侵蚀、土地沙化、盐碱化,这些伴随着水灾而来的趋势性灾害(也称渐变性灾害),不仅造成大量土地日益瘠薄,地力不断下降,甚至失去生命力,反过来进一步加剧了水灾发生的强度和频度,导致生态系统更加恶化。

---

　　①　石超艺:《明以来海河南系水环境变迁研究》,复旦大学 2005 年博士论文,第 115 页。

第五章

因水灾引发的社会问题

第一节　地域间的纠纷与矛盾

正因为水灾影响城镇村落经济的发展、人民的安居乐业,所以,不论是当地官员还是普通百姓,都会采取措施趋利避害,但技术上的局限以及管理上的各自为政,使各地在面对水灾时一叶障目,利己而病邻,故往往由此引发纠纷或冲突。

一、水灾引发的纷争与械斗

(一)利己而病邻

漳河决口后,决口处附近的水往往过于迅速,且能得挂淤肥壮之利,尽管给下游地方造成很大危害,但由于决口处几不受害,又能获一熟抵两熟的地淤之利,故他们对堵筑决口并不关心。更何况修堤堵口还需附近百姓出此力役,他们更加得不偿失。而地处下游的居民则只受其害并无一利,矛盾与纠纷由此而发生。

乾隆四十年(1775年)九月,漳河在小柏鹤村决口,朝廷命临漳县知县周元谦迅速堵筑决口,他经过亲自察看禀奏"小柏鹤村为卑县地势最洼之区,所辖止有九村庄,不过十里余即系大名境,该处地方多属沙滩,近地居民只种二麦、高粱,全靠漳水挂淤肥壮,一熟即抵两熟,此向来之情形也。逼近漳河处所从无堤埝无可修筑",以此为借口,不想堵筑决口。他还说自己不分地域,查勘情形,希望找到合适的治理办法,但当地百姓却不乐意,"本年六七月间,漳水涨,漫流于下游大名、元城等境,虽于本地无害,卑职不分畛域,屡经拨夫设法堵闭使归正流,奈近地居民以害于临,不愿徒为临邑力役,纷纷具禀"。接着他又从地势上来说明在小柏鹤堵口不是上策,而应该在遭水灾的大名之米家岗筑堤,"细勘形势,若于小柏鹤村筑堤,则工程浩大,不但经费无资,且虑壅逼水头,势又徙他处。七十里漳河岂能南北两岸尽筑堤防?非于稍远之区设堤以杀水势,恐属无益。因勘十五里外大名所辖米家岗地方见有南北旧堤一道,约长七里余,询之彼处居民,据称此堤由来已久,原系大名府民人建筑岁修,现今久不加修,以致缺口数处,水即由此直注大名等语。卑职覆勘无异,此堤北头高四五尺至七八尺不等,南头高二三尺至三四尺不等,大名若将此堤修筑坚固,费省工易,既可卫护大郡而水头亦不致壅逼复徙他处,实为两省一劳永逸之计"。即使在大名之米家岗筑堤,在临漳知县周元谦看来也没有必要,"凡卑县漫水所过之处,俱已布种二麦,麦苗青葱,并无河形,河口堵闭已久,正溜归漕,河面止有六七丈宽,目下断不致为害"。后经彰德府、直隶大名道及临漳县三方派人于十二月十六日会勘,"得该村久已水退归漕,现在遍种秋麦,并无河形",而之前所提出的修复米家岗旧堤的方案,"未能堵御水患,必须在小柏鹤地方堵筑,方可有益"。但是如此一来,就会牵涉到彰德府与临漳县,临漳县属彰德府所辖,故彰德府也不愿做对已无利之事,所以就"漳河俗名浪漳,盖因水性急烈,难以争衡,若于村口筑堤,相逼太近,来年伏汛汹涌,非有冲决南岸之虞,即有迁徙北岸之患,奔涛怒涨,为害殊宽"的名义予以拒绝。当大名方代表永守提出,"另退后一百八十丈于临民现种麦地内建筑土堤,量长一百四十丈,高五尺,底宽十丈,面宽六丈,即用大名、临漳两县各用民力对半分修"时,彰德府依然没有同意,"窃以该村民地俱有钱粮,若废地建堤,必须饬县查明照例详请奏豁。且堤工即建,俱有责成,必须先事熟筹方可历久无蔽(弊)。兹查小柏鹤一带悉属平滩,向无堤址,今议就本年过水之处建堤一百四十丈,较米家岗旧堤更显短促。设遇明年夏涨,竟于堤外绕行南下仍复淹浸大名,反蒙筹议粗疏之咎"。并提出在大名县所属米家岗筑堤更为省事省力。如果远赴临漳另筑新堤,对于大名而言,劳民自不可免,对于临漳附近村落而言,因地"皆属瘠土之民,更难任兹力役"。况且在此之前的乾隆二十四年(1759 年)厉家庄冲决案内,所有浚河筑堤的费用都是由政府"请项办理",其实说白了就是因水灾对本辖区不仅无害反而有利,却要本县出民力、钱粮堵口,还要占用正在征课的土地,本地官员自然不甚情愿,所以,最后提出在大名修复米家岗旧堤,或者照万家庄旧例办理。"该处原藉宽衍漫滩容蓄水势,若于南岸截筑高堤,设遇水涨,势必迁决北岸,远则直冲直省境,近则淹灌本境县城,是欲筑堤以御不常有之水而异日关系更非细故,似不若仍照前议请咨直

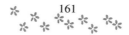

省转饬大名县于米家岗旧堤处所酌量修复即可堵御漫水,亦可节省民力。事关两省,自应和衷商榷,以归平允理合。"①经过临漳县的多方奔走,虽然未知大名县米家岗旧堤是否修筑,但临漳县小柏鹤的决口处没有修堤是确定无疑的。为此,吕游在《漳滨杂记》还称赞"小柏鹤所以不筑堤者,(巡抚)徐中丞之力也"②。

仔细分析双方的争论,可以看出争论的焦点主要集中在:

1. 堵还是不堵?临漳一方因有利而不愿堵口,而大名一方因遭水淹主张立即堵口筑堤。

2. 如果堵在哪里堵?临漳一方主张在大名米家岗修复旧堤,在决口附近堵筑要占有赋民田,还有来年水大南北冲决之患。大名则强调修旧堤无用,应该在小柏鹤决口附近堵筑。可以离村一百八十丈修筑。

3. 堵口的经费由谁承担?大名主张在小柏鹤堵筑,经费两县分担。临漳则称"地瘠民贫,无力负担",要按厉家庄成案请项办理。

究其争论原因主要是:

1. 小柏鹤决口对临漳有利而对大名有害,但堵口工程却让临漳百姓来承担,临漳方面从官员到百姓自然不愿意。

2. 最为关键的是二者行政所属不同。临漳地属彰德府,大名地归直隶。所属不同,自然利益无关,事不关己高高挂起的思想使二者难以协调。

争论的结果:小柏鹤未能堵口筑堤。

然而不幸的是,大约二十年后的乾隆五十九年,因漳河由临漳县三台村决口,改道南流,致使因北岸有淤地之利,南岸人民受淹之苦而又产生争执。这次遭灾的是彰德府的安阳县,纠纷相当激烈,以致地方政府都无能为力,"经穆和蔺饬委彰德府查勘,因两岸人民彼此争执,未经办结",最后由安阳县生员阎十红等呈控到了朝廷中央,清廷下谕旨,派河道总督李奉翰和河南巡抚阿精阿会同专查此事。经查"上年六月下旬,大雨连晨,漳水涨发,异常盛大,三台地势卑洼,以致漫溢,漳水由洹入卫,三台以下旧河遂致淤浅,北岸民希图淤地之利,南岸居民觊觎建筑堤防,各有争执,悉属小民贪利私情"。而三台以南,漳河决口后所经之地,至查勘时已"止宽十一丈,水深三尺五寸,上年被淹地亩已涸出十分之九,普种春麦,一望青葱"。考虑到漳河合洹入卫,"无论洹水狭窄,难容大汛全漳之水,且恐入卫较近,经行日久,停

① 光绪《临漳县志》卷16,《艺文·杂志》,《查勘小柏鹤村漫口情形禀》,光绪三十年刻本,第23—26页。

② 吕游:《漳滨杂记》,光绪《临漳县志》卷16,《艺文·杂志》,光绪三十年刻本,第43页。

淤必多,于运道亦有关碍","与其易改道而多汛溢之虞,不如归正河而有翕受之地",所以,提出仍旧疏通旧河,使归故道的方案。对于淤垫河段,应设法疏浚。

关于疏浚的办法也制定了详细的计划,"临漳境内,河道计淤高三尺三四寸至五尺不等,计长二千五百五十余丈,其迤下受淤渐轻,相度河势,多系浮沙,止需抽沟引渠,足资畅注。估计抽渠应宽六丈至三丈不等,深七尺至三尺不等,共计土七万九千余方。其三台漫溢处所,只需酌用料土,填筑坚实。"自临漳以下到馆陶,淤浅的河道也同样进行分段疏浚挑挖,并由"直隶督臣梁肯堂、山东抚臣玉德,饬令沿河府县一律疏浚"①。

因漳河堤防归地方管理,此次疏浚河道的费用本应由民办理,但"安阳、临漳上年偶被偏灾,民力未能一时齐集,但所费无多",所以由河南巡抚阿精阿及该管道府等"公捐办理",只在安阳、临漳就近募夫雇佣,并给与价值,由"河北道蔡共武、彰德府知府托金实力督查",以此来保证疏浚河道的顺利进行。

这次的治理措施还立定章程,以备以后有章可循,"每年该管地方官于大汛后,令其查勘境内漳河有无淤垫,随时疏浚,务臻通顺,霜降后责成道府确勘通报,以备查考。"如此则可以保证漳河河道的深通,下泄顺畅,使决口漫溢之患得以减少。因漳河决口改道而引起的这次纠纷,至此才画上一个圆满的句号,"南北两岸民人,俱各翕然帖服。欢欣踊跃,莫不感颂皇仁"②。

综合上述两个案件可以看出,同样是河决后引起的水利纠纷,前者经过争执亦未能堵塞决口,修筑挡水之堤,而后者却最终能够圆满解决,并订立章程以为永利。究其原因,笔者认为有二:一是治理的经费问题。在第一个案例中,作为受水灾困扰的大名县主张双方共同出资筑堤堵口,但让获利而不受水害的临漳县一方出资显然不太可能;第二个案例中疏浚河道的经费由河道总督和河南巡抚公捐,涉事双方都不劳当地百姓,自然就容易解决。二是协调问题。第一个案例是平级各县之间的协调,当然是公说公有理,婆说婆有理,所以很难达成双方都满意的协议;后一个案例中则是由涉事双方的上级政府出面协调,站在全局的高度来解决问题。在专门人员的统一监督下,从上游到下游分段挑挖,所以各地水道均不为患,也就成功解决了两地纠纷。

---

① 嘉庆《安阳县志》卷6,《地理志·渠田》,民国二十二年北平文岚簃古宋印书局铅印本,第4-6页。

② 嘉庆《安阳县志》卷6,《地理志·渠田》,民国二十二年北平文岚簃古宋印书局铅印本,第5-6页。

（二）以邻为壑与遏水病邻

发源于山西省的小丹河是卫河上游的一条支流，每当夏秋洪水暴发之际，获嘉一带的洪水就会顺小丹河建瓴而下，由新乡到汲县入卫。但因河道狭窄，时有淤浅，故在卫河上游沿岸的获嘉、新乡、汲县各地，为了宣泄本地洪水，以县为单位的沿河各地会在本辖区内疏沟浚渠，以增加排水量或下泄水道，减少洪水对本地的冲击和淹浸。但是，上游之水依次向下游宣泄，而位于下游的汲县则因地处由丹入卫的河口处，上游来水较大而卫河一时难以迅速下泄，加以汲县地势较低，所以往往发生洪水四溢，淹浸县城的惨剧。于是就会出现一方要求疏浚河道泄水、一方坚决反对的争执。

地处卫河上游地区的卫辉府汲县，因"地极洼下，境内绝无沟渠，惟恃卫河一道以为宣泄，而卫河又极浅隘，每当伏秋霖潦，西北太行诸山坡水，奔注辄有漫溢之虞。故前人屡议改沁丹入卫以济漕运，卒惧其不能容纳而止"。雍正乙卯，"新乡士民呈请开浚孟姜女河，导其地白水坡、关家庄等处，二十余里之积水直达郡城西的小石桥入卫河。水势汹涌，卫不能容，溃决四出，以致汲邑坏堤防、圮城郭、漂庐舍、没田禾，屡告灾荒，频繁赈恤，汲之士民蒿目怵心"，所以，汲县民人呈请不让再行挖挑。有反对者指出："新之请近于以邻为壑，汲之请同于遏水病邻"，无论新乡还是汲县的做法都是不妥的。

支持汲县者则提出不同意挑挖孟姜女河，主要有以下原因：一是卫辉郡地势西高东低，汲县低于新乡，而新乡又低于辉县和获嘉。以前"辉县人挖境上残堤使山水注新，新则控之。获嘉人请开段岩河使积水入新，新则阻之，皆以水无去路，恐被淹没之害为辞"，难道新乡的水注于汲县就可以吗？二是提出汲县并非不让上游之水归注该县境，而是因下游宣泄不畅，如果洪水归汲，就会导致汲县的水灾。治水应当从河道的下游开始，下游通畅，疏导上游的积水才不会造成下游地方的漫溢淹浸。三是卫河经行较远，功难卒就。即使下游治理，也因浚县境内有"一十八里山根石底，断不能疏凿，是下流之不可治彰彰可睹"。所以，如果下游无法畅通，而上游之水全行注汲，则汲县怎能承受？四是既然下游无法通畅，若开孟姜女河使全水归汲则害大。反之，虽然新乡、汲县都会被灾，但水分而害小，"汲之请特择祸莫若轻之意也"[1]。

鉴于以上原因，汲县民人认为不能疏挖孟姜女河河道，使新乡之水归汲而入卫。"古来善治水者必自下流始，盖惟下流深辟，水有所容蓄，斯上流可疏通以贯注之，若下流不治而徒从事上流，则水行益迅激而无所归，其横决

① 乾隆《汲县志》卷末，《杂识》，乾隆二十年刻本，第11—12页。

也必甚。"①

（三）扒堤放水与护堤挡水引起的械斗

洪水能否顺畅下泄关系到发水之地一方的安全，如果下游筑堤拦截来水，就会使上游洪水无处下泄而遭水淹之苦，是以处在同一河流上下游的相邻县之间，常常为此发生纠纷，有时甚至引发械斗。

临清州城西北乡后冯庄、常家庄等处与直境清河县洪河村、潘庄二哥营一带壤地相接，两境民人屡因筑埝争控。早在光绪十九年时，清河潘庄与临清常家庄就曾因水问题发生纠纷，事隔十余年又起争竞，而究其原因，皆因水道未疏所致，"土埝以外系临清民地，均被水淹。土埝以内系清河民地，并未被水"，所以被水一方要求扒堤泄水，而另一方则反对扒堤，以保护本境田地，"盖水在上游，临民受害。水在下游，清民受害，利害切已，争端即生"。最后经过直督鲁抚双方协定，"上游临民永不准挑沟顺水，下游清民永不准筑埝截流，任水自行，并勒石以垂久远而杜争执"。② 在当时的情况下，只能以"顺其自然"的方式双方妥协解决。

广平与魏县的械斗亦是因魏县筑堤阻挡了上游广平洪水的下泄而引发。清初顺治年间的漳河流经北路，对魏县影响不大，"由临漳北流，过邯郸河沙堡，又东北由永年曲周合于滏，十年复还故道"。到了康熙初，漳河向南发生迁徙，魏县境内漳河水患日益严重，"由成安入广平县界，数决田户悉没，民不能稼者数载。三十八年巡抚都御史李光地议开支河以杀水势，由广平入魏北境，过义井村西寺堡（堡之北半亦名后屯或称后屯河即此）寺庄，复由广平及元城、馆陶境入御河，魏之再患漳自此始。"为了保护魏县境漳河流经附近的村落，魏县知县相继在广平与魏县的边界修堤。康熙三十九年魏县知县王廷栋重修长堤以护城东南西诸村，因"欲筑堤防为邻邑中挠"，可能并未修成。四十三年，魏县知县蒋苇筑支河堤，复筑斜堤障西来漫水，以护城北诸村，从而引发了广平民众的不满，"从逾千人"③的"广平民争之，持械器与魏民相斗伤。苇躬率民役逻守，身当其锋，未几，苇去，余堤亦废。而漳且南徙入支河矣"④。这次争斗魏县知县亲自带头参与，好在他不久即离任，堤亦废，而且漳河又发生南迁，否则这场由知县带头的争斗真不知最后如何收场！

大名县与馆陶县边界亦曾发生过更为严重的民众械斗，造成人员伤亡

①　乾隆《汲县志》卷末，《杂识》，乾隆二十年刻本，第12页。
②　民国《临清县志》，《艺文志二·传记》，民国二十三年铅印本，第97页。
③　乾隆《大名县志》卷28，《名宦》，乾隆五十四年刻本，第19页。
④　乾隆《大名县志》卷8，《图说八·河渠》，乾隆五十四年刻本，第7页。

和地方社会混乱,械斗双方甚至把官司打到了中央朝廷。大名县沙圪塔与山东馆陶孟儿寨边界原本无堤,乾隆二十三年(1758 年)馆陶县孟儿寨等村,在沙圪塔村东北创修堤埝,截断了大名排水出路,双方发生械斗。经直隶、山东两省协商议定,今后山东不修堤,直隶不扒堤,听其自然,并就地立碑一座,至今保存完好。①

红花堤原为大名县与馆陶县的边界堤,是两县发生水事争端的策源地。相传在清代,大名县有个武举叫杨二晨,馆陶县有个财主叫李向达,②因排水发生纠纷,双方各带领本地百姓,一方要扒堤放水,一方要护堤挡水。在堤顶发生一场械斗,死伤多人,当地百姓编成顺口溜:"杨二晨,李向达,红花堤上动马权,死伤百姓几十个,鲜血染红堤上花",所以叫红花堤。械斗后官司打到北京城,有人还编了一出武打戏叫"大闹红花堤",在民间演出多年。③在党的统一领导下,于 1948 年将红花堤南侧原为大名县的 11 个自然村划给了山东省馆陶县(当时馆陶县属山东省),从此消除了红花堤边界水利矛盾。

像这样的边界水利纠纷还有许多,大多数的办法就是双方妥协,让洪水自行漫流,这其实是一种鸵鸟式的逃避办法,无助于问题的解决,洪水造成的灾害依然未能消除。大名县与馆陶县边界水利纠纷最后解决的经验告诉我们,在易发水灾的沿河各地,也许只有地归同一级政府管辖,在同一级政府的领导下统一管理,才能解决水灾问题,避免利益不同、态度相左而产生无尽的纠纷。

二、土地纷争

水灾之后,不仅可能因洪水、积涝的排除而引发纠纷,有时还会因河道变迁、涸出土地而产生纷争。其中最常见的是由洪水灾害或河道变迁导致地界变动而引起的。在卫河平原,"河流因蛇行作用,向两岸滚移,为地界的争执,有时会发生诉讼或械斗的悲剧"④。

在中国古代生产力相对低下的阶段,土地的拥有就意味着收入的增加。

---

①　大名县志编纂委员会:《大名县志》第二编,《经济·水利》,新华出版社 1994 年版,第 199 页。

②　《馆陶县志》所载此事系"大名县营镇村武举杨延臣与馆陶县芦里村大财主李尚达",可能系音传之误。河北省馆陶县地方志编纂委员会编:《馆陶县志》第十二编,《水利·电力》,中华书局 1999 年版,第 396 页。

③　大名县志编纂委员会:《大名县志》第二编,《经济·水利》,新华出版社 1994 年版,第 199 页。

④　王钧衡:《卫河平原农耕与环境的相关性》,《地理》第 1 卷第 2 期,1941 年 6 月 1 日。

清代以来,中国人口数量显著增加。尤其是乾隆时期,人口更是快速增长,据乾隆六年(1741年)统计,全国人口1.43亿[1]。到乾隆五十九年(1794年)达到了3.13亿。[2] 换言之,半个世纪之内,人口增加了一倍有余。地处华北地区腹地的卫河流域更是人口密集地带,滑县在顺治五年(1648年)人口核查时只有36760丁,乾隆二十年(1755年)达到103511丁[3],在百余年的时间内增加了两倍,虽清初"丁"并非人口,但可以反映出人口大量增加的事实。政府为此不断下诏鼓励农民开垦荒地,"国家承平日久,户口日繁,凡属闲旷未耕之地皆宜及时开垦",甚至"给以牛种口粮使之有所资籍,以尽其力",[4]还给以五六年后起科的优惠。更何况在漳卫河沿岸有些地方,还有"一水一麦""一水抵三秋"的巨大诱惑。

临漳西与磁州接,中间以漳河为界。因漳河迁徙无常,"民多有粮无地,向例北塌南种,南塌北种"。当漳河向北滚动,中间就会涸出滩地,夏秋水涨之时,在河中间涸出滩地的南面有时也会有支流过水。因为临漳与磁州以漳河为界,所以两县常为此河中涸出之滩地产生纷争,并长期得不到解决。雍正年间磁州牧万承勋、临漳县令陈大玠先后任职两县,经"宣扬德意,民益兴于礼让",于是在雍正七年双方协商定立疆域,并立封堆以表之,临漳县令还为此专门记之。两县的划分界限为:"自金凤台西北为临漳之三台、景隆、上柳、邺镇四村素耕老地,仍旧贯此。外立二封堆以表之,东堆得地八百二十步,西堆得地九百步,磁北临南中分各半。"又恐怕年久而无法辨别,在雍正八年(1730年)夏天,"委州判范坊、典史乜广生公筑土岭,听民各播嘉种,永垂久远。从兹输将有赖,府抑有资,是亦正经界之遗意也。……金凤台西北老地东西九百步,南北一千七百步属三台、景隆、上柳、邺镇固(当为'四'——笔者注)村民旧种地。往西土岭,北属磁州南白道村民种,北至大河为界。土岭南属临漳东西太平村民种,南至河支流岔水为界。自岔水以南至兴隆寺地九百五十步,俱系东西太平村旧种老地。"这样明确各方土地所至范围,借此希望以后能够杜绝双方纠纷的再发生。[5]

除了因河道变迁而出现的土地纷争外,还有因错壤插花或寄庄田地引起的土地纷争。由于不同的历史原因,清初错壤插花或寄庄田地在全国许

① 《清高宗实录》卷157,中华书局1986年影印本,第1256页。
② 《清高宗实录》卷1468,中华书局1986年影印本,第602页。
③ 乾隆《滑县志》卷6,《户口》,乾隆二十五年刻本,第1页。
④ 乾隆《安阳县志》卷5,《赋役》,乾隆三年刻本,第39页。
⑤ 陈大玠:《磁临河滩地碑记》,光绪《临漳县志》卷12,《艺文·记上》,光绪三十年刻本,第58—59页。

多地方都曾经存在,而因水灾导致寄庄田的出现即是其中原因之一。这种插花田或寄庄田地,因时间渐久沿袭下来,形成有地无粮或有粮无地的现象,从而引起不同县属或村民之间的纠纷。顺治十二年发生在临漳与涉县之间的纠纷即是如此。临漳境内柳园有涉县地数百亩,涉吏每年来临漳征粮引起纠纷。

关于此事的原委,据当地百姓讲系"明时涉县大宦花园有三春柳,遇漳水泛滥,园柳冲没,伊沿河找寻至临漳,见有柳株,遂指为涉县地,将地属涉县占种,将粮归临漳包赔。彼时官民不敢置办,因久假不归。"这种霸道的行径自然遭到临漳县人民的激烈反对,"漳河自涉而下,由武安过磁州入临漳而冲入直隶山东者,其间诸水滨乎?"王象天在《邺下苦案跋》中说得更清楚,他说:"临漳有涉县地也,查询父老人等,咸谓明永乐间,涉县势宦郭太师园内有三川柳被漳河冲流,家人沿河岸踏寻至临属见三川柳,遂指柳为涉县柳,指地为涉县柳园地,径将涉县额赋坐派临漳额地中,二百年来久假不归,以漳民为佃户,漳令为粮官。顺治五年,曾经郡司周讳文华参详,内云:'水行地上,水过地出,安有冲决涉地,淤于他处之理? 是齐东野人语也。"所谓涉地冲淤于临的说法当然不可相信。

清初全国各地许多地方都存在着错壤插花或寄庄田地的情况,虽然形成的原因不尽相同,[①]但清初这种错壤插花或寄庄田地导致的地粮不一的情况确实是临涉两地发生争议的原因。后来到雍正年间,随着全国错壤插花或寄庄田地清理工作的展开,临涉粮地之争也得以解决。根据实际情况,"地归临漳,粮还涉县,庶吏免往返,民免匿漏,数百年疑案可决也。"后经确查,准将"临漳县有地五十顷一十九亩四分九厘六毫,每年应征粮银二百八十六两二钱六分五厘四毫,自应归并临(漳)……赋入该县赋役确册之内一体照例编征。其涉县额地之内开除明白,在……临免代征之扰,在涉县免除隔属关催之苦"[②]。如此才最终解决了两地百年以来的粮地之争。

综上所述,水灾引发的"排水与阻水"纷争多是因条块管理引起的地方短浅之见,或只顾私利而不管他人的利己思想所致,所谓"乡里之人,多止为

①　杨斌:《历史时期西南"插花"初探》,《西南师范大学》(哲学社会科学版),1999年第1期;傅辉:《河南插花地个案研究(1368—1935)》,《历史地理》第19辑,上海人民出版社2003年版;傅辉:《插花地对土地数据的影响及处理办法》,《中国社会经济史》,2004年第2期;覃影:《边缘地带的双城记——清代叙永厅治的双城形态研究》,《西南民族大学学报(人文社科版)》,2009年第2期;冯贤亮:《疆界错壤——清代"苏南"地方的行政地理及期整合》,《江苏社会科学》,2005年第4期。

②　光绪《临漳县志》卷16,《艺文·杂志》,光绪三十年刻本,第5-12页。

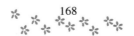

一隅起见,或上居上游则不顾下游,或欲专其利则不顾同井"①就是其形象的写照。因水灾而引起的土地纷争,则是河道变迁与历史等原因所致,故只有分清原因,厘清思路,才能有针对性的采取措施,综合治理,才能趋利避害、减少纠纷,从而有利于社会的稳定和百姓的安居乐业。

第二节　社会动乱

纵观历史,历代的农民战争都或多或少地与自然灾害有某种联系。水灾发生后,面对汹涌的洪水,"庐舍漂泊,田禾淹没",虽然一些地方官员也认识到灾民无以为生的情况可能导致民乱,"不问可知小民无居无食,其愁苦怨叹之状,呼天而天不应也","且行山伏莽未清,所关更为急切。"②不说政府不采取救灾措施,即使采取措施,其低下的救灾能力,对于数量众多的灾民而言,也往往是杯水车薪,根本不能彻底解决问题。如此情形,不仅造成饥民逃亡和瘟疫流行,同时粮价亦会暴涨,远远超出百姓的购买能力。面对鸠形鹄面的灾民和市集粮价"每面一斤,制钱四十余文,小米每升制钱五十余文"的状况,连视察灾区的官员都不禁发出"纵有仓谷平粜,于事何济"的惊叹。③ 为了生存,被饥饿所迫而濒临绝境的灾民铤而走险,奋起反抗,发起平仰米价、抢米抢粮斗争,甚至为匪为盗亦成为必然。由此引发社会动乱,影响国家和社会的稳定。逃亡是消极的,而平米价斗争则是积极争取生存权利。

一、灾民的反官府斗争

乾隆四年(1739 年)河南新乡县因水灾赈济,部分灾民未得到赈粮而引发百姓闭城事件。据河南河北镇总兵柏之蕃奏,事件引发的原因是新乡县东南离县二十五里有一村名顾固寨,约有二百余家。其村共街四道;一道阳武街、一道马家街、一道寺前街、一道卢家街。地方张尧住居卢家街。其三街俱报水灾并倒塌房屋。当时新乡县查勘赈谷,大口三斗,小口一斗五升,

---

① 《畿辅水道管见·附畿辅水利私议》,吴邦庆辑《畿辅河道水利丛书》,道光四年益津吴氏刻本,第 65 页。

② 乾隆《新乡县志》卷 28,《祥异》,民国十年重修本,第 6 页。

③ 《畿辅通志》卷 83,《河渠略九·治河说二》,河北人民出版社 1989 年版,第 535 页。

至贫之家散银一两，次贫之家散银五钱。惟卢家街止报倒塌房屋，亦领过银两，未报地亩水灾。自散赈之后，卢家街的张尧又续报水灾，知县时正未准，张尧赴府告状。知县十月七日上省，从该地方经过，传唤张尧诘问他赴府状告的情由，责打十五板，掌嘴十余下而去。众百姓哄传张尧被打致死，于是于二十日爆发了聚众闭城，不让知县进城的事件。最后知府赵世勋率汲县县丞宋铉及新乡县把总徐起祥等至城下，百姓仍不开门。百姓控告知县三款罪行：一是打死张尧；二是重戥收粮；三是掯勒行户。后参将高得伏带领跟随兵丁，由城墙倒塌处强行入城，百姓用砖往下乱击，参将鸣枪示警，才得入城。闹事百姓有六七百人，随抓获二名交送知府赵世勋。百姓二百余人寻找知府，发现他已骑骡进城往县里去了，愤怒的百姓将知府小轿杆抽去，把被抓的二人夺走。参将高得伏带领兵丁协同有司县捕壮丁人役，在城内又抓了七名百姓，捕役亦有人受伤，百姓方才散去。[①] 这次由于水灾后遗漏灾民赈济引发的事件，虽然为首的灾民最后遭到官府的抓捕，其他参与百姓方才散去，但从整个事件的前后过程与百姓提出的要求看，其实知县在平时对百姓的克扣与盘剥才是主要原因，而该县知县没有处理好部分漏报灾民的赈济成为事件的导火索，引发了这次基层地方政府与灾民的对峙与冲突。

除了水灾赈济引发的反官府事件外，还有因水灾之后官府对灾民苛派而引发的反苛派斗争。嘉庆二年（1797年）九月，冠县发生因漕汛漫溢，知县汪本庄奉派承挑引河雇募县属二十里铺民夫三十名，以萧士拔为首的村民抗不赴工而引发殴打差役致有死伤事件。最后在朝廷的镇压下，抗不赴工的主要人员或"斩立决"，或"绞决"，或"刺面发伊犁给兵丁为奴"。[②] 新乡县也发生过饥民反官府灾后多纳粮银的斗争。道光二十六年（1846年），淫雨四十日，秋熟未获，损失殆尽，民大饥。[③] 县民贾学彦为反官府多纳粮银，聚众县衙，张贴告示，殴伤县官，遭清军号鄂顺镇压。咸丰五年（1855年—黄河决兰考铜瓦厢）秋，联庄会首领张炳等人，为反对官府"土方加价"，于龙泉寺聚众万余人，杀伤差役，围攻县城，清廷派兵镇压，抗粮民众被驱散，张炳被捕遇难。[④]

---

① 中国人民大学清史研究所、档案系中国政治制度史教研室合编：《康雍乾时期城乡人民反抗斗争资料》引朱批奏折，中华书局1979年版，第286页。

② 中国人民大学清史研究所、档案系中国政治制度史教研室合编：《康雍乾时期城乡人民反抗斗争资料》引朱批奏折，中华书局1979年版，第338页。

③ 新乡县志编纂委员会：《新乡县志》，《地理》，生活·读书·新知三联书店1991年版，第66页。

④ 新乡县志编纂委员会：《新乡县志》，《大事记》，生活·读书·新知三联书店1991年版，第12页

更有甚者，在灾害之后，面对飞涨的物价，一些利令智昏的县令不恤民情，还照常逼粮逼差，依仗官势，任意抢掠，从而引发更大的反官府冲突。如咸丰年间（1851—1861 年），元城县连遭水、雹、虫等灾害，物价飞涨，完粮银价至八千，民苦不堪言，对于官府的差徭，无力承担。从善楼地方集资公推赵金声向官府反映，往返达年余，始得申理，将银价减至三千。从此，从善楼地方遂不直接向县署完粮，交由赵金声转纳。元城县令韩克琦对此事大为不满，咸丰八年（1858 年）八月下旬，率健役数十人捕拿赵金声，各役依仗官势任意抢掠，激起公忿，赵鸣钟聚众反抗。韩克琦令用车把赵载走，他自乘马后行，后被村民追上抓住，衙役被杀十几人，韩因伤重致死。道宪遣人寻韩尸，时赵犹坐待，提出邑令不应纵役抢掠，愿到城申理，遂与家属俱械至城。九月槛车送至省斩之，除嫂和妾得免外，共死十多人。①

还有水灾之后对其他地方加派加征引起农民的抗拒事件，被苛征的农民成立连庄会组织进行抗争。道光二十四年（1844 年），林县知县邵堂以办治理黄河物料为名，加派银粮，名为"土防"，激起民愤，县北村村成立连庄会，聚众抗拒，方获免征。咸丰四年（1854 年），知县欧阳文杰推行土防加价，把征收黄河河工物料折价加于漕粮，农民负担加重。农民岳超凡、吴乔年、原士虎等倡议反抗，县北各村再次成立连庄会，数千农民手持农具，威逼县城，欧阳文杰托教谕、把总出面调解，议定征粮用半银半钱（铜币），免除土防加价。次年，官兵镇压连庄会，岳、原被害，连庄会解散。②

从这几例反官府斗争中可以看出，导致灾民与地方官府冲突的根本原因都与水灾之后地方基层官府的不当行为有关。灾害的重创、地方基层政府的失职使无以生存的灾民不得不起而反抗。

二、饥民的借粮抢米活动

灾荒下饥民的借粮抢米活动是灾民为争取生存而不得已采取的一种反抗形式，这种风潮名目繁多，有"吃大户""食大户""抢米""借粮"等，无不与食物有关，说明灾民发起该活动的目的就是为了生存。其最主要的攻击对象是有米有粮的地主富绅等大户，如雍正八年秋，河南"数县被水"，这些"乏食穷民"就对"乡村有粮之家""呼群觊觎，于昏夜之中，逼勒借贷，有司不能

---

① 大名县志编纂委员会编：《大名县志》第六编，《人物·人物传》，新华出版社1994 年版，第 682 页。

② 林县志编纂委员会编：《林县志》第 22 卷，《大事记》，河南人民出版社 1989 年版，第 707 页。

究问"①。有时甚至有饥民劫去官府漕粮，如咸丰十年（1860 年），"饥民拦截卫河漕运，运道梗阻，所有河南应征漕粮，奏请一律征收折色。卫河停运。"②可见这次拦截活动规模是很大的，以致迫使河南漕粮改成折色，卫河航运也因此而停止。

饥民的借粮抢米事件一般都是发生在荒岁冬春、青黄不接或灾荒歉收之时，如乾隆八年（1743 年）闰四月壬午二十九日谕："乃看近来情形，地方偶遇歉收，米粮不足，价值稍昂，督抚未尝不筹划办理，而刁顽之民遂乘机肆恶，招呼匪类，公行抢夺，目无法纪。"③由此可见，一些抢粮事件可能与救助不到，或因赈济期过，粮价高昂，富户乘机囤积居奇闭粜有关。但也有灾害之后发生的，如获嘉县民国六年（1917 年）春，大旱，各地饥民纷纷到"大户"家抢粮。秋，涝灾，抢粮之风又起。④ 一般而言，旱灾之后更易发生抢粮事件，这样的史料很多，兹举一例，比如康熙六十年（1721 年）内黄县大旱，"米价腾贵，四乡刁民率众抢夺，名曰均粮。署邑事长垣知县赵国麟不顾成例发仓普赈，痛惩刁民，严缉盗窃，旋详报成灾，截漕赈恤，免田租十分之三"，方才平息这次事件。之所以如此，或与水、旱灾对灾民的打击不同有关。旱灾之后，禾苗尽枯，赤地千里，灾民生存马上受到威胁。水灾也许灾情同样严重，但不会赤地千里，灾民还可利用其他野生植物比如野菜暂时充饥。但无论如何，对于封建政府而言，这种有悖社会稳定的行为都是法律所不允许的，必须予以最严厉的惩处，"立行正法，以一儆百"。

综合而言，卫河流域的灾民抢粮反抗斗争比南方要少的多，比如在康雍乾时期，河北地区因灾抢粮、借粮的事件只有 5 起，而同时期的江苏省则有18 起之多。⑤ 这除了与政府重视及民间乡绅等的积极参与赈济有关外，可能与此时期卫河流域水灾相对较少以及卫河流域的水灾特点不无关系。卫河流域水灾"来去迅速"的特点，使得洪水过后，不仅有淤肥之利，而且还可以适时补种作物，从而最大限度地减轻洪水带来的危害。

①　《清世宗实录》卷 103，雍正九年二月己未，中华书局 1986 年影印本，第 372 页。

②　史其显：《内黄县志》，《大事记》，中州古籍出版社 1993 年版，第 12 页。

③　《清高宗实录》卷 191，中华书局 1986 年影印本，第 457 页。

④　获嘉县志编纂委员会编：《获嘉县志》，《大事记》，生活·读书·新知三联书店，1991 年版，第 18 页

⑤　王彩红：《康雍乾时期河北地区的农业灾害与农民的经济生活》，陕西师范大学2003 年度硕士论文，第 20 页。

第六章

水灾对地区生活方式及社会风俗的影响

第一节 水灾下的民俗与心态

一、水灾下的痛苦记忆

水灾不仅造成巨大的财产损失,更为严重的是,"大雨倾盆,山水暴涨……几乎变陵为谷"的沧海桑田变化,以及"平地水深丈余,往来行人淹死无数,房舍半被倾坏,田舍悉被漂流,一派汪洋,竟成泽国,居民舍卑就高,露处无依,啼饥号寒之声惨不忍闻"①。这种凄惨的场景,会给当地百姓心理造成多么巨大的心理冲击!

(一)有关水灾场景的描述

翻开清至民初各地所编地方志,尽管称谓有所不同,但都有当地详细的灾祥记载。研读史料,如晤古人。每一次水旱灾害,都是对当地居民的一次劫难。一条条史料,都是灾民的悲惨诉说。

严重的大水灾,甚至使方圆上百里的地方变成一片汪洋,不仅造成房倒屋塌、人员伤亡,还会导致大量无家可归的流民。临漳县"戊子之岁,水涨堤

---

① 卫辉市地方史志编纂委员会:《卫辉市志》,《大事记》,生活·读书·新知三联书店 1993 年版,第 21 页。李实秀:《条陈沁河冲决疏》,乾隆《汲县志》卷 12,《艺文上》,乾隆二十年刻本,第 11 页。

决,环漳邑之四旁下至成安、广平及东昌之北境,被灾者且数百里"①。据《魏县志》载:"乾隆二十二年,魏域大雨成灾。河水漫溢,浸淹民田,平地水深丈余,陆地行舟,城垣坍塌,房屋漂浸。粮无收,价暴涨,居民外逃过半,卖妻卖子,饥人相食,人死大半。"②光绪十六年(1890 年)的顺直水灾更是"上下数百里一片汪洋,有平地水深二丈余者。庐舍民田尽成泽国,小民荡析离居,凄惨万状,灾象之重,为数十年所未有。"③

大水之后往往疫病会接踵而至,给灾区人民带来更大的灾难。南乐县康熙四十二年(1703 年)大水,陆地行舟,大饥。知县李天锡请开赈捐俸,救济灾民。尽管如此,第二年的春天,依然出现了瘟疫流行的情况。同样在道光二年(1822 年)和十八年(1838 年)大水之后也都出现了病疫的流行。④灾后病疫的流行,使灾区的状况更加恶化。滑县在"黄河在仪封(开封东)决口,滑城被淹"后,于道光元年(1821 年)出现大疫,"白日见鬼,路断行人,病死者十分之六"⑤。

更有甚者,一些地痞恶霸在大灾之后趁机鱼肉百姓,这无疑是在灾民伤口上又撒了一把盐,加重了灾民的痛苦。如同治六年(1867 年),"临漳……漳河徙无常,冲决沙压,好事者设河流局敛民钱瓜分,病国病民"⑥。有些囤积之户也趁机垄断居奇,哄抬物价。临漳地近漳河,"境四百余村无一村不被漳水之害,城内居民衣食粗完者更少,……市集粮价即日见腾昂,囤积之户垄断居奇,操其利权,小民薄产多为兼并,是以富者愈富贫者愈贫"⑦。这些都会给灾民留下终生的切肤之痛。

(二)伤心的记忆——诗文描述

辉县的石峪沟系黄水河的支流,源于太行山麓,至黄水口流入黄水河。在旧社会,由于水土保持遭到破坏,每逢雨季山洪暴发,逐沟倾泻,塌岸冲田;遇到天旱,田地缺水,农业常年歉收,年年闹灾,曾逃荒在外的十有九家。

① 吕游:《漳滨筑堤论一》,光绪《临漳县志》卷 16,《艺文·杂志》,光绪三十年刻本,第 36 页。

② 魏县地方志编纂委员会编:《魏县志》,《概述》,北京方志出版社 2003 年版,第 4 页。

③ 《洪涝档案史料》,第 547 页。

④ 南乐县地方史志编纂委员会编:《南乐县志》,《大事记》,中州古籍出版社 1996 年版,第 20 页。

⑤ 同治《滑县志》卷 11,《祥异》,同治六年刻本,第 13 页。

⑥ 光绪《临漳县志》卷 7,《列传一·宦绩》,光绪三十年刻本,第 19 页。

⑦ 骆文光:《兴建惠民仓议》,光绪《临漳县志》卷 16,《艺文·杂志》,光绪三十年刻本,第 51 页。

有几句民歌描绘了当时沿山一带人民的凄惨景象："石峪沟来两边山,石多土少多苦寒。旱了缺水没点滴,雨多塌岸又冲田。连年灾荒逼人死,苛捐杂税压断肩。离乡背井逃荒走,妻室儿女卖外边。苦难日月诉不尽,哭声直上九重天。"①其凄其惨之景怎不让人动容?

内黄县陈宗圣的《苦雨歌》更是生动形象地表现了水灾给当地百姓带来的无尽痛苦。"柯城地薄多沙岗,境南硝河接古荒。时发狂澜势决狷,斥卤所过天遗秧。北至小店南野庄,绵延一望皆汪洋。更逢频年霪雨长,居民困顿莫可当。发蛰覆巢聊充肠,举头草木皆精光。少妇鬻身保姑嫜,幼女作妾事远商。壮者丐食走四方,老稚大率相沦亡。朱门不见惟颓墙,春来燕子归空梁。贤令对此情惨伤,急请上司为发棠。开渠决潦入卫阳,旧年渠成水不殃。孑遗稍稍复农桑,上地种麦下艺粱。秬秠黄茂望登场,奈何入夏舞商羊?阴连气接惨不扬。我欲挥云问穹苍,黑风白雨兼昏黄。"②

光绪二十年(1895年)七月,漳、卫河溢,内黄县平地行舟。清丰县举人孙贵荣设帐李姓宅中,闻大水围城,登西门,目睹心伤,作《大水歌》曰:"立秋逢七夕,连夜雨滂沱,下者习坎高盈科,共说今年好稼禾,预先便作丰登歌。谁知一旦来鲸波,顷刻郊原尽成河。登城四望坡陀,但见桥头起旋涡,闻说深者一丈多。庐舍墙垣一霎那,门笛灭顶亦非讹,其奈茫无畔岸何。忍将此身付鼋鼍,男男女女攀枝柯,施于松上学茑萝。怀中呱呱啼阿哥,屋上切切叹阿婆。三日不食已经泥满锅,露宿中宵更无窠,那得小舟偶一过。嗟哉谁经此坎坷,城乡父老鬓发皤,粤道传闻未有他。我谓天灾无偏颇,不在水旱与兵戈,只要政事不猛苛,自然年丰而时和。此就眼前所见情景所作也,录之以志当日实况。"③以自己的亲身经历记载了内黄水灾后的惨象。

(三)个案分析——汲县顺治、乾隆年间两次大水

卫辉(汲县),"地居子午之冲,世受河患而沁水为尤甚。盖沁水发源于晋,盛流于怀,怀庆逼近(太)行山,地据上游,父老相传,高卫源一百三十丈,以故沁水之发也势如建瓴,直冲卫城,不可救药"。这种地形地势,决定了汲县易遭水灾的必然。在正常年景,每年对沿河堤岸进行维护修复,还可减轻或免去当地水患之虞。可是,"频年天灾流行,覃怀官民未闻有岁修沁河之举。自去岁(顺治十年)霪雨匝月,卫民已受其害,而今岁之淹没冲突其害有

---

① 辉县志编辑委员会编:《辉县志》(第二卷)第十一章,《水利·石峪沟水库纪念碑文》,石家庄日报社1959年版,第296页。

② 乾隆《内黄县志》卷17,《艺文下》,乾隆四年刻本,第45页。

③ 史其显:《内黄县志》15,《大事记·祥异志》补,中州古籍出版社1987年版,第552—553页。

不可胜言者"。关于顺治十年汲县的水灾情况,知府李櫆生有诗:"圮署敲残宿雨声,凌朝一叶视危城。舟行桥上移栏石,水压堤头落野萍。棹下参差禾影乱,巢警浸灌鸟飞鸣。浓云欲合浑无计,哀向阳侯□丐晴。"邑人侯宝三和其诗,更描写出当时到处死一样的寂静与荒凉:"万户销魂櫓瀑声,拍空雪浪隐浮城。朦胧树杪摇苍荻,断伏堤根偃翠萍。孤棹惊看龙上下,荒村绝听鸟啼鸣。沉幽相对天畴问,犹怪耆农莫鼓晴。"①观此诗,眼前仿佛呈现水浮县城、船行桥上、荒村无鸟鸣的悲惨画面。

可是,顺治十一年(1654 年)夏,当地又发生了大水灾,"自五月以来大雨连绵,累月不休,本处河水泛涨,直逼城下。兼以沁河冲决,水势汹涌,波浪涛天。一股由修武而来、一股由黄河故道而至,东西夹攻以致郡城内外洪涛汨没,平地水深丈余,往来行人淹死无数。房舍半被倾坏,田舍悉被漂流,一派汪洋,竟成泽国,居民舍卑就高,露处无依,啼饥号寒之声惨不忍闻。"②

当地乾隆五十九年(1794 年)的大水灾同样触目惊心。当年六月二十二、二十三日,怀、卫、彰大雨倾注,各处山水陡发,卫河涨至数丈,漳水南溢,田禾淹没。这次大水是全流域性的大水灾,从笔者的统计资料中可以看出,在本书涵盖的二十一个州县中有十八个县发生了水灾,而其中 14 个县的水灾严重。③ 汤阴县有民谚相传:"乾隆五十九,冲开柳园口,农民无法过,四处逃荒走。"④地处上游的汲县灾情亦相当严重,其被淹的具体情形,我们可以从当时恰好路过此地的吉林将军松筠奏报中有所了解,他在奏折中详细描述了自己的所见所闻,"行抵卫辉府城对岸,见卫河水势甚大,遥望府城各门皆积水,附近村庄大半被水淹浸,居民迁徙或避居庙宇。……乘船渡至西关高阜无水之处,询知……府城地本洼下,连日雨水甚大,卫河水势于二十四日夜间,长至数丈,致将西关厢之盐店街并各门附近房屋及附郭村庄,多被水浸。居民亦有漂溺,现已用渡船竭力捞救五六千人,设法安顿。"⑤其灾情之严重可以想见。

突如其来的大水,冲毁居民的家园和财产,夺去无数鲜活的生命,那些得以幸免的人也不得不背井离乡成为流民。李文海曾对流民作过细致的分

① 乾隆《汲县志》卷 1,《舆地上·祥异》,乾隆二十年刻本,第 17 页。

② 李实秀:《条陈沁河冲决疏》,乾隆《汲县志》卷 12,《艺文上》,乾隆二十年刻本,第 11 页。卫辉市地方史志编纂委员会编:《卫辉市志》,《大事记》,生活·读书·新知三联书店 1993 年版,第 21 页。

③ 见附录二《卫河流域各县水灾年际统计分析表》。

④ 汤阴县志编纂委员会编:《汤阴县志》,《大事记》,河南人民出版社 1987 年版,第9 页。

⑤ 《洪涝档案史料》,第 236 页。

析。他认为,流民,特别是被那些突发性的灾害驱出家园的流民,虽然也有不少人能够在异乡异地安置家业,落地生根,但更多的人由于饥寒交迫,惨死于道途,颠沛于野,为佣为丐,为盗为匪,最终也摆脱不了贫病而死的悲惨命运。①

二、河神信仰与崇拜

面对卫河流域严重的水灾,虽然当地百姓和地方政府也拿出了许多应对措施,但都无法从根本上扭转被洪水袭击的局面。每当夏秋伏涝,怒涛涨溢,淹没田禾,人民就要"与鱼虾争命"。② 人力难施,只有寄希望于河神的慈悲与庇护。他们认为,水患的频发是河神的愤怒,是"守土者不修政事、不蠲祀享致神之恫,以贻毒百姓"。他们甚至把"河神之妥侑"提到"与社稷等分"③的高度。所以,百姓和地方官对河神庙的修筑都非常重视。在华北的其他地区,村落中的庙宇"土地庙最多,关帝、龙王、真武、三官等亦较普遍",④有所谓"无庙不成村"之说。其次为关帝庙。但在卫河流域的沿河各县村落,尤其是沿河各地,除上述所说各水神庙之外,还特别祭祀有专门以各河为名的河神以及不同名称的河神庙。如修武县治地近丹河,三面环城,城东关外小丹河东岸就建有丹河神祠。⑤ 林县有洹水神祠,"世传高欢之女以母病殁,其女三人俱愿殉葬,天彰其德,以为洹水神,每旱雨有应,乡人遂为立祠,今下洹村有祠墓"。⑥ 安阳县南关外有清康熙二十七年改建的河神庙;临漳县的漳河庙在南关外;林县北郭外有五龙庙,青龙庙在龙头山上;内黄县外城东有九龙庙;⑦滑县南门外有龙王庙等。⑧ 在百姓的心里,河神可以庇佑当地风调雨顺,旱了就到河神庙中祈雨,水了也可到河神庙中祷告,祈求河神让洪水快点退去。

(一)对河神的崇拜

在频繁的水灾中,上至皇帝下到百姓,他们均以为不被水患的真正原因是河神之呵护,故对水神的虔诚无以复加。"漳河自雀台以下一带平原旷

---

① 李文海:《历史并不遥远》,中国人民大学出版社 2004 年版,第 121 页。
② 民国《修武县志》卷7,《民政·桥路》,成文出版社民国二十年铅印本,第 583 页。
③ 乾隆《彰德府志》卷 26,《艺文》,乾隆五十二年刻本,第 15 页。
④ 王庆成:《晚清北方寺庙与社会文化》,《近代史研究》,2009 年第 2 期,第 17 页。
⑤ 民国《修武县志》卷7,《民政·桥路》,成文出版社民国二十年铅印本,第 605 页。
⑥ 乾隆《林县志》卷4,《山川下》,黄华书院藏本,乾隆十六年刻本,第 20 页。
⑦ 乾隆《彰德府志》卷3,《建置》,乾隆三十五年本,第 14、16、18、20、24 页。
⑧ 乾隆《滑县志》卷2,《山川》,乾隆二十五年刻本,第 4 页。

野,夏月水势涨发,汹涌异常,往往淹及田畴甚或且城郭村墟之患,而临之民处漳下游耕凿为业者,独能当横流而不惊,集中泽而无虞,非有神明为之呵护乎! 世传乾隆间有氾水孙孝廉北上渡河没于漳水,遂为兹川之神,其详载旧碑记中,不复赘叙。而灵显迭著,能捍大灾御大患,是即有功德于民者,固宜列入祀典也。"①知县骆文光还赋歌曰"清漳浊漳流汤汤兮,下润郊原兆丰壤兮,堤防不设庆顺轨兮,灌溉无遗仗神庇兮"②,把当地没有水患的功劳也归于河神的保佑。

其实,临漳县真的无水患了吗? 显然不是。从笔者在第一章中的论述中可以看出,临漳是受漳河水灾影响最大的地方之一。虽然并不是每次水灾河神都能应验退水,但在百姓的心目中,哪怕是有一次祈神后水退,他们也认为是河神显灵,庇佑苍生。在科学技术尚不发达的古代,灾民宁愿相信河神的存在与灵验。康熙时洹河发水,安阳县人就把此看作龙王显灵,以瓦为庙妥安洹水之神,"洹水……受西山万壑之流,波涛怒张,奔腾澎湃,决堤坊撼砥石,又时有神物出没其间,居人不敢逼视,佥曰:'水之神为龙,弗祀,桥县危于焉',相率而覆瓦于桥之端,以妥洹水之神,而邀其庇盖,变历有年矣。"后来,知县更把祀神之庙与无庙如无桥、无桥如无政相提,足见对河神崇拜的程度。③ 所以,他们对河神庙宇的修缮亦非常重视,每年对河神庙宇都进行岁修。一般都是由沿河各村庄集资而修,原因大概与只有沿河村庄才有可能遭到河患影响,与他们的生活、生产息息相关之故。如临漳河神庙即是"五年缮整庙宇一次,其一切献牲、演居、修葺之需,均按沿河四十庄派费,载在规约,庶几岁修有例而庙貌常新"④。

在官府的心中,因为河神不仅有掌管水旱之责,亦有惩恶扬善、保障当地百姓安危之义。它的灵验甚至可以替"国"行道、剪除叛乱,所以更加受到推崇与信赖,朝廷为此还多次御赐封号和匾额。同治二年(1863 年)山东捻军大约三四千人自范观扰至临境,"及渡漳,人马淹死过半,势以屠削"。同治七年(1868 年)春正月,捻军"北窜,时值冰结水浅,先二日忽暗涨覆溺贼骑无数,几断流。及二月回窜,官军练卒追至于河,水复盛涨,贼党复亡以千计,由是骇异夺魂不敢复渡漳河。是岁自春及夏天多雨,河流忽分流数道向

<hr />

① 骆文光:《重修临漳县漳河神庙碑记》,光绪《临漳县志》卷 13,《艺文·记下》,光绪三十年刻本,第 18 页。

② 骆文光:《重修临漳县漳河神庙碑记》,光绪《临漳县志》卷 13,《艺文·记下》,光绪三十年刻本,第 20 页。

③ 康熙《安阳县志》卷 8,《艺文上》,康熙三十二年刻本,第 85 页。

④ 骆文光:《重修临漳县漳河神庙碑记》,光绪《临漳县志》卷 13,《艺文·记下》,光绪三十年刻本,第 20 页。

东北奔注,若蹑贼所在,驱令陷溺,俾大军合围黄运之间,聚其党而歼灭焉。"为了表彰河神的显灵,削弱了捻军有生力量,"天子乃敕部加议封号,命翰林书额以颁下邑",[①]最终议定加"昭惠封号,颁给'双源汇泽'匾额。"[②]从材料中,我们无法推测当时漳河发水的真正原因,但在实际效果上,确实是因漳河发水帮助朝廷消灭了捻军,为奖励其灵验,事后皇帝要御赐其封号。其实,漳河本来就是以善徙著称,可能此次也不过是一次偶然的河道决徙,被当作漳河神显灵而无限夸大。当然,因漳河灵验而受到御赐奖励也并非仅此一次。光绪十一年(1885 年)七月初二初三,连日大雨,漳、滏齐溢。初四日辰时,水入城,顷深三尺,城庐多圮,知县徐本立赴城隍河神两庙处祷,水立消涸。十二年题十三年十二月御赐漳河神"金渠永佑"匾额,城隍神"业中佑顺"匾额各一方。[③] 诚然,当面对水灾朝廷无能为力时,其祈求于神的力量的做法,也并不能解决根本问题,但朝廷对河神的褒奖无疑更加深了河神的神秘性,对广大人民来说也更具有榜样力量,从而更强化了百姓对河神崇拜的心理。所以,一旦洪涝发生,上至官员下到百姓,都会想到去城隍或河神庙中祈求河神的宽佑与显灵。对于经常往来穿梭于河道之上的船家而言,对河神的崇拜从某种程度上说更像是一种精神寄托。天天在河上航行,他们更希望得到河神的保护。所以,每每遇到有河神庙的地方,他们都要前去上香祈祷平安。大名县东十八里的龙王庙就深受卫河上航行船家的推崇,"往来艘至,必祈祷焉"。[④] 来往于各河之上的地方官员亦是如此。彰德府因地处大河之北,而省会则在河南,府属地方官员免不了与省会交往,必然要往来于大河之上,所以他们为求往返大河之上时的平安,也要事先到河神庙祈祷河神庇佑,所谓"吏斯土者有事于省会,往来必祀焉"[⑤]。

在日常生活中,对河神的迷信思想充斥着整个乡村百姓的生活。据《大名府志》载,家住卫河边上的元城人黄炳,是一位积德行善之人。在一次卫河水灾中,"数千村尽没,公独留有麦数千斛禀楼上。公登高及半,会大震,楼入地四五尺,已而水落,一望皆白沙,独此楼岿然。公叹曰:'嗟呼,天祸吾党,比间无半菽,吾独有且楼震不坏,天其有意乎?'"他把自家楼房的幸免于

　　① 李鹤年:《临漳漳河神庙碑记》,光绪《临漳县志》卷 13,《艺文·记下》,光绪三十年刻本,第 17 页。

　　② 骆文光:《重修临漳县漳河神庙碑记》,光绪《临漳县志》卷 13,《艺文·记下》,光绪三十年刻本,第 19 页。

　　③ 光绪《临漳县志》卷 1,《疆域·河渠》,光绪三十年刻本,第 37 页。

　　④ 康熙《大名县志》卷 7,《秩祀志》,康熙十五年刻本,第 2 页。

　　⑤ 乾隆《彰德府志》卷 26,《艺文》,乾隆五十二年刻本,第 17 页。

难也看成是天意,看成是河神为了让他救济乡民而有意为之,故而"倾禀散之"①。他不考虑自己家园所处位置及楼房的结构、抗冲程度等其他因素,却完全相信是天意神旨所为。有的人甚至把一些不可解释的现象也往往归之于龙王显灵。乾隆四年,汲县"霪雨数日,城西门内张姓家缸中忽有一卵,其壳软,大逾鹅卵,游行水内,略无停息,观者如堵,无敢动之者。越三日,复雷雨,卵忽不见,人皆以为龙卵。"②可见在普通百姓心中,迷信思想占据着多么重要的地位和分量。有的百姓为了向神求福甚至倾其所有,不惜一切代价,"民间无大厚积千金之家,即号素封醵钱立社,裹粮躏足,进香求福利不计艰遽"③,迷信的风气迷漫着整个乡村社会。

(二)祈神退水之法

关于祈神退水的方法,各地有所不同。江南地区的地方官员为祈祷大水退去,是到"衣冠祠",并祈祷如果洪水不退,自己将以身投水而死,以示诚心。如嘉庆二年(1797 年)刘羹和任赣州府时,"大水纵横数百里,山皆发推巨石以走,平地水深丈余,民得逃者悉入城,城垣水半涌其下,羹和衣冠祠祷,如水不退将投焉,水须臾退"④。

卫河流域的临漳县,其知县则是到城隍和河神两庙处祈祷。光绪十一年(1885 年)七月初二、初三,连日大雨,漳、滏齐溢。初四日辰时,水入城,顷深三尺,城庐多圮,知县徐本立赴城隍河神两庙处祷,水立消涸。⑤ 大名县祈神退水的方法除了"刑牲为祷"⑥外,还把该县门牌投掷水中,以门牌来代替实际的县城,以求水神放过全县生灵。康熙十一年(1672 年)七月内,河水暴涨日甚,本县率夫运土筑堤捍水,复将大名县门牌掷水中,水势力止。⑦

临清是卫河挟漳入运的交汇之区,清代为保漕运,故对会通河的河防非常重视,而临清以上的卫运河水大流急,堤防治理不及时,在历史上经常决口成灾。而人们对此束手无策,只好修庙求神。卫运河西岸曾修了不少龙王庙、漳神庙、将军庙等,妄图震慑水患"天灾"。《临清县志》记载:"知州王俊……某年卫河骤涨,上湾街一带河堤危甚,募夫修堤防护,适遭淫雨,俊长跪堤上泥淖中,祷河神祈水退。"沿河村民,尤其中老年妇女,遇到河水猛涨,感到威胁时,即到河堤上烧香上供,往水里扔鸡蛋、馍馍等食品,并磕头祷

① 康熙《大名府志》卷23,《人物新志》,康熙十一年刻本,第118页。
② 乾隆《汲县志》卷末,《杂识》,乾隆二十年刻本,第16页。
③ 乾隆《内黄县志》卷5,《风土》,乾隆四年刻本,第3页。
④ 乾隆《彰德府志》卷6,《宦业》,乾隆三十五年本,第16页。
⑤ 光绪《临漳县志》卷1,《疆域·河渠》,光绪三十年刻本,第37页。
⑥ 乾隆《彰德府志》卷17,《艺文志·筑堤记》,乾隆三十五年本,第44页。
⑦ 乾隆《彰德府志》卷16,《灾祥志》,乾隆三十五年本,第6页。

告,祈求神魔退水。这当然不能降伏奔腾咆哮的洪水,直到新中国成立初期,卫运河仍不断决口。① 但在当时科技尚不发达的情况下,此种求神退水活动也是人们面对自然的一种无奈的表达。

(三)震慑水患之法

除了祈神退水外,在有些地方,人们还用其他方式来震慑水患,妄图以此把水患扼杀在萌芽状态。汲县在卫河桥上修建压龙头的建筑以镇水患。汲县西门外的德胜桥,"在城西卫河上,始架木为之。明兵下河北守者率先归附,桥因以名。……桥本南北大路,市人每于两旁签椿益屋其上,开设饭店,俗谓压龙头。遇旱,四乡人架木扦柳抬神像鸣锣击鼓,城内外游行祈雨,不知始自何时,撞毁桥旁饭店,适然下雨"②。可见,当地人在桥上建房开饭店,就是想以此压住龙头使龙王无法抬头③,妄图以此震慑龙王发威,避免降雨为患。一旦发生旱灾,则抬神像撞毁压在龙头上的桥旁饭店,祈求龙王抬头降雨。

而在淇县,当地则建玉皇阁以镇水患。淇县县城的东面,"距城十二里旧有河口村,淇水自西北来东南流于薛村与卫水合。公(知县柴望)以地在淇河之上,且居邑之左腋,因名曰青龙镇。又以地滨河,遄遄为□水冲决,大为民患,非有至尊者以镇之,其何以息阳侯之波而杀冯夷之浪哉? 于是即镇东门建玉皇阁,是尊上帝也,非敢亵上帝也。是赖至尊以为镇也,非敢要以为福也。"④柴望把淇河水患视为阳侯之波、冯夷之浪。阳侯和冯夷乃传说中的波神和河神,能够制造水患。柴望将治理淇河的希望寄托在至尊至上的玉皇大帝身上,这在那个年代也是合乎民心、顺乎民意的。

柴望在淇县为官一任造福一方,政绩卓著,在玉皇阁开工建设不久他便从淇县调走了。他的继任知县张启泰对玉皇阁工程也极为重视,他说:"是阁之建岂上帝所需,此阁之兴废,镇镇之盛衰,关乎邑河,不思有以继成之乎?"无奈玉皇阁工程浩大,到了张启泰任期届满,工程仍在进行当中,他只得将接力棒交给了后任知县王继谦。文献记载:"己亥夏,邑侯王公莅任,欲成两公之美,多方鼓舞。不旬月而厥,工果告成焉。""是役也,经始于顺治之壬辰至己亥而工始竣,阅八载,于兹柴侯创始于前,两侯继成于后,四生翊赞

---

① 山东省临清市地方史志编纂委员会编:《临清市志》,齐鲁书社1997年版,第171页。

② 乾隆《汲县志》卷4,《建置下·桥梁》,乾隆二十年刻本,第1页。

③ 卫河流域现在各地依然有"二月二,龙抬头"之说,意思是指过了二月二,龙王抬头就要开始下雨了。

④ 顺治《淇县志》卷8,《艺文志上》,顺治十七年刻本,第44-45页。

于下其功,俱堪不朽矣。"玉皇阁成了当时青龙镇及淇县的标志性建筑,时人对其赞曰:"洵朝歌之雄镇而河朔之奇观也。"①

即便是在今天看来,玉皇阁的下半部分虽然被埋在了淇河大堤里面,但是它的上半部分依然耸立在淇河大堤之上,远远望去蔚为壮观,仍不失当年风采。当然,后来淇河上发生的事情并未以柴望等知县们的意志为转移,玉皇大帝不仅没有发挥出震慑洪水的作用,而且也未能保佑青龙镇长盛不衰。

三、水灾下的灾民众生相

面对严重的灾害,虽然有一定的政府救济或有乡绅资助,但如前文所述,救灾的效果并不很好。加以灾民多而救助少、高昂的粮价使得灾民只得剥树皮食草籽充饥。当所有可吃的东西都无处寻求时,饥饿的魔影就会吞噬灾民所有的人伦道德,上演一幕幕人间惨剧。

虽然有水灾中的真情,如梁纶字胜谟,乾隆二十六年(1761年)七月沁河决,夜半水抵县城,不没者数版。时其父廷机居韩村别墅,当水冲。纶越城出或登屋疾呼,以水势汹涌止之。纶泣曰:"父母陷溺何以生?"以桴木抵父所,相抱泣,架木巢居,水退复生②,体现了父子之间的孝悌之情。但重灾之下,更多的是难以想象的伦理丧失与道德沦丧。

(一)物价暴涨与食物匮乏

水灾之后往往造成物价飞涨。乾隆十二年(1747年)秋,清丰县大雨连降,田禾淹没,粮米腾贵,小麦斗价620钱,豆类530钱,谷类400钱。③ 民国九年(1920年),新乡大旱"小米每斗价至两千文","斗米一千九百余文,斗麦一千六七百文,诚为二百年来所未有。"④灾荒造成严重的粮食短缺,使灾民生活维艰。灾后粮价飞涨,即使有钱也无处购粮。灾民只能以各种平常不可能吃的东西充饥,树皮、树叶、草根、青草、青麦皮、粗粉、水藻、田螺、橡子、野菜、油渣都成了"美味"。当这些东西也无处可寻时,人们甚至以葛根粉、风化石、观音土等果腹,以致"所到之处饿殍盈野,村落成墟,……有力之家,初尚能以糠秕果腹,继则草根树皮均已掘食殆尽,朝不保暮,岌岌可危,

① 顺治《淇县志》卷8,《艺文志上》,顺治十七年刻本,第45-47页。
② 民国《修武县志》卷14,《人物·孝友》,成文出版社民国二十年铅印本,第1057页。
③ 清丰县地方史志编纂委员会编:《清丰县志》,《大事记》,山东大学出版社1990年版,第27页。
④ 民国《新乡县续志》卷4,《祥异》,民国十二年(1923年)铅印本,第34-35页。

每村饿毙日数十人。……饥民率皆鹄面鸠形,仅余残喘,竟有易子析骸之惨。"①安阳县道光二十七年(1847年),春二月二十六日大雨,人皆种棉,其后直到秋月滴雨未降,是岁大饥。时谚云:"道光二七年,短工不值钱,粗糠搅榆皮,吃的可口甜,临走叫大叔,明年还是咱。"②道出了灾民的辛酸与无奈。灾荒之年,即使给人打短工做佣佃,吃的食物也不过是粗糠和榆皮,足见灾年食物的匮乏程度。物价的暴涨,粮食的匮乏逼迫灾民做出非人的举动。

(二)人口买卖与饥人相食

或许是由于水灾与旱灾特点的不同,水灾之后并非如旱灾一样"赤地千里",灾民可以在自然界中寻找到充饥的东西,所以水灾之后造成的灾荒往往要比旱灾轻些。在学界众多有关灾荒的研究中,仔细翻检可以发现,出现灾后人口买卖和饥人相食等极端事件的例子大多发生在旱灾中,极少有发生在水灾之年的,所以,当水灾之后出现人口买卖或饥人相食的事件时,可以想见水灾危害之大与灾情之深重,比如乾隆二十二年(1757年),"魏域大雨成灾。河水漫溢,浸淹民田,平地水深丈余,陆地行舟,城垣坍塌,房屋漂浸。粮无收,价暴涨,居民外逃过半,卖妻卖子,饥人相食,人死大半。"③这年的大水灾影响很大,造成了严重的人员伤亡后果。不仅冲毁了魏县城、淹没大名城,而且使得大名府的县区发生了改变,魏县裁撤,归并大名和元城,大名县治也迁往府城。

乾隆二年(1737年),丹、卫、洹河诸水合流急注,淹没稍多。滑县等地虽然"水退即过,仍属有秋"④,但在个别地方,水灾影响还是相当严重,致使第二年青黄不接之时仍有饥民流亡。爱行善事的刘文秀就曾在乾隆三年救助鬻女和逃荒的滑县饥民,"林崇玉鬻女,别时相抱哭,文秀捐钱为赎,还复赠麦五斗,后崇玉偿之,坚不受。车店人阚姓将子身远行,听妻女自为计,文秀赁房居之,使其家不致离散,日给钱米至麦熟时止。"⑤不过,这种善举毕竟是少数,当水灾严重,人人无暇自顾时,卖妻鬻女便不可避免。"驱车无计鬻婴孩,一女千钱男五百",面对高昂的物价,这几个钱又能换来多少米粮?"强

---

①　李文海:《近代中国灾荒纪年》,湖南教育出版社1994年版,第566页。

②　民国《续安阳县志》卷末,《杂记》,北平文岚簃古宋印书局,民国二十二年铅印本,第7页。

③　魏县地方志编纂委员会编:《魏县志》,《概述》,北京方志出版社2003年版,第4页。

④　《洪涝档案史料》,第68页。

⑤　嘉庆《浚县志》卷16,《人物》,嘉庆六年刻本,第21页。

持儿价籴珠米"后的结果可想而知。①

当水灾、旱灾接连、饥疫相伴之时，更易出现人口买卖和饥人相食的惨剧。获嘉县光绪二年至四年（1876—1878 年），大旱继以大涝，五谷不登，疫疠大作，父子、夫妻相食者屡见。因饥疫，仅大清营死者即达 600 余人。② 民国十一年（1922 年），河南发生水灾，"灾民昼无所食，有杀子作饔飧者"③。

（三）礼仪丧失与心理脆弱

对于水灾来说，给灾民最大威胁的除了洪水来临时的破坏性与毁灭性，还有灾后引发的疫情，所谓"大灾之后必有大疫，大水之后有大蝗"。许多灾民即使逃过了水灾的魔掌，却很难逃过疫病的摧残，饥饿加上流行病使灾民往往因此而倒下。"仓廪实而知礼节，衣食足而知荣辱"，④在如此无助的困境中，灾民生命尚且不保，一些礼节往来、人伦道德更无从谈起。

嘉庆二十五年（1820 年），海河流域大部均遭受了较重的水灾。到了宣宗道光元年（1821 年）夏秋之交，北起京津，南到黄河，整个华北平原基本上都处于疫病的笼罩之中。《顺天府志》："七月转筋霍乱时疫大作，直到八月，死者不可胜计。"大名县"大疫，时夏秋之交，病死者相属"。邯郸县"秋七月大疫，瘟疫盛行，有问疾辄死于寝疫之家者，工肆材木为空"。修武县"夏末秋初疫甚，得病辄死，棺肆为空"。南乐县"秋大疫"⑤。在水灾疫病的淫威下，求生都成为奢望，哪还会顾及仁义道德？所以人情无法不变得冷漠。光绪二十一年（1895 年），内黄县秋大水，霍乱流行，人死甚多，棺木、冥资（给死人烧的纸钱）供不应求，亲戚之间互不报丧。⑥ 这种人情的冷漠、道德的失范，一方面是疫病的淫威使人们不敢出门，生怕染病。另一方面是灾后生命都难以延续的贫困状态使人们生存尚难，更无力去吊唁亲朋。

除礼仪道德的丧失之外，灾民的心理承受能力也急剧下降。面对灾后的无情打击，灾民已俨然成了惊弓之鸟，任何风吹草动或自然现象稍有异常就人心惶惶，"偶见偏隅蝻孳，遂云四境灾荒，或谓阳为旱征，或为雨为水光，

---

① 张应昌：《清诗铎》卷 15，《水灾·大梁淫雨行·马士祺》，中华书局 1960 年版，第 490 页。

② 获嘉县志编纂委员会：《获嘉县志》，《大事记》，生活·读书·新知三联书店 1991 年版，第 16 页。

③ 《大公报》，1922 年 3 月 23 日。

④ 司马迁：《史记》卷 129，《货殖列传》，中华书局 1975 年版，第 3255 页。

⑤ 《自然灾害史料》，第 680、681 页。

⑥ 史其显：《内黄县志》，《大事记》，中州古籍出版社 1993 年版，第 12 页。

一唱众和,顷刻腾涨"。[1] 他们的心理已脆弱到了极限,经不起任何的打击,指不定一句传言就能成为压垮灾民的那最后一根稻草。

在这里,笔者无意指责灾民的非人行为,因为人的最基本的需要就是生存。当人类面对生死存亡的时候,生存是人的最基本的本能,"岂不知礼仪,饥饿情仓皇"。[2] 虽然人是大千世界上最为理性的动物,然而,在饥饿使他们痛苦难耐的时候,当死神向他们招手的时候,为了摆脱死神的纠缠,他们也顾及不到那么多了,同情心、亲属关系、习俗和道德已荡然无存。于是他们变得无耻起来,亲生骨肉成了他们挽救生命的依靠,人肉成了他们救命的最后稻草。他们将亲生骨肉卖为娼妓,他们将自己的孩子遗弃路旁,甚至亲手杀死孩子。灾害的打击使灾民心理失衡,他们已经不具备人的素质,他们成了野兽,变成了一个个比野兽更为凶残的"高级动物"。[3]

第二节　积极的生活生产方式

一、民间预感及自救

(一)民间经验的总结——民谚

在长期的生产实践中,广大的劳动人民总结出了有关洪涝发生的历史经验,有的以民谚的形式代代相传。这种民谚,是祖祖辈辈与水灾斗争的经验教训,所以它可以警示后代,当出现某种现象或情况时,就应提早做好准备,从而减少或避免水灾的伤害。

综合来说,民间有关水灾的民谚主要有以下几类:

首先,关于雨涝天气类。人们根据实践经验,以自然界出现不同的征兆,来判断水灾发生的可能性。如汤阴县就有民谚:断云不过三(天),过三当下淹;七阴八下九不晴,十儿过来找找零;云往南水漂船,云往北一阵黑,云往东一阵风,云往西观音老母披蓑衣;乌云挂金边,大雨两三天;乌云接太

---

①　尹耕云:《京师本计疏》,《皇朝经世文编续编》卷43,《户政43·仓储》,光绪思补楼本,第9页。

②　张应昌:《清诗铎》卷16,《勘灾查户口·奉命勘荒畿辅感赋十首·李振裕》,中华书局1960年版,第529页。

③　苏新留:《民国时期河南水旱灾害与乡村社会》,黄河水利出版社2004年版,第66页。

阳,大雨两三场;空中出现羽毛云,不出三天大雨淋;①卫河流域其他地区也有类似的谚语,如辉县谚语云:"云彩往东,马车常通;云彩往南,观音老母坐船",与汤阴县的非常相似。这些都是根据天空云层的不同来判断雨水大小以及涝灾出现的可能性。新乡县的谚语:"长虫(蛇)上树要发水。""东虹忽雷西虹雨,北虹出来收大米。"②安阳县有"忽然白气遍地出,必遭水淹没","南风不过三,过了三大水淹"③等,则是根据一些不常见的自然现象来推测雨水大小及洪水出现的可能性。

其次,如何进行水土保持,避免水灾类。中国古代的劳动人民也充分认识到了自然灾害和人类所处的生态环境的关系,注意进行水土保持和保护生态平衡。在太行山区,山地的植树绿化受到人们的重视,辉县有"丰年人栽树,灾年树养人""荒山变绿山,不愁吃和穿""山上没有树,水土保不住。山上多栽树,等于修水库"④等俗语。淇县,"搞好绿化,风沙旱涝都不怕"、"山怕无林地怕荒",甚至总结出人与植树的辩证关系——无灾人养树,有灾树养人。⑤

再次,从以往水灾教训中总结出来的避免水灾的经验。总结以前的经验和教训,避免重蹈覆辙,是人们应对水灾的重要方法。卫辉市(汲县)于乾隆五十九年(1794年)发生特大洪水,城厢皆成洪流。此后民间建屋,多以此年水痕为度。⑥ 因为该年洪水是多年最大,故居民以当时水淹的高度为建屋的最低地基标准,避免以后再发洪水时被淹。还有是在水灾发生后,通过观察一些特定标志来推测其他地区水灾灾情。汲县西门外的德胜桥,"在城西卫河上,始架木为之。明兵下河北守者率先归附,桥因以名。……按凡夏秋山水暴涨,若高桥顶尺余,即知北乡一带田禾淹没。若止与桥平,则北乡可

①　汤阴县志编纂委员会编:《汤阴县志》第二编,《气候》,河南人民出版社1987年版,第81页。

②　新乡县志编纂委员会编:《新乡县志》,《社会》,生活·读书·新知三联书店1991年版,第562页。

③　民国《续安阳县志》卷3,《地理志·气候》,北平文岚簃古宋印书局民国二十二年铅印本,第18页。

④　辉县市史志编纂委员会编:《辉县市志》第三十编,《文化》,中州古籍出版社1992年版,第719页。

⑤　淇县志编纂委员会编:《淇县志》第三十二篇,《方言 谚语 对联 歇后语》,中州古籍出版社1996年版,第949页。

⑥　卫辉市地方史志编纂委员会编:《卫辉市志》,《大事记》,生活·读书·新知三联书店1993年版,第22页。

望有年。"①浚县"开口不开口（指卫河），单看六月二十九（农历）"②。则是根据卫河历年发水在时间上的特点总结出来的规律，以指导当地百姓的生产生活。当然，这种经验判断虽然有一定的科学道理，但有些并非完全正确。

最后，水灾环境下发展耐涝类植物和农作物。浚县有"沙里栽杨泥插柳，淹柳旱槐，盐碱地三件宝，盐蒿、碱篷、红荆条"③之谚。淇县有谚云："荞麦豆子是水罐，耐涝不耐旱"，就是百姓在长期水涝环境下的经验总结。

除了经验的总结之外，还有一些精通天文的人，可以预测该年丰歉及宜种植的作物品种。如清末修武县人蒋荣丹就"精天文，能预识岁之丰歉与每年宜种何作物"。④ 这种预测就带有一定的科学性了。

（二）灾后自救

灾后自救，除了前文所述救济粮食和兴修水利外，本部分主要是讨论灾后居民采取的其他自救或互助方式。这些自救和互助方式是人们不肯屈服于灾害的外在表现，亦是人们互相帮助、共同战胜水灾在伦理道德上的一种体现。

在古代人民的心中，灾后施助是一种积德行善的义举，他们不图回报，不为名利。甚至有人一辈子为排除当地水患影响而默默奉献着。苗盈，修武县人，家贫而好善，双槽口外官路南至土胡同村，长数十丈，西旁土壤，东临高崖，屡为雨水冲刷，行人受阻，且多危险。盈负石垒垫，屡坏屡修，年80余，犹孜孜不倦。先后历时20余年，终得坚固，行人经此，莫不感德。⑤

如果说上述义举只是普通日常行为的话，那么当大水来临，善良的百姓仍然会全力以赴，甚至为救溺水者自建舟船。乾隆二十六年（1761年）修武县大水灾，该县常桥村农民石建绩就作木筏救人甚众，不图名利的壮举。据记载：清乾隆二十六年，大水为患，村北校尉营，庐舍尽为水淹，建绩作大木筏，日数往返，救起溺水者甚众。有一被救妇人，供之食，遣之归，该妇感恩，

①　乾隆《汲县志》卷4，《建置下·桥梁》，乾隆二十年刻本，第1页。

②　浚县地方史志编纂委员会：《浚县志》第三十一篇，《方言》，中州古籍出版社1990年版，第906页。

③　浚县地方史志编纂委员会：《浚县志》第三十一篇，《方言》，中州古籍出版社1990年版，第906页。

④　修武县志编纂委员会：《修武县志·人物》，河南人民出版社1986年版，第779页。

⑤　修武县志编纂委员会：《修武县志·人物》，河南人民出版社1986年版，第762页。

敬问姓名,建绩不图报,终不告知。① 高照临所居丁栾镇为直东大道,嘉庆间金龙工河溢,独出重资于集北造桥修路以行旅。及马营坝漫水入境,加以阴雨连旬,村成泽国,复独造船二,令子侄昼夜普渡,并于道旁造屋三间以便晚流者投宿,行之三年。且施茶济渴,远近赖之。② 一些地方的生员也是灾后自救的主力构成。滑县生员崔清夒,"官朝邑典史……邑城东近大河。嘉庆己卯(1819 年)秋夜,水暴至,民仓皇逃避,多缘树号救者,清夒以木筏救援,全活甚众"③。

在卫河流域沿河附近的地区,据当地百姓讲,至今仍有"水火灾害不记仇"的说法。不管邻里是否矛盾,哪怕有不共戴天之仇,如果发生水火灾害,也都要积极尽力救灾,否则,就会为周围乡亲所不容。这也许是跟卫河沿岸水灾常发的地理特点有关吧!

二、因地制宜寻求生存之道

卫河流域沿河各地,因常遭水患侵袭,农业生产受到很大影响。所以,为了减轻灾害损失,易涝地区的百姓发明或总结出了许多避害增收的措施与方法。

犁耧技术。耧是我国古代农业播种的重要工具,自西汉赵过发明后不断进行改进,以适应农业生产的需要。一般前由牲畜牵引,后有人把扶,可以同时完成开沟和下种两项工作,但这种播种工具适宜疏松的土壤,在泥水环境里很难完成播种。

卫河流域分布着许多本已开垦成农田的易涝区,如浚县白寺坡即为该县面积较大的农田区。白寺坡原名长丰坡。《水经注》云:"天下水以泊名者有二,一曰梁山泊,一曰长丰泊。"④长丰渠系浚县白寺坡洼地之重要排水渠道,西南起自卫贤乡之交卸村,北至屯子乡码头村。南北延伸七十余华里,流域面积达 327 平方公里,最大泄水量为 27 立方米/秒,为全县境内最大的排涝渠道。该渠开挖于明弘治年间,于嘉靖年间曾疏浚扩建。嗣后虽经历次整修,但终未消除水患。到民国时期因年久失修,所有交通桥梁多为坍塌,渠道淤塞,排水不畅。每届农历六、七月,天雨连绵,加不火龙岗之滚岗涧水向东流淌,广阔延袤,天水一色,自白寺至长寿村之护水堤,汪洋如海。

在如此恶劣的自然环境下,当地百姓发明了一种犁耧技术应用于实际生产。所谓犁耧,系当地百姓因地制宜改进的一种播种工具,即将原旱地使

① 道光《修武县志》卷 8,《人物志·义行》,道光十九年刻本,第 63 页。
② 同治《滑县志》卷 10,《义行》,同治六年刻本,第 8 页。
③ 同治《滑县志》卷 10,《义行》,同治六年刻本,第 7 页。
④ 嘉庆《大清一统志》,《卫辉府一·山川》,四部丛刊本,第 18 页。

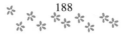

用的播种机械——耧之扁平状耧铧改装如刀式之耧铧,以便于在泥水中可以顺利地前进,从而达到播种之效果。此种技术到民国初年一些易涝之区依然在沿用。民国十四年夏,洪水漫延至浚县城西之三皇庙。往来需靠舟楫,交通极为困难。坡内村庄担心贻误种麦时机,即利用犁耧淌水踩泥播种。滑县易涝地区的百姓在民国时亦有使用,据笔者在滑县调查时了解,此刀式之耧铧因其形似,当地人称之为"公鸡头",由铁匠打制而成,外形似刀,下端向下弯曲,形似公鸡嘴,可以把泥水划开成沟,使种子播入沟中。虽因此播种方法粗放,收成并不十分理想,①但在当时普遍亩产不高的情况下,相比因积水而撂荒,亦不失为最后一种增加粮食产量的途径与方法。同时,这种十分可贵的改造恶劣自然环境的努力亦充分展现了当地百姓向自然灾害斗争的积极态度。

除了因地制宜改进生产技术外,易涝易水地区的百姓还根据当地土壤的性质种植合适的植物、农作物和经济作物。如修武县"正东路,地多斥卤,宜麦宜豆而不宜谷,每年支廉号草甚难。"②大名县以东黄河故道根据实际情况种植果木和白蜡条以发展作器编织。据民国《大名县志》载:"县境内御河以东黄河故道,土质多沙,栽楮桃,栽杞柳,栽白蜡条以备作器之用,而野无弃地,人有余财,且可阻止风沙。"③在进行经济创收的同时也治理了风沙,改善了当地的生态环境。而大名县境内其他地区有面积较大的沙荒地,是发展畜牧业的优越条件,故清康熙《大名县志》载:"地杂斥卤,宜于畜牧。"④南乐县则因为遍地盐碱,所以就熬盐来增加家庭收入。有民谣说:"盐碱地,苦水窝,全靠熬盐过生活。遍地一片碱土堆,万亩土地变白陂。"⑤地靠太行山的辉县,官府则提倡在山上种橡槲以放养山蚕,"北山一带,举目荒凉,殊为可惜……广植橡槲则可以放蚕,可以烧炭,其利更可无穷。……愿尔等百姓一旦奋发竟不留余力以植之,则今日之童山亦异日之牛山也。"⑥利用当地自

① 政协河南省浚县委员会文史资料研究委员会:《浚县文史资料》,刘式武:《疏浚长丰渠之呼吁》,1988 年第 2 辑,第 125、126 页。

② 民国《修武县志》卷 5,《职官》,成文出版社民国二十年铅印本,第 380 页。

③ 大名县志编纂委员会:《大名县志》第二编,《经济·林业》,新华出版社 1994 年版,第 146 页。

④ 大名县志编纂委员会编:《大名县志》第二编,《经济·畜牧 水产》,新华出版社 1994 年版,第 158 页。

⑤ 史国强:《南乐县志》第四编,《水利·除涝治碱》,中州古籍出版社 1996 年版,第 154 页。

⑥ 道光《辉县志》卷 18,《艺文·杂著》,光绪十四年郭藻、二十一年易钊两次补刻本,第 37 页。

然条件变荒山为宝山,同时亦有利于水土保持,减少水土流失和灾害的发生。

在农业生产得不到保证的情况下,各地人民逐渐养成了经营商业的风俗。他们利用当地的有利条件,因地制宜,发展各种手工业和工商业。

南乐一带的草帽编织业就非常发达。乾隆年间,南乐县草辫生产进入繁盛时期,"不绩丝棉不绣花,草莛包里有生涯。金绦万挂龙鳞细,都出寻常百姓家"就是描写其生产发达的情况。草辫编织的原料来自当地盛产的小麦茎,所以,村民在小麦登场时要抓紧采集麦茎以备编织之用。南乐县举人牛光斗有竹枝词描写了此时繁忙的采麦茎景象:"乡村四月麦登场,晓起人声逐早凉。小妇也随大妇出,家家都为麦茎忙。"①就是当时人们忙着选麦秸的情形写照。草辫编织对于南乐县百姓来说可谓与其生活休戚相关。它因取材就地,简单易学,并利用耕作之余的空闲时间即可从事而受到当地人的欢迎,成为人们借此收入聊补家用的较好形式。乾隆年间南乐知县茹敦和的一首诗就描写了此种情景,"麦茎入夜添,盘绦葺成笠,独怜茆檐中,辛苦换升合……"②

在临清县,当地居民也利用水边多柳的优势剪枝作叉或编造。据《临清县志》载:"白塔湾东北沿沙河一带,绵亘数十里弥望皆柳,居民或剪枝作叉或蓄丛条以资编造。"③南乐县潴龙河流经之地,因无下流之路,经常泛滥成灾,形成盐碱斥卤之地,"秋霖未十日,荡潏亦已多,兼之水所过,斥卤盈顷亩,盐花白如雪,芄芄出柽柳"④,在这样恶劣的生产环境中,当地人利用河边抗碱耐涝的柽柳进行编造箩筐,发展手工业。直到今天,草帽编织、木叉制作依然是当地知名的手工业。

三、调整作物种植品种和布局

一般而言,正常条件下,一个地区的作物布局在一段时间内是相对稳定的,但这并非一成不变,在一定条件下会随着比如生态适应性、社会需要、市场价格等的变化而变化,而其中自然灾害就是一个重要的因素。⑤ 水灾对局部地表地貌的改变肯定会对微观作物的布局产生一定影响,这种影响往往

① 史国强校注:《南乐县志校注》(以光绪本为底本),山东大学出版社 1989 年版,第 411 页。
② 光绪《南乐县志》卷 8,《艺文上》,光绪二十九年刻本,第 35 页。
③ 民国《临清县志》卷 7,《建置志·实业类》,民国二十三年铅印本,第 26 页。
④ 光绪《南乐县志》卷 8,《艺文上》,光绪二十九年刻本,第 34 页。
⑤ 王加华:《清季至民国华北的水旱灾害与作物选择》,《中国历史地理论丛》,2003年第 1 期。

通过人们的具体行为体现出来,即因地制宜选择种植不同的作物、不同的种植方式。对于水灾环境下的地区而言,就是根据不同条件适时对作物种植做出调整,以适应当地易涝的自然环境,确保能得到一定的粮食收成。如此一来,在总体农作制度与种植格局保持相对稳定的前提下,局部地区和微观层面就会逐渐发生一些改变。

明代之前,华北地区的农作制度并不稳定,直到明末清初,华北地区才渐次形成二年三熟制,①至清中后期基本得到定型和推广,但卫河流域的水灾如前所述多发生在夏秋之季,一些沿河的低洼之区,积水往往要到初秋才能干涸出田地,这种情况导致夏收作物很难保收,于是当地人民就因势利导,充分利用条件种植冬小麦,俗称"一水一麦"。由于淤肥之故,收成也并不差。如临漳"近漳之地宜于种麦"②;大名县滨临河干的前普安等三十八村亦是如此,"向来仅植二麦,不种秋禾,间或播种杂粮,亦属无几"③;在卫河附近的南乐一带,也多为一水一麦之地,乾隆十二年(1747 年)八月初二那苏图奏:"查沿河低洼被水之区……余如……南乐……等处,沿河多系一水一麦之地,均止一隅轻灾"。④ 因为冬麦一般九月播种,次年五月收割,恰好可避开季节性水灾的侵害。此种种植方法,在明末时徐光启才建议实施,可能至清代才得到广泛实行和推广。徐光启曾言:"北土最下地,极易苦涝……余教之多植麦,当不惧涝。涝必于伏秋间,弗及麦也。涝后能疏水,及秋而涸,则植秋麦。"⑤这里所谓"一水一麦"即有水后肥田之意,即大水过后当年的小麦就会丰收,故有些地方有"一麦抵三秋"之谚。同时还有根据当地夏季易发水灾的现状,一年当中只种一季冬小麦以避开夏季水灾之意。当夏秋洪水多发,低洼之处易于被淹浸之时,小麦业已成熟收割。

正因为有一水一麦之利,故清人陈端在其《治漳河策》中就主张以不治为治,保持一年一熟的农作制度。他说:"以城池仓库为重,护城堤防令坚厚,无使再得冲决。至若临河之田,势不能两季俱收而颇得种麦,数年来以沿河冲决太多,冰冻后水涨泛滥,故不能麦。若于八九月后,河势杀缓,遍示沿河乡民,将冲决水口尽行补塞,地主不能阻拦。又令被水乡村助之,责其

---

① 李令福:《论华北平原二年三熟轮作制的形成时间及其作物组合》,《陕西师大学报》(哲学社会科学版),1995 年第 4 期。

② 骆文光:《兴建惠民仓议》,光绪《临漳县志》卷 16,《艺文·杂志》,光绪三十年刻本,第 51 页。

③ 《洪涝档案史料》,第 422 页。

④ 《洪涝档案史料》,第 108 页。

⑤ 徐光启著,石汉生校注:《农政全书校注》卷 25,《树艺·谷部上》,上海古籍出版社 1979 年版,第 631 页。

成功,不作故套,如此则河工不劳而麦可种,庶几国课可完,衣食可给,以待河势少定再作区处,公私无扰,上下各得,所谓万全无害者也,所谓以不治治之者也。"①在陈端看来,季节性易涝之区,普通夏播作物难保有收,为避开水灾侵害,人们应该坚持一年一熟的耕作制度,这种耕作制度一方面可以省出人力、财力保证城池坚固。另一方面一季冬麦又可衣食可给,满足沿河易涝百姓的生活。

对于夏季易涝的地方,当地百姓也并非全部放弃不种,而是种植一些耐涝的夏播作物,比如高粱。高粱出穗后的耐水性极好,据《农政全书》所载:"北方地不宜麦禾者,乃种此,尤宜下地。立秋后五日,虽水涝至一丈深,不能坏之。"②正因高粱具有这种特性,故在经历水灾之后,它的收成基本不受影响,如嘉庆十三年(1808 年),安阳、汤阴、内黄三县受灾,一些受灾地区的情况是"仅止较低处所间段稍有积水,即可消全涸,无误种麦。现查早秋高粱等项业已收获,晚秋豆谷各杂粮,亦约有六成收成,均不成灾。"③嘉庆十二年(1807 年),河南巡抚马慧裕八月二十四日奏:"查安阳县被水之伏恩等三十一村庄,汤阴县被水之北故城等二十二村庄,内黄县被水之元村等三十一村庄……高阜地方漫水仅止一过,秋禾无碍收成;其低洼之处,间有积水深六、七寸至尺余,宽十余丈至里许不等。内中种植高粱者居其大半,业已将次成熟,尚无妨碍。惟谷豆等禾被淹受伤,收成歉薄。"④可见高粱相对谷豆等低秆作物在易涝环境中的优势,故当地百姓为避免水患造成粮食减产绝收,在易受水患的低洼之地,多种高粱应对。这样的做法,是当地人民在长期的农业生产中,掌握了高粱及当地水涝的特点后,主动适应易涝环境发展农业生产的有益尝试,避免了大水将禾苗淹没致死、作物减产或绝收的局面。

但是,高粱在出穗前亦怕水淹浸。出穗前若被水淹,则会枯死绝收,所以如果立秋前发生水灾,当地百姓就会"筑堤二三尺以御暴水,但求堤防数日,即客水大至亦无害也。"⑤总之,在易涝的地方,相对于其他作物,高粱因其明显优势而被广种,故在卫河流域一些沿河低洼之地流传着这样的谚语:"洼地种黑柳,保险没有走(黑柳指高粱)""洼地种高粱,家里多修仓""洼

① 光绪《临漳县志》卷 16,《艺文·杂志》,光绪三十年刻本,第 21 页。

② 徐光启著,石汉生校注:《农政全书校注》卷 25,《树艺·谷部上》,上海古籍出版社 1979 年版,第 630 页。

③ 《洪涝档案史料》,第 303 页。

④ 《洪涝档案史料》,第 299 页。

⑤ 徐光启:《农政全书》,《泽农要录》卷 3 引,吴邦庆辑《畿辅河道水利丛书·畿辅水利辑览》,道光四年益津吴氏刻本,第 6 页。

地种高的,有吃有烧的"。可见,在易遭水灾之地种植高粱等高秆作物不失为一种救民的良策。正因为如此,此时期华北地区高粱种植能够迅速崛起,在粮食作物中与小麦、粟相提并论,成为华北平原百姓的主要口粮,如乾隆三年,河南巡抚尹会一奏称:"豫民食用,以麦为主,高粱、荞麦、菽黍次之。"①乾隆时,汲县民亦"膳食以小米为主,乡人率以高粱荞麦黄豆之属杂制以炊。"②高粱产量的快速提高,固然与人口增加而产生的粮食供给压力等原因有关,③在一定程度上更与华北地区水灾多发的背景下,耐涝作物高粱的种植面积扩大有直接关系。

　　除了夏季作物种植高秆品种外,灾区人民在与洪水长期的斗争中还总结了丰富的抗灾经验。洪水过后,如果农时尚不太晚,为了减轻损失,人们就在先行涸出的地方及时补种作物荞麦、晚禾或杂粮。如乾隆二年(1737年),河南巡抚尹会一奏:"此番水势多系骤长骤落,连日又复晴朗,水俱消退。田禾大率无碍,即间有损伤者尚可补种荞麦晚禾。"④一般而言,补种荞麦居多。虽然荞麦"面不美,食之难消",正常年景下人们多"不肯种",⑤但荞麦生长期短,一般只有60~80天,⑥能充分利用农时,随时播种。更为重要的是荞麦喜在雨涝环境中生长,农谚有云:"荞麦豆子水布袋","荞麦豆子是水罐,耐涝不耐旱"⑦即其生产经验的总结。所以,补种的荞麦在冬季来临之前照样可以获得收成,"现积水均已消退,其早经补种荞麦之处,俱已结实有收"⑧。有时也间有其他的杂粮,嘉庆二十一年(1817)七月二十五日河南巡抚吴璥奏:"安阳、汤阴、内黄三县,因漳卫两河漫溢,间有低洼被水村庄,不过一隅中之一隅,……逐渐涸复,多已补种荞麦杂粮。"⑨

　　倘若洪水过后已至秋冬之季,补种作物和冬小麦均已误农时,有的地方就在来年的春天补种春小麦。如大名等地在乾隆二十二年(1757年)漳河决口漫溢发生大水,方观承就指出:"漫水猝至,淹及民田村舍……其已消宜种

　　① 《清高宗实录》卷八一,中华书局1986年版,第285页。
　　② 乾隆《汲县志》卷六《食货》,乾隆二十年刻本,第8页。
　　③ 李秋芳:《明清华北平原高粱种植的崛起及其原因》,《北方论丛》,2014年第2期。
　　④ 《洪涝档案史料》,第67页。
　　⑤ 光绪《临朐县志》卷8,《风土》,光绪十年刻本,第7页。
　　⑥ 李竞雄、杨守仁,周可勇:《作物栽培学》,高等教育出版社1958年版,第257页。
　　⑦ 淇县志编纂委员会编:《淇县志》第三十二编,《方言 谚语 对联 歇后语》,中州古籍出版社1996年版,第949页。(在卫河流域的其他地方也有类似的谚语。)
　　⑧ 《洪涝档案史料》,第223页。
　　⑨ 《洪涝档案史料》,第341页。

之地,贫民须借麦种,及期赶种已逾大半,立冬前可以种全,其未消处所,即使迟期,仍可补种春麦"。也就是说,涸出之地可以种上冬小麦,而未涸之地则等来年种春小麦。虽然春小麦比冬小麦产量低,品质差,"其面味短而粘,不及寻常小麦面甜美香甘、爽利适口。"①但2月种5月可收的生长期,使得在涝水及冬而涸的地方尤宜种之。在其他作物均已迟期不能下种的情况下,亦不失为一种最大限度地获得收成,减轻灾情的变通之策。

对于一些长期或经年积水不消之地,当地百姓就选用喜水的作物水稻来发展生产,如汲县"多不种稻,惟北乡水屯种之"。② 大名县亦为常遭水患之地,尤其是滨河低洼处所更是频遭水淹。所以,当地居民也在低洼之地种上水稻,利用滨河低洼处水多的条件发展生产。当然,如果秋季收获时节,遇到阴雨连绵的天气,同样也会给收获带来麻烦,如道光十二年(1832年),大名县"低洼地亩已割晚禾,因连遭阴雨霉烂减色"③。

除此之外,卫河流域沿河居民还根据土壤特性调整作物的种植布局。如汲县"邑中土壤高下不一,东乡南乡地势平衍附郭十余里皆沃土,微洼处夏秋多被水。十余里外地微沙,树艺各种皆宜,其洼者尤宜麦,沙者尤宜黍与木棉(俗名棉花),西乡地势微高,多膏腴之地(凡活壤俗称两和土),惟不宜黍及木棉。"④临漳县根据当地常遭水患的特点,分区布局,"境四百余村无一村不被漳水之害,城内居民衣食粗完者更少。近漳之地宜于种麦,北乡土性焦燥宜于种棉"⑤。安阳县也根据土壤特性,发展当地适宜的作物和产业。安阳的田地,"附西城东城者多为圃,县东夹洹水者,田皆填淤,宜麦宜蓝,……自善应西皆山,田中下,多种柿梨枣核桃,宜菽谷,又善牧羊"⑥。

总之,针对水灾危害,人们选择了许多适宜于水涝环境种植的作物,这在一定程度上改变了华北的微观作物布局,如平时种植较少的春小麦、水稻、荞麦等作物,水灾环境下在某些地区的种植面积增加。另外,在一些地区,作物的农作制也发生了些许变化,如在一水一麦之区或种植水稻的地

① 《救荒简易书》卷1,《救荒月令·一月》,《续修四库全书·子部农家类》,第976册,第6页。

② 乾隆《汲县志》卷6,《风土·种植》,乾隆二十年刻本,第7页。

③ 《洪涝档案史料》,第420页。

④ 乾隆《汲县志》卷6,《风土·种植》,乾隆二十年刻本,第6页。

⑤ 骆文光:《兴建惠民仓议》,光绪《临漳县志》卷16,《艺文·杂志》,光绪三十年刻本,第51页。

⑥ 顺治《彰德府志》卷2,《地理志第一》之二,顺治十五年刻本,《清代孤本方志选》第一辑第七册,线装书局,第35页。

方,由传统的二年三作制变为一年一作制。① 当然,无论是调整作物还是合理布局作物品种,都是卫河流域沿河居民因地制宜,向水灾作斗争的积极方式,是人们适应不同环境的一种体现。

四、变害为利——淤灌肥田的主动利用

早在春秋魏文侯时,就有西门豹与史起利用浊流淤灌肥田,"引漳水灌邺(邺,今临漳),以富魏之河内。""民歌之曰:邺有贤令兮,为史公。决漳水兮,灌邺旁。终古斥卤兮,生稻粱。"②但"后世踵行,则旋开旋废",③所以漳水犹在,而"功用不著,令人有今不古若之慨。"④虽然如此,因漳河含沙量大,在清代其流经之地还存在有水过沙留,从而产生肥田效果的现象,故有"一麦抵三秋"之谚。当然,这种肥田效果的出现,并非各地普遍存在,而与洪水经过的地形、水势、离河远近等因素相关,是一种洪水过后的自然现象。⑤ 在安阳附近的洹河沿岸,也有大片因洹河泛滥而淤肥的田地,当地百姓利用淤肥的土地种植麦和蓝,虽然发大水时会没有收成,但水灾之后却可以大丰收,当地百姓因此而富裕。据《彰德府志》载:安阳"县东夹洹水者,田皆填淤,宜麦宜蓝,……民赖饶裕,田多者至三千亩或四千"。⑥ 可见洹河沿岸淤肥的田地面积之大。

虽然水过沙淤能够肥田,起到"一麦抵三秋"之效,但这种肥田方式并非农民主动利用本地自然条件发展生产的结果。而在卫河流域的其他地方,当百姓认识到淤泥可以肥田的功用之后,却广泛存在着主动利用淤泥肥田,以提高粮食产量的做法。利用洪水中所含泥沙肥田的做法古已有之,但利用河中淤泥肥田的现象在卫河流域出现的时间则并不久远。这种最初在江南水乡采用的方法,直到明万历十六年浙江嘉善人袁黄上任宝坻知县,才建议将南方实行的河泥肥田之法推行北方,"泥粪者,江南田家,河港内乘船……北方河内多泥,取之尤便,或和粪内用,或和草皆妙"⑦。在行政力量和

①　王加华:《清季到民国华北的水旱灾害与作物选择》,《中国历史地理论丛》,2003年第1期,第88页。

②　班固:《汉书》卷29,《沟洫九》,中华书局1962年版,第1677页。

③　光绪《临漳县志》卷1,《疆域·河渠》,光绪三十年刻本,第31页。

④　光绪《临漳县志》卷1,《疆域·河渠》,光绪三十年刻本,第33页。

⑤　孟祥晓:《淤灌肥田:清代卫河流域水灾与土壤改良》,《农业考古》,2014年第4期,第191–193页。

⑥　顺治《彰德府志》卷二《地理志·第一之二》,顺治十五年刻本,《清代孤本方志选》第一辑第七册,线装书局,第35页。

⑦　郑守森等校注:《宝坻劝农书·渠阳水利·山居琐言》,中国农业出版社2000年版,第27页。

奖赏刺激的双重作用下，他的这种技术取得了良好的推广效果，史载"民尊信其说，踊跃相劝"①，是故至清代卫河流域有些地方出现以此方法肥田的记载。他们除了疏浚河道治水，使"涂泥且变为膏腴矣"②之外，还利用此法，于河中取淤积污泥肥田，当地百姓称之为"泥粪"。其具体方法即"于沟港内乘船以竹夹取青泥，杴拨岸上，凝定裁成块子，担去同大粪和用，比常粪得力甚多"③。

　　总之，当地居民在由被动到积极主动利用洪水过后留下的淤泥，达到肥田之效之外，还采用原流行于江南地区的方法取河泥肥田，在治理河道减少水患的同时，亦促进了当地农业的发展，这是百姓学习南方技术并因地制宜加以运用的结果。

　　由上观之，虽然波涛汹涌的洪水带给沿河居民无尽的灾难，但面对水灾的威胁，当地百姓并没有退却，他们在与水灾长期的斗争中积累了丰富的经验，无论从气象的观察和预测，还是因地制宜发展当地手工业、主动调整作物的种植以及变害为利淤灌肥田，都是人与自然共处过程中的互动，是具有积极意义的。当然，从另一方面来说，这些因地制宜的做法，也是由水灾之后的生态环境所决定的，人们只有在现有生态条件的基础上进行生产而不能超脱这种环境条件，这也恰好反映了水灾对于生民的严酷和生民们对于大自然的依赖性。有鉴于此，人类更应该从根本上采取措施，减少水灾的发生，降低水患对人类的破坏性影响。

──────────

　　①　吴邦庆辑：《畿辅河道水利丛书·畿辅水利辑览》，《袁黄劝农书摘语》，道光四年益津吴氏刻本，第41页。
　　②　乾隆《修武县志》卷一八《艺文上·记》，清乾隆三十一年增补本，第82页。
　　③　吴邦庆辑：《畿辅河道水利丛书·畿辅水利辑览》，《泽农要录》卷四，道光四年益津吴氏刻本，第22页。

　　本书以历史地理学研究理论为指导,利用历史文献对比分析的方法、图表分析法、实地考察法以及对比研究法等方法,突出运用历代史料层叠对比,找出不同点的方式,在比较完整的区域、时段内建立了水灾与人类活动及社会变迁即人地关系变化的一个模式,综合研究了水灾对自然及社会诸方面的影响,以及人类活动对水灾的反作用。通过对这个人地关系系统的研究,一方面可以体现历史时期人类治理水患的成就与成果。另一方面从中我们也要看到,不当的人类活动又会导致水患的频繁发生,从而对自然及社会产生更为严重的影响。

　　"水灾"只是本书的一个视角,通过该视角并采取一系列方法与技术手段,按照"水灾发生—人类的反应及效果评估—水灾对人类社会各方面影响"的内在逻辑,通过多角度、多层次论证,分析探讨了清至民初卫河流域水灾概况并分析其原因,以及水灾与人类社会的互动过程,从而反映出清至民初卫河流域的人地关系状况。在论述了水灾多发的原因及其对人类社会各方面的影响后,并进一步揭示出一些短视和不当的人类活动会造成更大范围和更为严重的水灾发生。

　　具体而言,通过分析论证,我们得出以下几点主要结论。

　　首先,通过统计列表,较为准确地勾勒出清至民国初期卫河流域水灾发生的时空特点,在时间上表现出随时间推移而频发的趋势;在地区上则表现出明显的以滑县、浚县以下河段多发的特点。这种特点与卫河流域的自然条件有相当大的关系,同时亦有不可忽视的人为因素。浚县以上河段,尤其是上游山区河段地区发生严重水灾,造成巨大损失的概率最大,这不能不引起我们的注意。

　　其次,社会对水灾的反应上,表现出政府力量的淡出及社会和民间组织参与的活跃。就救灾成效而言,虽然政府救济起到了一定的作用,但清代中后期,由于弊端丛生,分层救济以及救灾物资的杯水车薪,都使救灾效果大打折扣。清末更是如此,仓储制度的名存实亡,仓粮的减少或无存都难以起到救助的作用。民国初期虽然有过新政,但也大多没能得到有效实施,这种严峻的现实必然造成灾民救助失时,引发流民及社会动荡。所以,对于所谓封建时代救济制度最为健全时期的救济效果,我们不能过分夸大。而社会及民间组织对水灾前后的救治措施在客观上对灾民的生活有所裨益,但也不能掩盖其一定的局限性,许多地方发生的反救灾组织救济的情况就是明证。另外,社会对于水灾发生后修堤筑防或开渠排涝等治理措施,也要辩证地来分析。有些措施,在有意无意中会导致异地水灾的发生,因此,对河流水灾的治理,一定要全盘考虑、协调进行,方可不会顾此失彼,人为加重灾害的发生。

再次,通过考察卫河干流及支流的变迁及特点发现,清至民初时期卫河干流的变迁主要发生在滑县、浚县以下的河段,这种变迁有的是被动变迁,也有的是主动变迁。河道的变迁与此段水灾的频发是相辅相成的。支流主要表现为洹水、汤水、漳水入卫地点的变迁。洹水、汤水的变迁与卫河息息相关,而卫河的河道迁徙又与漳河的不断泛滥入侵有很大关系,这些河网的变迁相互影响,牵一发而动全身,并具有一定的规律和特点。漳河入卫地点主要有两个区域,一是元城以下至馆陶入卫。一是大名县以南地区,这个区域西至洹河,经内黄、清丰、南乐、东北到大名县龙王庙,最北的入卫地点在大名县双井镇。在清到民初这段时间里,漳河以在大名县以南地区入卫为主,约占总年数的60%,在元城以下区域入卫的时间约占40%。

最后,水灾对社会的影响是多面的,不仅会造成经济萧条、土地盐碱化,村落的分合变迁,而且水灾还时常引发社会动乱与地区纠纷,从而阻碍地方经济发展、影响国家对地方社会的治理及社会稳定。水灾还摧毁城镇,导致城镇区划的调整。而违背客观规律的区划调整引发的一系列问题,是沿河城镇建设要特别注意的一点。同时,水灾之后,灾民积极采取各种措施因地制宜,发展自救,顽强地同自然做斗争。另一方面,洪水沧海桑田的变化以及灾后的饥饿和瘟疫,冲击影响着灾民的心理和社会风俗,造成迷信思想充斥,灾后有违人伦道德的事件和行为大量出现。

水灾自古有之,4000多年前就有大禹治水的传说故事。水灾对人类的严重危害自古便不绝于书。通过本研究,让我们对"水灾—人类活动—生态环境破坏—水灾"这样一个循环过程有了更深的认识,对如何处理社会发展中的人地关系有了新的体味。为减少水灾对人类的影响,创建人与自然的和谐社会,就要从人类自身做起,故笔者认为有以下几点需要注意:

1. 恢复流域生态,保护流域内的湿地及陂塘

虽然今天的卫河基本断流,但不排除会再次发生洪涝的可能性,2016 年 7 月 9 日的新乡特大水灾即为明证。所以,要加强易灾地区生态环境综合治理,努力恢复生态系统功能。在山区大力植树造林,退耕还林,防止水土流失。

努力恢复卫河流域的陂塘和湿地系统。湿地和陂塘的存在一方面可以改善气候环境,另一方面在发生洪涝时也可以蓄水减涝,同时增加洪水在流域内的停留时间,补给地下水,从而使洪水资源化,故有必要保护湿地和陂塘的生态环境,防止被任意耕垦和占用。

2. 重视中小河流的治理,尤其是中小河流山区河段的水土保持治理

中小河流由于河流较小,水量相对不大,比起大江大河来说,洪水的发生率也相对要小,故往往不被重视。但是,中小河流也有发生大洪涝的可能,如果不予重视,就会造成难以挽回的损失。据了解,2010 年因洪灾引起的主要灾害大多发生在中小河流;与此相对应,因灾死亡的人数有 70% ~ 80% 也都在中小河流。2010 年夏季在甘肃舟曲发生的特大山洪泥石流灾害,也再次为我们敲响加强中小河流域河流治理的警钟。这个嘉陵江上游支流白龙江附近的地方,年降水量通常只有 200 ~ 300 毫米地方,却发生了特大山洪泥石流灾害,造成了重大人员伤亡和财产损失,说明中小河流同样有发生大的洪涝灾害的可能,应该更加注意预防。

卫河亦属于中小河流,虽然在清至民初的时间里由于事关漕运,还能得到政府的关注,但毕竟不如运河和黄河受到重视的程度。卫河的一些治洪水利工程也大多为地方负责,地方政府的各自为政必然形成条块分割,河堤不连,民埝难筑,一旦洪水暴发,灾难自不可免。而地处山区的河段尤其重要,山区梯田的开垦、植被的砍伐,造成自然生态环境的破坏,当山洪暴发,汇流下泄,就会形成泥石流,危害巨大,损失严重。卫河流域太行山区各县水灾发生率并不算最高,但是其严重水灾发生率却高居榜首就是很好的说明。

3. 防洪减灾水利工程必须注意其对自然生态环境的影响

从历史上看来,修筑水利工程一直是防治洪涝灾害的重点内容,但在兴修水利工程、治理水患时,人们也大多只考虑灌溉之利而不关心所修工程可能造成的负面影响,"皆为灌溉计,地方之风气灾害不与焉。"[①] 所以,一些水利建设工程,原本初衷很好,但由于考虑不周,最终却成了造成水患的元凶。一些水利工程,尤其是一些相对规模较大的工程,不可否认,将对周围的自

---

① 乾隆《彰德府志》卷 26,《艺文》,乾隆五十二年刻本,第 26 页。

然生态环境产生不同程度的影响或改变,这种改变,或有利于生态环境的改善,变水害为水利;或者相反,使小范围的生态环境遭到破坏,使水利可能成为水害。长期以来,人类为治理水患修建的水利工程忽视了对自然生态环境的影响,致使部分水利设施不能发挥应有的作用,或者从水利变成了水害。这在本研究的论述中已多次提到。因为自然生态环境的变迁是一个相对较长的过程,而人类活动对自然环境的影响与改变有时短时间内就可以表现出来,有的则可能需要有一个较长的时段才会逐渐显现。当其表现出的负面效果影响到人类社会,人类为此付出代价时,可能已到了无法挽救的地步。或者即使能够遏制或改善生态环境也要付出几代、几十代人的长期努力,到那时则后悔已晚。所以,在人类对自然改造方案付诸实践时,一定要慎之又慎。必须注意社会进步和经济发展带来的新的致灾因素,注意经济发展和生态环境与灾害的关系,唯如此,人与自然的和谐相处或成为可能,社会发展才能进入可持续发展的良性发展轨道。

4.坚持全流域统一治理,杜绝各自为政

坚持全流域统一治理有两层含义:从小的方面讲,卫河流域各河流是一个互相联系的整体。通过上述研究,即可以看出卫河流域各河道间的相互关联性,它们变迁时互相影响,彼此掣肘,故只有站在全局的高度,统一部署,合理安排,才有利于河流整体得到综合治理,避免出现"以邻为壑"和"阻水病邻"的事件发生。从大的方面来看,包括卫河流域各河在内的豫北甚至华北平原主要水系之间,在历史时期发生过不少关系,因而在治理豫北地区主要河流时,不应单一地考虑某一河流或水系,而应对豫北主要水系进行通盘考虑,综合治理。①

5.采取措施,变洪水资源化,促进流域生态环境改善

中国的水资源分布不均,如何能均衡各地水资源,把甲地的洪水引向干旱的乙地,既减轻了甲地的洪涝,又可改善乙地的生态。在同一地区,可以在汛期有意识地利用田间、蓄滞洪区、湿地和河道蓄滞洪水,把洪水转化为地下水。让洪水多蓄一段时间,将更多的洪水渗入地下,补给地下水,从而形成水生态的良性发展。如此,则善莫大焉。

---

① 　钮仲勋、孙仲明:《历史时期豫北地区主要水系之间的关系及人类改造利用的影响》,《河南社科》,1985 年第 2 期,第 114 页。

一、清至民初卫河流域各县水灾统计表

说明:一、凡有洪涝记载资料并造成损失的均记入在内。一些反常降雨但没有明确记载造成损失的则不计入,如新乡县乾隆二十四年(1759 年)春正月,雷雨大作等。

二、因《清代海河滦河洪涝档案史料》中关于水灾的内容记载较多,全部引入表中占用空间较大,故凡是本书中的有关记载,表中均以"洪涝"代之。

三、在编制下列各表,引用各种新编地方志或有关史料汇编的著作时,对一些明显错误的字或者句读,均作了订正。不再一一说明。

修武县水灾统计表①（共 29 年次）

公元纪年	历史纪年	发生时间	水灾情况	洪水来源	资料来源
1646 年	顺治三年		沁水决	沁决	道光
1647 年	顺治四年		沁水决	沁决	道光
1653 年	顺治十年		新、获、辉、淇、汲、修无一处不灾	降雨②	《海》③第 478 页
1654 年	顺治十一年（通志作十年）		沁水决	沁决	道光
1679 年	康熙十八年	八至九月	八月十五日淫雨至九月二十五日止，秋禾不熟	降雨	道光
1703 年	康熙四十二年		水淹田禾	降雨	道光
1751 年	乾隆十六年	六月	六月二十八日大雨，山水暴涨，沁水决，直达小丹河，县南门外丹河北岸决，城门塞，房屋田禾多被淹没	降雨、沁决	道光
1757 年	乾隆二十二年	六月	六月二十九日，山水暴涨，县西自白庄诸邨庐舍秋禾多被淹冲	降雨	道光
1761 年	乾隆二十六年	七月	七月二十七日大雨，丹沁两河及境内山水骤涨，平地水深丈余，倒灌入城，县属二百六十邨房屋庐舍秋禾尽淹，时以为奇灾	降雨、丹、沁决	道光
1779 年	乾隆四十四年		秋禾水淹	降雨	道光

---

① 本表据道光《修武县志》卷 4，《祥异志》道光二十年（1840 年）刻本；同治《修武县志》卷 4，《祥异志》，同治七年（1868 年）增刻本；民国《修武县志》卷 16，《祥异》，成文出版社民国二十年铅印本及《海河流域历代自然灾害史料》等有关内容编制。

② 本附录中凡史料中未明确哪条河流决口或漫溢的，在表中均记为"降雨"，下同。

③ 《海河流域历代自然灾害史料》，在各表中简称《海》，以下不再重复。

续表

公元纪年	历史纪年	发生时间	水灾情况	洪水来源	资料来源
1794 年	乾隆五十九年		沁水自卢邨决口,直冲修邑,秋雨连绵,山水并发,阖境被灾	沁决	道光
1813 年	嘉庆十八年	八月	八月二十五日淫雨八日,丹水溢,陆地成河	降雨、丹溢	道光
1817 年	嘉庆二十二年	十月	十月阴雨连绵二十余日	降雨	民国
1818 年	嘉庆二十三年	六月	六月初六,沁水决大樊口,平地水深数尺,秋禾尽淹	沁决	道光
1819 年	嘉庆二十四年		洪涝①	降雨	《海》第 677 页
1822 年	道光二年	八月	八月初六至十二日,大雨连绵,墙倒屋塌,原邨决口三十余丈,冲淹县南及西南、东南一带田禾无算	降雨	道光
1823 年	道光三年		水灾、雹灾	降雨	同治
1846 年	道光二十六年		洪涝	降雨	《海》第 721 页
1849 年	道光二十九年		洪涝	降雨	《海》第 724 页
1865 年	同治四年		洪涝	降雨	《海》第 746 页
1868 年	同治七年		夏麦大稔,秋沁决大樊,邑之南霍、纪孟、北雎等村灾甚巨	沁决	民国

---

① 本表所填"洪涝"均系指在《清代海河滦河洪涝档案史料》中的有关记载而言,具体描述内容未填入本表,以下各表均同。

续表

公元纪年	历史纪年	发生时间	水灾情况	洪水来源	资料来源
1878 年	光绪四年		五月初一大雨,秋有年,七月二十三日夜半沁决武陟老龙湾,水流入境,灾甚巨者南霍村、北睢村、李范村、刘范村、张延陵、前辈村、南新庄、南孟村、南屯、范庄、习村、五陈村、田庄、大小纸方、周北、流裕、国庄等村。二十四日水势泛滥十余日稍平。九月初五至十七日,大雨连绵十二日,水复大涨,高于前二尺,水挟沙来,水退沙种,适西北风起,旋成大阜,县南一带之田半为沙压,邑人旱瘟水灾记	沁决	民国
1889 年	光绪十五年	六月	六月初四,沁决沁阳内都,邑西一带灾甚巨	沁决	民国
1892 年	光绪十八年	六月	大雨连旬伤稼穑	降雨	民国
1895 年	光绪二十一年	七月	七月沁决曲下,邑南一带田禾多被淹没	沁决	民国
1904 年	光绪三十年	五月	五月沁决樊村	沁决	民国
1906 年	光绪三十二年		洪涝	降雨、沁决	《海》第812页
1913 年	民国二年	七月	七月初二沁决沁阳内都,旋即堵塞,二十七日复决,从邑一里之南张村入境,依次淹没二里、十一里、下六里,各村禾黍庐舍悉付洪流。邑北沿城诸村以道清铁路阻水,被灾尤重	沁决	民国
1918 年	民国七年	七月	夏历七月初四,沁决武陟大樊,东北流直入邑境。水所过处,屋宇倾塌,田禾浮没	沁决	民国

获嘉县水灾统计表①（共计 39 年次）

公元纪年	历史纪年	发生时间	水灾情况	洪水来源	资料来源
1652 年	顺治九年		水灾，邑北地素高阜，房屋、人畜漂没过半，往来皆以舟渡	降雨	乾隆
1653 年	顺治十年	夏	复水灾，秋禾荡然	降雨	乾隆
1654 年	顺治十一年		沁河决，伤禾稼	沁决	民国
1662 年	康熙元年		沁河决，伤禾稼	沁决	乾隆
1663 年	康熙二年		沁河决，至获嘉东注，势迅猛，城为所侵，欲坍裂，舟行至城下，秋禾荡然无存	沁决	乾隆
1683 年	康熙二十二年	三月	三月淫雨昼夜四十日，麦禾尽伤	降雨	乾隆
1721 年	康熙六十年		春夏旱，河决武陟，亢村西南被淹	黄河、沁河	乾隆
1725 年	雍正三年	五月	五月淫雨为灾	降雨	《海》第 564 页
1738 年	乾隆三年		洪涝	降雨	《海》第 579 页
1739 年	乾隆四年	夏	淫雨，伤禾坏屋，蠲赋有差	降雨	乾隆
1751 年	乾隆十六年	秋	秋武陟沁河口开，田庐间被淹没	沁决	乾隆
1757 年	乾隆二十二年		洪涝	降雨	《海》第 603 页
1761 年	乾隆二十六年		黄沁俱决，平地水深六七尺，屋宇秋禾尽被漂没，流尸入境	降雨，黄、沁决	民国
1779 年	乾隆四十四年		洪涝	降雨	《海》第 627 页
1794 年	乾隆五十九年		沁决，淫雨连绵，山水暴发，被灾村甚重	降雨，沁决	民国

---

① 本表据获嘉县志编纂委员会编《获嘉县志》，《大事记》《灾害性天气》，生活·读书·新知三联书店 1991 年版（除注明资料来源的外，其他均来自本县志）。乾隆《获嘉县志》，乾隆二十一年刻本；道光《获嘉县志》，道光二十五年补刻本；民国《获嘉县志》，民国二十三年铅印本；《海河流域历代自然灾害史料》等有关内容编制而成。

续表

公元纪年	历史纪年	发生时间	水灾情况	洪水来源	资料来源
1813 年	嘉庆十八年		八月淫雨,丹水溢	降雨,丹溢	民国
1816 年	嘉庆二十一年		洪涝	降雨	《海》第 672 页
1818 年	嘉庆二十三年	六月	六月沁水决,平地水深数尺,西北庄村秋禾被淹	沁决	民国
1819 年	嘉庆二十四年		洪涝	降雨	《海》第 677 页
1822 年	道光二年	八月	八月阴雨连绵,屋多倒塌,沁决武陟,淹没西北田禾无算	降雨,沁决	民国
1823 年	道光三年		洪涝	沁决	《海》第 686 页
1830 年	道光十年		洪涝	降雨	《海》第 698 页
1843 年	道光二十三年		洪涝	降雨	《海》第 717 页
1846 年	道光二十六年		洪涝	降雨	《海》第 721 页
1849 年	道光二十九年		洪涝	降雨	《海》第 724 页
1853 年	咸丰三年		涝涝	降雨	《海》第 730 页
1854 年	咸丰四年		洪涝	降雨	《海》第 731 页
1873 年	同治十二年		洪涝	降雨	《海》第 761 页
1876 年	光绪二年		洪涝	降雨	《海》第 765 页
1878 年	光绪四年	七、九月	秋有年,七月大雨连绵,沁河决,水势泛滥十数日。九月又大雨,水复大涨,疫病并作,且复死牛,黎民苦之	沁河	民国
1888 年	光绪十四年		洪涝	降雨	《海》第 786 页
1889 年	光绪十五年	六月	六月四日沁河决,水势甚大,有成灾者	降雨	民国
1890 年	光绪十六年		洪涝	降雨	《海》第 790 页
1892 年	光绪十八年		大雨兼旬伤稼	降雨	民国

续表

公元纪年	历史纪年	发生时间	水灾情况	洪水来源	资料来源
1895 年	光绪二十一年		沁河决,禾被淹没	沁决	民国
1904 年	光绪三十年		沁河决	沁决	民国
1906 年	光绪三十二年		洪涝	沁决	《海》第 812 页
1913 年	民国二年	七月	夏七月沁决,堵塞至二十七日复决,洪流浩荡,庐舍邱墟临流田禾多被淹没	沁决	《海》第 822 页
1918 年	民国七年	七月	七月沁河决,漂有梁檩,田禾多被淹没	沁决	《海》第 828 页

辉县水灾统计表①(共计 39 年次)

公元纪年	历史纪年	发生时间	水灾情况	洪水来源	资料来源
1652 年	顺治九年	夏	夏阴雨二十余日,平地涌泉,倒坏城垣二千余丈,民房倒塌无数	降雨	乾隆《辉县志》《机祥》
1653 年	顺治十年	夏	夏大风雨,是月淫雨浃旬,陆地行舟淹没禾稼	降雨	《海》第 478 页
1658 年	顺治十五年		山水涨发,全然溢没	降雨	《海》第 486 页
1659 年	顺治十六年		山水涨发,全然溢没,至今水不通流	降雨	《海》第 488 页
1672 年	康熙十一年	六月	夏六月,大水冲去民房无数,冲坏山田九十余顷	降雨	乾隆《辉县志》《机祥》

---

① 本表据辉县市史志编纂委员会编《辉县市志》,《大事记》《建置·自然环境》,中州古籍出版社 1992 年版(未注明出处的均出自此志);乾隆《辉县志》,乾隆二十二年刻本;道光《辉县志》,光绪十四年郭藻、二十一年易钊两次补刻本;《海河流域历代自然灾害史料》等有关内容编制而成。

续表

公元纪年	历史纪年	发生时间	水灾情况	洪水来源	资料来源
1673 年	康熙十二年		河南辉县水。1674 年河南巡抚余凤彩具呈奉旨豁除上年大水冲毁在册土地 95 顷 54 亩 4 分 9 厘,免除赋银 561 两 6 分 4 厘	降雨	
1738 年	乾隆三年		洪涝	降雨	《海》第 579 页
1739 年	乾隆四年		大雨水,遍地涌泉,平陆生鱼	降雨	乾隆《辉县志》《礼祥》
1751 年	乾隆十六年	六月	六月骤遇大雨倾盆,山水暴涨,桥被冲塌,几乎变陵为谷,基岸不复存留	降雨	乾隆《辉县志·建置桥梁》
1757 年	乾隆二十二年		大水	降雨	道光《辉县志》《祥异》
1759 年	乾隆二十四年		洪涝	降雨	《海》第 606 页
1779 年	乾隆四十四年		洪涝	卫河	《海》第 627 页
1788 年	乾隆五十三年		春旱秋大水	降雨	道光《辉县志》《祥异》
1794 年	乾隆五十九年		旱,秋大水	降雨	道光《辉县志》《祥异》
1813 年	嘉庆十八年		春旱,八月霪雨十日	降雨	道光《辉县志》《祥异》
1816 年	嘉庆二十一年		大水	降雨	道光《辉县志》《祥异》
1819 年	嘉庆二十四年	八月	黄河北岸马营堤决口,水淹辉县南部村庄	黄河	
1823 年	道光三年		洪涝	降雨	《海》第 686 页
1830 年	道光十年		大水	降雨	道光《辉县志》《祥异》

续表

公元纪年	历史纪年	发生时间	水灾情况	洪水来源	资料来源
1831 年	道光十一年	秋	大水。1832 年,知县周际华创修峪河口红石堰,数村免受山洪冲田之害	降雨	道光《辉县志》《祥异》
1832 年	道光十二年		洪涝	降雨	《海》第 702 页
1834 年	道光十四年		洪涝	降雨	《海》第 705 页
1843 年	道光二十三年		洪涝	降雨	《海》第 717 页
1846 年	道光二十六年		洪涝	降雨	《海》第 720 页
1849 年	道光二十九年		洪涝	降雨,卫河	《海》第 724 页
1851 年	咸丰元年		洪涝	降雨	《海》第 726 页
1854 年	咸丰四年		洪涝	降雨	《海》第 731 页
1866 年	同治五年		洪涝	降雨	《海》第 747 页
1873 年	同治十二年		洪涝	降雨	《海》第 761 页
1876 年	光绪二年		洪涝	降雨	《海》第 765 页
1878 年	光绪四年		洪涝	降雨	《海》第 771 页
1888 年	光绪十四年		洪涝	降雨	《海》第 787 页
1889 年	光绪十五年		暴雨倾注,房屋倒塌,秋半收	降雨	
1890 年	光绪十六年		雨涝成灾,秋半收	降雨	
1892 年	光绪十八年	7 月下旬	大雨,山洪暴发,卫河沿岸村庄受灾惨重(峪河、石门河下游积水成灾,秋半收)	降雨	
1893 年	光绪十九年		山洪暴发,平原积水成灾,秋半收	降雨	
1895 年	光绪二十一年		大雨连注,落安营等 22 村积水成灾,塌房千间,秋收三成	降雨	
1896 年	光绪二十二年		夏季阴雨连旬,洼地积水,秋半收	降雨	
1922 年	民国十一年	七月	某日午夜 2 时,红云似烧,无雷而暴雨倾盆,水淹石门	降雨	

新乡县水灾统计表①（共计 44 年次）

《旱涝史料》记载,康熙四十八年(1709),安阳、新乡的旱涝等级均为 2 级,但有关史料并无两地有水灾的明确记载,只是《河南通志》记有:"夏淫雨"。水灾区域不明,此种情况,本书不记入在内。②

公元纪年	历史纪年	发生时间	水灾情况	洪水来源	资料来源
1653 年	顺治十年	夏	淫雨夹旬,陆地行舟,淹没田禾。新、辉、淇、汲、修无一处不灾。新乡城门倒塌,城垣倾圮。南北俱成大泽	降雨	乾隆《新乡县志·祥异》
1654 年	顺治十一年		沁河决	沁决	乾隆
1662 年	康熙元年		大水,沁河决,城濠水势陡涨,围浸城门二尺余	沁决	
1663 年	康熙二年	七月	沁河决,浸灌获嘉、新乡城,庐舍漂没,秋禾俱尽,郡城以土塞门	沁决	乾隆
1679 年	康熙十八年	八—九月	八月十五日至九月十日大雨,水坏民成	降雨	乾隆
1715 年	康熙五十四年	秋	大水	降雨	
1737 年	乾隆二年	七月	大水	降雨	
1738 年	乾隆三年		洪涝	降雨	《海》第 579 页
1739 年	乾隆四年	夏秋	夏秋淫雨连绵,大水陡发,城墙坍塌,秋禾淹没,居民房舍倾损	降雨	乾隆
1742 年	乾隆七年	秋	东郊雨雹伤禾,大水成灾	降雨	
1747 年	乾隆十二年	秋	秋雨伤禾	降雨	民国《新乡县续志·祥异》
1751 年	乾隆十六年	夏秋之交	河决,田庐淹没	降雨、黄、沁决	民国《新乡县续志·祥异》

---

① 本表据《新乡县志》,《大事记》《地理》,生活·读书·新知三联书店 1991 年版,(本表未注出处的均取自本志);乾隆《新乡县志》,民国十年重修本;民国《新乡县续志》,民国十二年刻本;《海河流域历代自然灾害史料》等有关内容编制。

② 《海河流域历代自然灾害史料》,气象出版社 1985 年版,第 548 页。

续表

公元纪年	历史纪年	发生时间	水灾情况	洪水来源	资料来源
1757 年	乾隆二十二年	夏	暴雨三昼夜,沁河决,田庐漂没	沁决	民国《新乡县续志·祥异》
1761 年	乾隆二十六年	秋	黄河决口,田庐漂没	黄河	民国《新乡县续志·祥异》
1779 年	乾隆四十四年		河决,奉文缓征	黄河	民国《新乡县续志·祥异》
1794 年	乾隆五十九年	六月二十三日	山水陡发,河水暴涨,民居田禾被淹	降雨	
1803 年	嘉庆八年		阴雨四十天不止,秋熟未获,民饥苦	降雨	
1816 年	嘉庆二十一年		洪涝	降雨	《海》第 672 页
1819 年	嘉庆二十四年	八月	月初大水,城南门基石不没者七寸。见城南门东壁砖上有镌字	降雨	民国《新乡县续志·祥异》
1822 年	道光二年		洪涝	降雨	《海》第 683 页
1823 年	道光三年		洪涝	沁决	《海》第 686 页
1830 年	道光十年		山水陡发,河水出槽,低洼地亩被淹,收成大减	降雨	
1846 年	道光二十六年		秋熟未获,淫雨四十日,损失殆尽,民大饥	降雨	民国《新乡县续志·祥异》
1847 年	道光二十七年		淫雨成灾	降雨	
1848 年	道光二十八年	七月	七月多雨,秋季欠收	降雨	
1849 年	道光二十九年	六至七月	六月下旬至七月下旬,大雨连绵,积水成灾,兼之山水下注,漳、卫等河漫溢,滨河村庄及低洼地亩被淹	降雨,卫河	
1851 年	咸丰元年		水、雹兼至,秋禾减收	降雨	

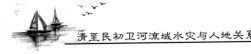

续表

公元纪年	历史纪年	发生时间	水灾情况	洪水来源	资料来源
1853 年	咸丰三年		洪涝	降雨	《海》第 730 页
1854 年	咸丰四年		洪涝	降雨	《海》第 731 页
1858 年	咸丰八年		春夏旱,秋后大雨连绵,秋收薄	降雨	
1864 年	同治三年		夏旱秋雨,秋季欠收	降雨	
1866 年	同治五年		先旱后水	降雨	
1873 年	同治十二年		洪涝	降雨	《海》第 761 页
1876 年	光绪二年		洪涝	降雨	《海》第 765 页
1888 年	光绪十四年		洪涝	降雨	《海》第 786 页
1889 年	光绪十五年		洪涝	降雨、沁决	《海》第 788 页
1890 年	光绪十六年		洪涝	降雨	《海》第 790 页
1892 年	光绪十八年	七月	沁河漫溢,北乡数十村庄被灾甚重	降雨、沁决	民国《新乡县续志·祥异》
1894 年	光绪二十年	四月	四月初,雨后山洪暴发,漫溢出槽	降雨	
1895 年	光绪二十一年		洪涝	降雨、丹、卫涨溢	《海》第 799 页
1906 年	光绪三十二年		洪涝	降雨、沁决	《海》第 812 页
1917 年	民国六年	六月	六月淫雨。西北山水暴发,围城水深四尺,近城及北乡一带数十村庄禾稼庐舍漂没殆尽。同年,秋蝗甚众,杂病丛生,民多外逃	降雨	民国《新乡县续志·祥异》
1921 年	民国十年	秋	秋雨伤禾	降雨	民国《新乡县续志·祥异》
1924 年	民国十三年	七月	连降大雨,山洪暴发,卫河水位高达 73.37 米(以塘沽港水位为基数),淹没田禾、房舍颇多(淹死人畜不计其数)	降雨、卫河	

卫辉市(汲县)水灾统计表①(共计 40 年次)

公元纪年	历史纪年	发生时间	水灾情况	洪水来源	资料来源
1653 年	顺治十年	夏	淫雨,大水淹麦,秋禾未种	降雨	顺治《卫辉府志·灾祥》
1654 年	顺治十一年	秋	秋大雨,沁河决入城阃数尺,东、北、西三门土闭,城内行舟	降雨、沁决	顺治《卫辉府志·灾祥》
1663 年	康熙二年	七月	沁河决,郡城以土塞门	沁决	乾隆《汲县志》
1665 年	康熙四年	秋	秋霖雨伤禾	降雨	乾隆《汲县志》
1679 年	康熙十八年	秋	大水,晚禾尽朽	降雨	乾隆《卫辉府志·祥异》
1684 年	康熙二十三年	春	春,大雨伤禾	降雨	乾隆《汲县志》
1737 年	乾隆二年		大水	降雨	乾隆《汲县志》
1738 年	乾隆三年		洪涝	降雨	《海》第 579 页
1739 年	乾隆四年	六、九月	六月大水,坏堤圮城,东、西、北三门俱土塞,城内行舟,漂溺人畜。九月大雨水复发,麦苗尽淹	降雨	乾隆《汲县志》
1747 年	乾隆十二年		春风损麦,秋雨伤禾	降雨	乾隆《卫辉府志·祥异》
1749 年	乾隆十四年	秋	秋雨伤禾	降雨	乾隆《卫辉府志·祥异》
1751 年	乾隆十六年	六月	河决,田庐潲没	黄河	乾隆《卫辉府志·祥异》

---

① 本表系据卫辉市地方史志编纂委员会编《卫辉市志》,《大事记》,生活·读书·新知三联书店 1993 年版(表中未注明出处的均取自本志);乾隆《汲县志》,乾隆二十年刻本;民国《汲县今志》,民国二十四年抄本;顺治《卫辉府志》,顺治十六年刻本;乾隆《卫辉府志》,乾隆五十三年刻本;《海河流域历代自然灾害史料》等有关内容编制。

续表

公元纪年	历史纪年	发生时间	水灾情况	洪水来源	资料来源
1757 年	乾隆二十二年	夏	夏大雨三昼夜,沁河决,城内水深数尺,田庐淹没	降雨、沁决	乾隆《卫辉府志·祥异》
1761 年	乾隆二十六年	秋	黄河决,淹没田庐	黄河	乾隆《卫辉府志·祥异》
1763 年	乾隆二十八年	秋	秋,大雨三昼夜,伤禾	降雨	乾隆《卫辉府志·祥异》
1779 年	乾隆四十四年		洪涝	卫河、沁河	《海》第 627 页
1788 年	乾隆五十三年		春旱,秋雨伤禾,奉文漕粮缓征	降雨	乾隆《卫辉府志·祥异》
1790 年	乾隆五十五年		洪涝	降雨	《海》第 637 页
1794 年	乾隆五十九年		大水,城厢皆成洪流。此后民间建屋,多以此年水痕为度	降雨	
1816 年	嘉庆二十一年		洪涝	降雨	《海》第 672 页
1819 年	嘉庆二十四年		洪涝	降雨	《海》第 677 页
1822 年	道光二年		洪涝	降雨	《海》第 683 页
1823 年	道光三年		洪涝	降雨、沁决	《海》第 686 页
1830 年	道光十年		洪涝	降雨	《海》第 698 页
1843 年	道光二十三年		洪涝	降雨	《海》第 717 页
1846 年	道光二十六年	秋	淫雨四十余日,沁、卫、漳河皆暴涨,禾被淹,民饥荒	降雨、沁、卫、漳	
1849 年	道光二十九年		洪涝	降雨、卫河	《海》第 724 页
1851 年	咸丰元年		洪涝	降雨	《海》第 726 页
1854 年	咸丰四年		洪涝	降雨	《海》第 731 页

续表

公元纪年	历史纪年	发生时间	水灾情况	洪水来源	资料来源
1866 年	同治五年		洪涝	降雨	《海》第 747 页
1873 年	同治十二年		洪涝	降雨	《海》第 761 页
1876 年	光绪二年		洪涝	降雨	《海》第 765 页
1878 年	光绪四年		洪涝	降雨	《海》第 771 页
1886 年	光绪十二年		洪涝	降雨	《海》第 782 页
1888 年	光绪十四年		洪涝	降雨	《海》第 786 页
1889 年	光绪十五年		洪涝	降雨、沁河	《海》第 788 页
1890 年	光绪十六年		洪涝	降雨	《海》第 790 页
1892 年	光绪十八年	六月	六月二十一日,大雨,山洪暴发,卫河漫溢,护城堤决口,洪水围城,沿河村庄受灾惨重。为排城外积水,查得北关外宝坛寺后有乾隆时修的泄水故道,遂疏浚,水穿护城堤,经水印村入卫河,积水渐消	降雨、卫河	
1895 年	光绪二十一年		洪涝	降雨、丹河、卫河	《海》第 799 页
1917 年	民国六年	八月	山洪暴发,卫河溢,水没德胜桥栏杆,舟楫若游空中。秋蝗灾,民多外出逃荒	卫河	

淇县水灾统计表①（共计 37 年次）

公元纪年	历史纪年	发生时间	水灾情况	洪水来源	资料来源
1653 年	顺治十年		大水。奉恩诏蠲免本年田租有差	降雨	顺治《淇县志》卷 10《灾祥志》
1654 年	顺治十一年	8 月 6 日	淇县寅时地震。淇县大水	降雨	
1655 年	顺治十二年		大水。奉恩诏蠲免本年田租有差	降雨	顺治《淇县志》卷 10《灾祥志》
1659 年	顺治十六年	五月	霪雨四十日不开,平禾露积于野,湢烂几尽。（顺治）十七年,奉恩诏大赦天下蠲免十六年以前拖欠在民一切钱粮	降雨	顺治《淇县志》卷 10《灾祥志》
1662 年	康熙元年	七月	七月淇县沁水溢,浸入民田甚众。八月大雨伤稼	沁河	《海》第 491 页
1695 年	康熙三十四年	秋	淇县霪雨大水	降雨	
1737 年	乾隆二年		洪涝	淇河、卫河	《海》第 577 页
1738 年	乾隆三年		洪涝	降雨	《海》第 579 页
1739 年	乾隆四年		洪涝	降雨、卫河	《海》第 581 页
1757 年	乾隆二十二年		洪涝	降雨	《海》第 602 页
1779 年	乾隆四十四年		洪涝	卫河	《海》第 627 页
1790 年	乾隆五十五年		洪涝	降雨	《海》第 637 页
1794 年	乾隆五十九年		洪涝	淇河、卫河	《海》第 642 页

① 本表据淇县志编纂委员会编《淇县志》,《大事记》,中州古籍出版社 1996 年版,（本表中未注明出处的均取自本志）;顺治《淇县志》,顺治十七年刻本,《海河流域历代自然灾害史料》等有关内容编制。

续表

公元纪年	历史纪年	发生时间	水灾情况	洪水来源	资料来源
1816 年	嘉庆二十一年		洪涝	降雨	《海》第 672 页
1819 年	嘉庆二十四年		洪涝	降雨	《海》第 677 页
1822 年	道光二年		洪涝	降雨	《海》第 683 页
1823 年	道光三年		洪涝	降雨、淇河	《海》第 686 页
1830 年	道光十年		洪涝	降雨、卫河	《海》第 698 页
1832 年	道光十二年		洪涝	降雨	《海》第 702 页
1834 年	道光十四年		洪涝	降雨	《海》第 705 页
1843 年	道光二十三年		洪涝	降雨	《海》第 717 页
1846 年	道光二十六年		洪涝	降雨	《海》第 720 页
1849 年	道光二十九年		洪涝	降雨	《海》第 724 页
1851 年	咸丰元年		洪涝	降雨	《海》第 726 页
1854 年	咸丰四年	六月	大雷雨，震崩淇境金牛岭。大水暴涨，坏墙倒屋，伤禾苗甚多。洪水从西门灌城，堵塞不住。恰此时自桥盟村浮一大麦秸垛堵塞城西门，水绕城南而过，城内幸免水患	降雨	
1857 年	咸丰七年		洪涝	降雨	《海》第 736 页
1866 年	同治五年		洪涝	降雨	《海》第 747 页
1873 年	同治十二年		洪涝	降雨	《海》第 761 页
1876 年	光绪二年		洪涝	降雨	《海》第 765 页
1879 年	光绪五年		洪涝	降雨	《海》第 773 页
1883 年	光绪九年		洪涝	降雨	《海》第 778 页
1888 年	光绪十四年		洪涝	降雨	《海》第 786 页
1889 年	光绪十五年		洪涝	降雨、沁河	《海》第 788 页

续表

公元纪年	历史纪年	发生时间	水灾情况	洪水来源	资料来源
1890 年	光绪十六年		洪涝	降雨	《海》第 790 页
1891 年	光绪十七年	七月	淇县大雷雨,孔子庙损	降雨	
1892 年	光绪十八年		洪涝	淇河、卫河	《海》第 793 页
1895 年	光绪二十一年		洪涝	降雨	《海》第 799 页

滑县水灾统计表①（共计 41 年次）

公元纪年	历史纪年	发生时间	水灾情况	洪水来源	资料来源
1679 年	康熙十八年	八月	阴雨持续 30 日,房屋多倒塌,秋苗受损,无法种麦	降雨	康熙《滑县志》卷 4《天文志·祥异》
1703 年	康熙四十二年	秋	大水伤禾,岁大饥,谷价踊贵	降雨	乾隆《滑县志·祥异》
1721 年	康熙六十年	八月	河自武陟之詹店、马营口、魏家口等处决口,同时并流直注滑县,经长垣、东明等县入运河,水患甚重	黄河	
1722 年	康熙六十一年		又大水	降雨	乾隆《滑县志·祥异》
1729 年	雍正七年	七月	风雨七天七夜,房屋多毁	降雨	乾隆《滑县志·祥异》
1737 年	乾隆二年		洪涝	降雨	《海》第 577 页
1739 年	乾隆四年	五至七月	霖雨不止,无麦无禾,奉旨赈恤	降雨	乾隆《滑县志·祥异》
1751 年	乾隆十六年	七月	河决阳武,滑被水灾	黄河	乾隆《滑县志·祥异》

---

① 本表据滑县地方史志编纂委员会编:《滑县志》,《大事记》《自然灾害》有关内容编制,中州古籍出版社 1997 年版。

续表

公元纪年	历史纪年	发生时间	水灾情况	洪水来源	资料来源
1753 年	乾隆十八年		黄河再次决口于阳武,滑州被淹	黄河	
1757 年	乾隆二十二年	六月	黄河漫溢,(大水从西南来),水浸滑城(几乎被毁)	黄河	乾隆《滑县志·祥异》
1758 年	乾隆二十三年		洪涝	降雨	《海》第 604 页
1761 年	乾隆二十六年		洪涝	降雨	《海》第 609 页
1813 年	嘉庆十八年		春至秋大旱饥,八月大雨七日	降雨	同治《滑县志·祥异》
1815 年	嘉庆二十年	秋	秋霖雨,大疫,人多死	降雨	同治《滑县志·祥异》
1819 年	嘉庆二十四年		河决仪封,滑被水	黄河	同治《滑县志·祥异》
1822 年	道光二年	夏秋	春旱,夏秋水,平地行舟	降雨	同治《滑县志·祥异》
1830 年	道光十年		洪涝	降雨	《海》第 698 页
1833 年	道光十三年		河南滑县属之昌南关河溢①	昌南关河	《海》第 704 页
1843 年	道光二十三年		洪涝	降雨	《海》第 717 页
1846 年	道光二十六年		洪涝	降雨	《海》第 720 页
1849 年	道光二十九年		洪涝	降雨	《海》第 724 页
1851 年	咸丰元年		大水自西向东流四十余日,(咸丰)二年、三年皆然	降雨	民国《重修滑县志·祥异》
1852 年	咸丰二年		大水自西向东流四十余日,(咸丰)二年、三年皆然	降雨	民国《重修滑县志·祥异》

① 《海河流域历代自然灾害史料》引《旱涝史料》,"濮阳:河南滑县属南灌河溢,流入州境县等二百八十七村被淹,秋禾歉收",滑县记为"昌南关河",而此为"南灌河",疑为"南关河"之误。

续表

公元纪年	历史纪年	发生时间	水灾情况	洪水来源	资料来源
1853 年	咸丰三年		大水自西向东流四十余日，(咸丰)二年、三年皆然	降雨	民国《重修滑县志·祥异》
1854 年	咸丰四年		洪涝	降雨	《海》第 731 页
1855 年	咸丰五年		黄河决于兰阳铜瓦厢，直注长垣、濮阳、东明，滑境东部一片汪洋	黄河	
1861 年	咸丰十一年		洪涝	降雨	《海》第 742 页
1863 年	同治二年		黄河西移，老岸、桑村、小渠一带皆成泽国，人多巢居	黄河	民国《重修滑县志·祥异》
1866 年	同治五年		洪涝	降雨	《海》第 747 页
1870 年	同治九年		道口御河东决，由西沙窝灌成壕	卫河	民国《重修滑县志·祥异》
1876 年	光绪二年		洪涝	降雨	《海》第 765 页
1886 年	光绪十二年	七月	河决(自长垣决口)，滑县东部大水灾	黄河	
1887 年	光绪十三年	八月	河决丁滦杜庄，黄庄寨墙俱被冲开，老岸、塔丘水势尤大	黄河	民国《重修滑县志·祥异》
1888 年	光绪十四年		黄河北决，卫南陂水七八尺深	黄河	民国《重修滑县志·祥异》
1889 年	光绪十五年		洪涝	黄河	《海》第 788 页
1890 年	光绪十六年	夏(五月)	霪雨边阴 48 天，水淹滑城，自城东门坐船上老岸验堤	降雨	民国《重修滑县志·祥异》
1892 年	光绪十八年		洪涝	降雨	《海》第 793 页
1898 年	光绪二十四年		洪涝①	降雨、黄河	《海》第 803 页
1910 年	宣统二年		洪涝	黄河	《海》第 816 页

① 《海河流域历代自然灾害史料》引《天灾表》称："河南滑县等、山东寿张等水(考)"第 803 页，而同书第 804 页引《旱涝史料》："滑县，七月旱，麦无苗。"考之其他相邻地区，清丰、南乐均为大旱记载，而寿张："黄河决口，灾民甚多。""平原，夏大水。"据此，可能是七月后黄河在山东、河南交界处发水，灾及滑县。

续表

公元纪年	历史纪年	发生时间	水灾情况	洪水来源	资料来源
1911 年	宣统三年	六月二十日	六月二十日夜,大雨如注,水灌城内,房屋倾圮,自东关上船直达卫南陂	降雨	民国《重修滑县志·祥异》
1917 年	民国六年	夏	大水,西关沙窝上水行船	降雨	民国《重修滑县志·祥异》

浚县水灾统计表①(共计 51 年次)

公元纪年	历史纪年	发生时间	水灾情况	洪水来源	资料来源
1703 年	康熙四十二年	秋	大水,禾苗受损	降雨	
1729 年	雍正七年	七月	风雨七天七夜不停,房屋多被毁	降雨	
1737 年	乾隆二年		洪涝	卫河	《海》第 577 页
1738 年	乾隆三年		洪涝	降雨	《海》第 579 页
1739 年	乾隆四年		洪涝	卫河	《海》第 581 页
1740 年	乾隆五年		水蝗为灾	降雨	
1751 年	乾隆十六年		洪涝	降雨	《海》第 597 页
1757 年	乾隆二十二年		洪涝	降雨、卫河	《海》第 603 页
1759 年	乾隆二十四年	六月	大水,地震。县北马村一带,先有蝼蛄出,四、五月间,遍地出蛤蟆。地声如雷。六月初,大雨。十三日,卫水漫溢,平地水深数尺,民房坍塌十之七八	降雨	

---

① 本表据浚县地方史志编纂委员会编《浚县志》,《大事记》《自然环境》,中州古籍出版社 1990 年版(本表中未注明出处的均取自本志);光绪《续浚县志》,光绪十二年刻本;《海河流域历代自然灾害史料》等相关内容编制。

续表

公元纪年	历史纪年	发生时间	水灾情况	洪水来源	资料来源
1761 年	乾隆二十六年		洪涝	降雨	《海》第 609 页
1779 年	乾隆四十四年		洪涝	卫河	《海》第 627 页
1794 年	乾隆五十九年		洪涝	降雨、卫河	《海》第 642 页
1801 年	嘉庆六年		洪涝	降雨	《海》第 651 页
1815 年	嘉庆二十年		洪涝	降雨	《海》第 671 页
1816 年	嘉庆二十一年	六、七月	霪雨,山水暴注,上游河决,淹浸本境柴湾等 197 村,淹没民房 3179 间	卫河	光绪《续浚县志·祥异》
1819 年	嘉庆二十四年		洪涝	降雨	《海》第 677 页
1822 年	道光二年	夏秋	夏秋大水,平地行舟	降雨	
1823 年	道光三年		大水、冰雹	降雨、卫河	光绪《续浚县志·祥异》
1830 年	道光十年		洪涝	降雨、卫河	《海》第 698 页
1831 年	道光十一年		洪涝	降雨	《海》第 699 页
1832 年	道光十二年		洪涝	降雨	《海》第 702 页
1834 年	道光十四年		洪涝	降雨	《海》第 705 页
1836 年	道光十六年		洪涝	降雨	《海》第 708 页
1839 年	道光十九年		洪涝	降雨	《海》第 713 页
1840 年	道光二十年		洪涝	降雨	《海》第 714 页
1843 年	道光二十三年		冰雹,水灾	降雨	
1846 年	道光二十六年		沁水下注,卫河漫溢,淹没杨堤等 197 村庄	卫河	光绪《续浚县志·祥异》
1849 年	道光二十九年		洪涝	降雨	《海》第 724 页
1851 年	咸丰元年		大水自西向东流四十余天	降雨	

续表

公元纪年	历史纪年	发生时间	水灾情况	洪水来源	资料来源
1852 年	咸丰二年		大水	降雨	
1853 年	咸丰三年		大水	降雨	
1854 年	咸丰四年		洪涝	降雨	《海》第 731 页
1863 年	同治二年		桑村一带大水,人多居树上。①		
1865 年	同治四年	四月	大风雨,荞麦尝食无毒。夏,有水经太行越童山灌卫,挟积尸树木箱笼下,平地深丈许。按箱笼封识,水自陕西(应为山西—笔者)洪洞来,有人缘木顺流得不死,是年大小坡皆淹	降雨、卫河	光绪《续浚县志·祥异》
1866 年	同治五年		洪涝	降雨	《海》第 747 页
1869 年	同治八年	秋	道口卫河东岸决口。蝗虫遍野,禾苗尽毁	卫河	
1870 年	同治九年		道口卫河东岸决口	卫河	
1876 年	光绪二年		洪涝		《海》第 765 页
1883 年	光绪九年	七月	霪雨,河决郭村、马头②	卫河	光绪《续浚县志·祥异》
1888 年	光绪十四年		黄河北决,卫南陂水深七八尺	黄河	
1889 年	光绪十五年		洪涝	降雨	《海》第 788 页
1890 年	光绪十六年	五月	48 天阴雨	降雨	
1892 年	光绪十八年		洪涝	降雨、卫河	《海》第 793 页
1894 年	光绪二十年	四月	四月初九,卫河决口,白寺坡被淹	卫河	

---

① 桑村,古村名,今已无此地名,据浚县县志办主任刘会喜讲,"桑村这个村名可以追溯到清乾隆二十四年,可能当时还有桑村村,后来逐渐分开,桑村之名被闲置"。现在当地人称桑村泛指今马庄、西马庄、快庄、常庄、贾庄、朱庄、王湾村、孙庄、李庄、甘草庄、北陈庄、高庄这 12 个自然村。

② 据中州古籍出版社《浚县志》:卫河于新镇郭村、码头决口,淹农田 30 亩。是年冬,民众治理卫河,旧堤高宽各加五尺,共长 36600 余丈。傅庄到侯胡寨一带居民将小堤加宽加高,总长 4200 余丈。双鹅头村民筑本村月堤,长 1300 余丈。

续表

公元纪年	历史纪年	发生时间	水灾情况	洪水来源	资料来源
1895 年	光绪二十一年		洪涝	降雨、卫河	《海》第 799 页
1912 年	民国二年	六月	六月二十日夜,倾盆大雨,房屋倒塌	降雨	
1917 年	民国六年	六月	大雨,卫河漫溢,县东西被淹	降雨、卫河	
1919 年	民国八年	七月	大雨,山洪暴发,淇、卫二河漫溢,秋禾大部分被淹死。不久,霍乱、伤寒流行	降雨、淇、卫河	
1923 年	民国十二年	秋	大水	降雨	
1924 年	民国十三年		卫河决口,西坡南坡被淹没	卫河	
1926 年	民国十五年		水灾殃及卫河西岸	降雨	

林县水灾统计表①(共计 14 年次)

公元纪年	历史纪年	发生时间	水灾情况	洪水来源	资料来源
1673 年	康熙十二年	夏	大雨,塌地 200 多顷。蠲免受被地粮,三年开荒顶补	降雨	康熙《林县志·灾祲》
1794 年	乾隆五十九年		邑北乡大水,冲毁民房无数	降雨	咸丰《林县志》《祥异》
1809 年	嘉庆十四年		洹河涨溢,南陵阳村及横水沿河诸村尽为坍塌	洹河	咸丰《林县志》《祥异》
1819 年	嘉庆二十四年	秋	大雨 20 余日,城圮	降雨	咸丰《林县志》《祥异》
1823 年	道光三年	六月	农历六月,大雨如注,墙屋坍塌,民无住处	降雨	咸丰《林县志》《祥异》

---

① 本表据《林县志》,《历年灾害纪实》《大事记》,河南人民出版社 1989 年版(本表中未注明出处的增取自本志);康熙《林县志》,康熙三十四年刻本;乾隆《林县志》,黄华书院藏本,乾隆十六年刻本;咸丰《续林县志》,黄华书院藏本,咸丰元年刻本;民国《林县志》,民国二十一年铅印本等有关内容编制。

续表

公元纪年	历史纪年	发生时间	水灾情况	洪水来源	资料来源
1866 年	同治五年		洪涝	降雨	《海》第 747 页
1870 年	同治九年	六月	农历六月二十三,降暴雨,山洪暴发,淹死人、畜,冲毁庄稼	降雨	
1888 年	光绪十四年		洪涝	降雨	《海》第 786 页
1889 年	光绪十五年	夏秋	夏秋积水。七月安阳、汤阴、内黄、林县等地均遭水淹	降雨	《安阳县志》中国青年出版社 1990 年 12 月,第 209 页
1892 年	光绪十八年		洪涝	降雨	《海》第 793 页
1906 年	光绪三十二年		洪涝	降雨	《海》第 812 页
1913 年	民国二年	七、八月	7 月 23 日,降暴雨,县北河口村被冲毁房屋 128 间,8 月 1 日,又降暴雨,县北露水河陡涨,冲毁耕地 3000 亩,白家庄村被淹	降雨	
1917 年	民国六年	七月	7 月降暴雨,淇河水猛涨,沿河大树被冲光	降雨、淇河	
1919 年	民国八年	夏	降暴雨,淅河(淇河支流)涨溢,冲走人畜及庄稼	降雨、淅河	

安阳县水灾统计表①(共计 70 年次)

公元纪年	历史纪年	发生时间	水灾情况	洪水来源	资料来源
1645 年	顺治二年	秋	是岁秋大水	降雨	
1666 年	康熙五年		大水	降雨	

---

① 本表据安阳县志编纂委员会编:《安阳县志》,《大事记》《自然灾异》,中国青年出版社 1990 年版(本表中未注明出处的均取自本志),并以《安阳县志》《彰德府志》等有关地方志有关内容为补充编制而成。

续表

公元纪年	历史纪年	发生时间	水灾情况	洪水来源	资料来源
1668 年	康熙七年	六月	地震又暴风起东南,揭屋拔树,连朝大雨不止,不辨村舍,北城倾圮	降雨	乾隆《安阳县志·祥异》
1669 年	康熙八年		河南安阳、临漳水	降雨	《海》第 504 页
1720 年	康熙五十九年		漳水决治入安阳界	漳河	《海》第 556 页
1730 年	雍正八年		漳水泛没临漳村	漳河	《海》第 570 页
1734 年	雍正十二年	八月	八月丰乐镇渡口,漳河决,镇垣就圮	漳河	《海》第 575 页
1736 年	乾隆元年	二月	洪涝	漳河	《海》第 576 页
1737 年	乾隆二年	秋	秋水,河水冲刷丰乐镇北门外神庙	降雨、漳河	
1738 年	乾隆三年		洪涝	降雨	《海》第 579 页
1739 年	乾隆四年	夏秋	夏秋大水。彰德府、汤阴、内黄俱大水	降雨	
1757 年	乾隆二十二年		洪涝	降雨、羑河	《海》第 603 页
1761 年	乾隆二十六年		特大水,漳水泛滥	降雨、漳河	
1767 年	乾隆三十二年	秋	秋漳水溢	漳河	乾隆五十二年《彰德府志·机祥》
1770 年	乾隆三十五年	六月	夏六月,漳水溢	漳河	乾隆五十二年《彰德府志·机祥》
1788 年	乾隆五十三年		洪涝	降雨	《海》第 634 页
1789 年	乾隆五十四年		漳水自铜雀台南分支,经安阳韩陵山东,同洹水入运河	漳河	民国《续安阳县志·杂记》
1794 年	乾隆五十九年		漳水决于三台,入安阳界	漳河	民国《续安阳县志·杂记》

续表

公元纪年	历史纪年	发生时间	水灾情况	洪水来源	资料来源
1801 年	嘉庆六年		洪涝	降雨	《海》第 651 页
1805 年	嘉庆十年	夏秋	夏秋水,安阳、汤阴、内黄连续泛涨,田庐被淹①	降雨	
1806 年	嘉庆十一年		洪涝	漳河	《海》第 657 页
1807 年	嘉庆十二年		洪涝	漳河、卫河	《海》第 658 页
1808 年	嘉庆十三年		洪涝	漳河、洹河	《海》第 660 页
1810 年	嘉庆十五年		洪涝	洹河、卫河	《海》第 662 页
1811 年	嘉庆十六年		洪涝	漳河	《海》第 664 页
1812 年	嘉庆十七年		洪涝	漳河	《海》第 666 页
1815 年	嘉庆二十年		洪涝	降雨	《海》第 671 页
1816 年	嘉庆二十一年	夏	夏大水,漳水决,淹民田无数②	漳河	
1817 年	嘉庆二十二年		洪涝	漳河、卫河	《海》第 674 页
1818 年	嘉庆二十三年		漳水决安阳尤家庄,淹民田无算	漳河	民国《续安阳县志·杂记》
1819 年	嘉庆二十四年		洪涝	漳河	《海》第 677 页
1821 年	道光元年		洪涝	降雨、漳河	《海》第 681 页
1822 年	道光二年	秋	是岁秋水	漳河、卫河	
1823 年	道光三年		洪涝	漳河、洹河	《海》第 686 页
1824 年	道光四年		洪涝	漳河、洹河	《海》第 688 页
1825 年	道光五年		洪涝	漳河、洹河、卫河	《海》第 690 页

---

① 《海河流域历代自然灾害史料》中无有关水灾的资料,且《旱涝史料》所定该地区本年的旱涝等级为安阳 5,新乡为 4,为旱或大旱。其周边地区也多为旱灾级的 4 级,如邯郸、德州、聊城均为 4 级,暂存。

② 《海河流域历代自然灾害史料》记载为:"漳水决安阳龙家庄,淹民田无数。"第 672 页。据嘉庆《安阳县志》卷 14,《古迹中》记:"嘉庆二十一年,夏秋间漳水漫溢,……民田淹没,村落几为泽国,乃于张家奇村决口……"嘉庆二十四年刻本,第 25 页。

续表

公元纪年	历史纪年	发生时间	水灾情况	洪水来源	资料来源
1826 年	道光六年		洪涝	漳河	《海》第 691 页
1827 年	道光七年	六月	六月十七日,大雨如注,漳河溢槽,安阳县临漳河村庄,低洼田地均被淹	降雨、漳河	
1829 年	道光八年		洪涝	漳河	《海》第 695 页
1830 年	道光十年		洪涝	降雨、漳河	《海》第 698 页
1832 年	道光十二年		洪涝	降雨	《海》第 702 页
1834 年	道光十四年		洪涝	漳河	《海》第 705 页
1835 年	道光十五年		洪涝	降雨	《海》第 707 页
1836 年	道光十六年		洪涝	降雨	《海》第 708 页
1839 年	道光十九年		洪涝	降雨	《海》第 713 页
1840 年	道光二十年		洪涝	降雨	《海》第 714 页
1842 年	道光二十二年		洪涝	降雨	《海》第 716 页
1843 年	道光二十三年		洪涝	降雨	《海》第 717 页
1846 年	道光二十六年	闰五月	五月二十六日大雨,漳水暴发,西北清流村北郊频漳冲去人畜无算,屋宇倒塌大半,到今犹有水冲清流之谣	降雨、漳河	民国《续安阳县志·杂记》
1849 年	道光二十九年		洪涝	降雨	《海》第 724 页
1851 年	咸丰元年		洪涝	降雨	《海》第 726 页
1853 年	咸丰三年		洪涝	降雨	《海》第 730 页
1854 年	咸丰四年		洪涝	降雨	《海》第 731 页
1858 年	咸丰八年		洪涝	降雨、漳河、洹河	《海》第 738 页
1861 年	咸丰十一年		洪涝	降雨	《海》第 742 页
1864 年	同治三年		洪涝	黄河	《海》第 745 页
1866 年	同治五年		洪涝	降雨	《海》第 747 页

续表

公元纪年	历史纪年	发生时间	水灾情况	洪水来源	资料来源
1870 年	同治九年		是岁大水	降雨	
1873 年	同治十二年		洪涝	黄河	《海》第761页
1879 年	光绪五年		洪涝	漳河	《海》第773页
1883 年	光绪九年		洪涝	降雨	《海》第778页
1886 年	光绪十二年		漳水决临漳二分庄,淹及安境,安阳绅民与临漳、内黄绅民同行堵筑	漳河	民国《续安阳县志·杂记》
1888 年	光绪十四年		洪涝	降雨	《海》第786页
1889 年	光绪十五年	夏秋	夏秋积水。七月,安阳、汤阴、内黄、林县等地均遭水淹	降雨	
1890 年	光绪十六年		洪涝	降雨	《海》第791页
1892 年	光绪十八年		漳决临漳辛庄,淹及安境	漳河	民国《续安阳县志·杂记》
1894 年	光绪二十年	秋	漳水复决二分庄,淹及安、临、内三县境。是年七月初五日至初八日,大雨,洹水暴发,由县西丰安村东北出槽,皇甫村大受其害。幸在日间,人未被伤,房屋倒塌不计其数,村人生员王晴岚有诗数章纪其事,父老追忆道光十六年曾被淹一次,计至此恰六十年云	降雨、漳河、洹河	民国《续安阳县志·杂记》
1895 年	光绪二十一年	四月	四月漳水复决二分庄,老河断流,至七月水涨,大溜仍趋老河	漳河	《海》第800页
1913 年	民国二年	八月	春夏无雨,旱荒成灾,赤地千里,时疫流行,饿莩遍地。八月,又大雨倾注,山洪暴发,安阳境京汉铁路冲断,九月始通车①	降雨	

① 民国《续安阳县志·杂记》:"二月漳水暴发,近滩田禾全数淹没。"北平文岚簃古宋印书局,民国二十二年铅印本。

续表

公元纪年	历史纪年	发生时间	水灾情况	洪水来源	资料来源
1917 年	民国六年		安阳连续大雨,平地水深三四尺,人畜陷溺,禾苗淹没,房屋倒塌,不计其数。京汉铁路安阳境内段冲毁数十丈①	降雨	

汤阴县水灾统计表②(共计 63 年次)

公元纪年	历史纪年	发生时间	水灾情况	洪水来源	资料来源
1652 年	顺治九年		汤阴大水,邑东数十里淹没	降雨	乾隆《续汤阴县志·杂志》
1653 年	顺治十年		大水	降雨	乾隆《续汤阴县志·杂志》
1654 年	顺治十一年		大水	降雨	
1655 年	顺治十二年	春	淫雨为灾	降雨	乾隆《续汤阴县志·杂志》
1665 年	康熙四年		水灾	降雨	乾隆《续汤阴县志·杂志》
1668 年	康熙七年		水灾	降雨	乾隆《续汤阴县志·杂志》
1672 年	康熙十一年		水灾	降雨	乾隆《续汤阴县志·杂志》
1679 年	康熙十八年		秋大水,晚禾尽伤	降雨	
1693 年	康熙三十二年	六月	六月被水,邑东尤甚	降雨	乾隆《续汤阴县志·杂志》

① 民国《续安阳县志·杂记》:"六月初十日大雨,洹水大涨,沿河石桥及水碾一并冲坏,郭家湾铁桥亦毁两孔,其后始由南岸开地数丈筑桥三孔。"北平文岚簃古宋印书局,民国二十二年铅印本。

② 本表据汤阴县志编纂委员会编:《汤阴县志》,《大事记》及《历代自然灾害一览表》,河南人民出版社 1987 年版,第 7—16 页、92—95 页(本表中未注明出处的均取自本志)及乾隆《续汤阴县志》,乾隆三年刻本有关内容编制。

续表

公元纪年	历史纪年	发生时间	水灾情况	洪水来源	资料来源
1694 年	康熙三十三年	六年	六月被水灾	降雨	乾隆《续汤阴县志·杂志》
1703 年	康熙四十二年①		大水灾。蠲免钱粮 4434 两五钱八分八厘二毫一丝	降雨	乾隆《续汤阴县志·杂志》
1737 年	乾隆二年	秋	四月大雨雹,秋大雨	降雨	乾隆《续汤阴县志·杂志》
1738 年	乾隆三年		洪涝	降雨	《历代》第 579 页
1739 年	乾隆四年	秋	汤阴、内黄俱大水,免粮有差	卫河	乾隆四年《彰德府志·机祥》
1757 年	乾隆二十二年	七月	洪涝	降雨	《海》第 603 页
1761 年	乾隆二十六年		七月大雨,秋禾被淹	降雨	
1779 年	乾隆四十四年		洪涝	降雨	
1794 年	乾隆五十九年	六月二十二、二十三日	怀、卫、彰大雨倾注,各处山水陡发,卫河涨至数丈,漳水南溢,田禾淹没。民谣相传:"乾隆五十九,冲开柳园口,农民无法过,四处逃荒走。"	降雨、漳河、卫河	
1801 年	嘉庆六年		秋禾被水	降雨	
1805 年	嘉庆十年	夏秋	夏秋水,安阳、汤阴、内黄连续泛涨,田庐被淹	降雨	《安阳县志》中国青年出版社 1990 年版,第 209 页

① 汤阴县志编纂委员会编:《汤阴县志》,《人口》,"汤阴县历代自然灾害一览表"中为康熙四十二年,"大事记"为四十四年,查《海河流域历代自然灾害史料》,康熙四十二汤阴有大水的记载,而四十四年则没有,且汤阴周边地区当年的旱涝等级均为 3 或 4,乾隆《续汤阴县志》及乾隆《彰德府志》均为四十二年,今《汤阴县志》误,故应为四十二年,河南人民出版社 1987 年版,第 93 页。

续表

公元纪年	历史纪年	发生时间	水灾情况	洪水来源	资料来源
1806 年	嘉庆十一年		洪涝	漳河	《海》第 657 页
1807 年	嘉庆十二年	七月	水灾，秋半收。因水灾缓征额赋有差，九月贷被水灾民籽种、口粮，并缓征本年额赋	降雨	
1808 年	嘉庆十三年	八月	洪涝	漳河	《海》第 660 页
1810 年	嘉庆十五年	九月	洪涝	洹河、卫河	《海》第 662 页
1811 年	嘉庆十六年		洪涝	漳河	《海》第 664 页
1812 年	嘉庆十七年		洪涝	漳河	《海》第 666 页
1815 年	嘉庆二十年		洪涝	降雨	《海》第 671 页
1816 年	嘉庆二十一年	六月	六月大雨，山水暴注，河水陡发。1 月贷水灾、地震灾民仓谷	降雨	
1817 年	嘉庆二十二年	六一八月	洪涝	漳河、卫河	《海》第 674 页
1818 年	嘉庆二十三年		水灾。九月灾新旧额赋。次年正月，贷被水灾民仓谷	漳河、卫河	
1819 年	嘉庆二十四年		山水骤发，部分村庄被淹	漳河、卫河	
1822 年	道光二年		夏秋雨水过多，东北五十余村庄被淹	降雨	
1823 年	道光三年		洪涝	漳河、洹河	《海》第 686 页
1825 年	道光五年		洪涝	漳河、洹河、卫河	《海》第 690 页
1827 年	道光七年		水灾，广润泊积水。九月缓征水占、沙压地亩新旧额赋	降雨	
1834 年	道光十四年		洪涝	漳河、洹河	《海》第 705 页
1836 年	道光十六年		洪涝	降雨	《海》第 708 页
1840 年	道光二十年	七月	雨多水涨，秋禾受伤	降雨	
1842 年	道光二十二年		水灾，旱灾	降雨	

续表

公元纪年	历史纪年	发生时间	水灾情况	洪水来源	资料来源
1843 年	道光二十三年		水灾	降雨	
1846 年	道光二十六年		水灾	降雨	
1848 年	道光二十八年		秋水灾,减收	降雨	
1849 年	道光二十九年	六、七月	大雨成灾	降雨	
1854 年	咸丰四年	秋	连日大雨滂沱,低地被淹	降雨	
1855 年	咸丰五年		水淹	降雨	
1858 年	咸丰八年		夏旱,秋涝灾	降雨	
1861 年	咸丰十一年	秋	秋雨多,禾被淹	降雨	
1864 年	同治三年		被旱,被水,秋收歉薄	降雨	
1866 年	同治五年	秋	秋禾被淹	降雨	
1868 年	同治七年		被淹	降雨	
1873 年	同治十二年		洪涝	降雨	《海》第 761 页
1876 年	光绪二年	秋	春夏旱,秋涝	降雨	
1883 年	光绪九年		久雨积涝	降雨	
1888 年	光绪十四年		先旱后涝,秋禾歉收	降雨	
1889 年	光绪十五年	七月	七月连雨,山水涨发,低洼积水,秋五分	降雨	
1890 年	光绪十六年		夏雨涝成灾,秋旱	降雨	
1892 年	光绪十八年	六月	六月涝	降雨	
1893 年	光绪十九年	五、六月	春旱,五六月淫雨经旬,秋收五分	降雨	
1895 年	光绪二十一年		被水淹	降雨	
1896 年	光绪二十二年	六、七月	六七月连旬大雨,秋禾歉收	降雨	

续表

公元纪年	历史纪年	发生时间	水灾情况	洪水来源	资料来源
1917 年	民国六年	七、八月间	新乡、汲县等地连降大雨,山水暴发,卫河泛溢,汤阴沿河秋禾被淹,灾七至九成	降雨、卫河	
1922 年	民国十一年		先涝后旱	降雨	
1924 年	民国十三年		洼地积水	降雨	

内黄县水灾统计表①(共计 67 年次)

公元纪年	历史纪年	发生时间	水灾情况	洪水来源	资料来源
1654 年	顺治十一年		大水,平地三尺,地震	降雨	乾隆《内黄县志·编年》
1662 年	康熙元年		麦大熟,秋霪雨	降雨	乾隆《内黄县志·编年》
1677 年	康熙十六年	秋	春旱,秋大水	降雨	乾隆《内黄县志·编年》
1702 年	康熙四十一年	秋	内黄大水	降雨	乾隆《内黄县志·编年》
1703 年	康熙四十二年	秋	内黄复大水,饥	降雨	乾隆《内黄县志·编年》
1713 年	康熙五十二年	闰五月	风雨大作,拔树,屋瓦皆飞,俄见龙挂	降雨	光绪《内黄县志·事实志》
1725 年	雍正四年		内黄大水	降雨	乾隆《内黄县志·编年》
1729 年	雍正七年		大水	降雨	乾隆《内黄县志·编年》

---

① 本表据史其显主编:《内黄县志》,《大事记》等有关内容编制,中州古籍出版社 1993 年版(本表中未注明出处的均取自本志);乾隆《内黄县志》,乾隆四年刻本;光绪《内黄县志》,光绪十八年刻本等有关内容编制。

续表

公元纪年	历史纪年	发生时间	水灾情况	洪水来源	资料来源
1734 年	雍正十二年		大水。知县陈锡辂奉文建育婴堂	降雨	乾隆《内黄县志·编年》
1738 年	乾隆三年		夏旱秋霪雨	降雨	乾隆《内黄县志·编年》
1739 年	乾隆四年	夏秋	夏旱，秋大水，知县李渽申报借赈并捐助倒塌房屋之家	降雨	光绪《内黄县志·事实志》
1740 年	乾隆五年		复大水	降雨	光绪《内黄县志·事实志》
1757 年	乾隆二十二年		洪涝	卫河	《海》第 603 页
1761 年	乾隆二十六年		洪涝	降雨	《海》第 609 页
1763 年	乾隆二十八年	秋	大雨	降雨	光绪《内黄县志·事实志》
1794 年	乾隆五十九年		洪涝	漳河、卫河	《海》第 642 页
1801 年	嘉庆六年		洪涝	降雨	《海》第 651 页
1805 年	嘉庆十年	夏秋	夏秋水，安阳、汤阴、内黄连续泛涨，田庐被淹	降雨	《安阳县志》中国青年出版社 1990 年版第 209 页
1806 年	嘉庆十一年		洪涝	漳河	《海》第 657 页
1807 年	嘉庆十二年		洪涝	漳河、卫河	《海》第 658 页
1808 年	嘉庆十三年		洪涝	漳河	《海》第 660 页
1810 年	嘉庆十五年		洪涝	卫河	《海》第 662 页
1811 年	嘉庆十六年		洪涝	卫河	《海》第 664 页
1812 年	嘉庆十七年		洪涝	漳河	《海》第 666 页
1815 年	嘉庆二十年		洪涝	降雨	《海》第 671 页
1816 年	嘉庆二十一年		洪涝	降雨	《海》第 672 页

续表

公元纪年	历史纪年	发生时间	水灾情况	洪水来源	资料来源
1817 年	嘉庆二十二年		洪涝	漳河、卫河	《海》第 674 页
1818 年	嘉庆二十三年		洪涝	漳河、卫河	《海》第 675 页
1819 年	嘉庆二十四年		洪涝	漳河、洹河	《海》第 677 页
1820 年	嘉庆二十五年		洪涝	卫河	《海》第 679 页
1822 年	道光二年	秋	大水	降雨	光绪《内黄县志·事实志》
1823 年	道光三年		洪涝	降雨、漳河	《海》第 686 页
1824 年	道光四年		洪涝	漳河、卫河	《海》第 688 页
1825 年	道光五年		洪涝	降雨	《海》第 690 页
1827 年	道光七年		洪涝	漳河、卫河	《海》第 693 页
1829 年	道光九年		洪涝	漳河	《海》第 695 页
1832 年	道光十二年		洪涝	漳河	《海》第 702 页
1834 年	道光十四年		洪涝	漳河、洹河	《海》第 705 页
1836 年	道光十六年		洪涝	漳河、卫河	《海》第 708 页
1838 年	道光十八年		洪涝	漳河	《海》第 711 页
1839 年	道光十九年		洪涝	降雨	《海》第 713 页
1840 年	道光二十年		洪涝	降雨	《海》第 714 页
1842 年	道光二十二年		洪涝	降雨	《海》第 716 页
1843 年	道光二十三年		洪涝	降雨	《海》第 717 页
1846 年	道光二十六年		洪涝	降雨	《海》第 720 页

续表

公元纪年	历史纪年	发生时间	水灾情况	洪水来源	资料来源
1847 年	道光二十七年①	七月	大饥,五月始雨,晚禾得种。七月又大雨,禾尽淹没,知县李福源祥请赈灾	降雨	光绪《内黄县志·事实志》
1849 年	道光二十九年		洪涝	降雨	《海》第 724 页
1851 年	咸丰元年	四月	四月雨,麦皆伤毁	降雨	
1853 年	咸丰三年		洪涝	降雨	《海》第 730 页
1854 年	咸丰四年		洪涝	降雨	《海》第 731 页
1856 年	咸丰六年		洪涝	漳河	《海》第 734 页
1857 年	咸丰七年		洪涝	漳河	《海》第 736 页
1858 年	咸丰八年		洪涝	漳河	《海》第 738 页
1860 年	咸丰十年		洪涝	漳河	《海》第 741 页
1861 年	咸丰十一年		洪涝	降雨	《海》第 742 页
1866 年	同治五年		洪涝	降雨	《海》第 747 页
1869 年	同治八年	六月	正月雷,六月大雨,围四门,行船直至城下	降雨	《海》第 753 页
1870 年	同治九年	六月	大雨,水围四门,行船直至城下	降雨	光绪《内黄县志·事实志》
1873 年	同治十二年		洪涝	降雨	《海》第 761 页
1876 年	光绪二年		洪涝	降雨	《海》第 765 页
1883 年	光绪九年		洪涝	降雨	《海》第 778 页
1886 年	光绪十二年		洪涝	漳河	《海》第 782 页
1887 年	光绪十三年	八月	八月河决	黄河	《海》第 785 页
1888 年	光绪十四年		洪涝	降雨	《海》第 786 页
1889 年	光绪十五年	夏秋	夏秋积水。七月安阳、汤阴、内黄、林县等地均遭水淹	降雨	《安阳县志》中国青年出版社 1990 年版第 209 页

① 该年内在《清代海河流域历代自然灾害史料》与《清代海河滦河洪涝档案史料》中均未有记,今从县志补入。

续表

公元纪年	历史纪年	发生时间	水灾情况	洪水来源	资料来源
1890 年	光绪十六年	夏	大雨,平地水深数尺,行舟直至城下,蝗蝻为灾	降雨	光绪《内黄县志·事实志》
1892 年	光绪十八年		洪涝	降雨	《海》第 793 页
1894 年	光绪二十年	七月	漳、卫河溢,平地行舟①	漳河、卫河	《海》第 798 页
1895 年	光绪二十一年	秋	大水,霍乱流行,人死甚多,棺木、冥资(给死人烧的纸钱)供不应求,亲戚之间互不报丧	降雨、漳河	
1919 年	民国八年		上半年大旱,下半年水灾,瘟疫,人有死亡	降雨	

清丰县水灾统计表②（共计 36 年次）

公元纪年	历史纪年	发生时间	水灾情况	洪水来源	资料来源
1652 年	顺治九年	六月	夏六月荆隆口河复决,从长垣趋东昌、开州、东明、清丰、南乐俱陆地行舟,起大名、东昌丁夫筑堤	黄河	《海》第 474 页
1653 年	顺治十年		大水	降雨	同治《清丰县志·编年》
1654 年	顺治十一年		复大水,陆地行舟,岁大歉,发帑藏三万赈济	降雨	同治《清丰县志·编年》
1662 年	康熙元年	八月	秋八月淫雨,倾民房屋,八昼夜始晴霁	降雨	同治《清丰县志·编年》
1679 年	康熙十八年	八月	秋七月二十八日地震,八月水灾,粮食腾贵	降雨	同治《清丰县志·编年》

① 《海河流域历代自然灾害史料》载:"漳水复决二分庄,淹及内、临、安三县。"

② 本表主要据清丰县地方史志编纂委员会编:《清丰县志》,《大事记》,山东大学出版社 1990 年版,(本表中未注明出处的均取自本志);同治《清丰县志》,同治十一年(1872 年)刻本;民国《清丰县志》,民国三年(1914 年)铅印本;《海河流域历代自然灾害史料》等有关内容编制。

续表

公元纪年	历史纪年	发生时间	水灾情况	洪水来源	资料来源
1696 年	康熙三十五年		水灾	降雨	民国《清丰县志·编年》
1703 年	康熙四十二年		大水①	降雨	同治《清丰县志·编年》
1730 年	雍正八年	七月	大雨,秋禾歉收	降雨	《海》第570页
1739 年	乾隆四年		洪涝	降雨	《海》第581页
1747 年	乾隆十二年	秋	秋,大雨连降,田禾淹没,粮米腾贵,麦价每斗620钱,高粱黑黄二豆每斗俱价钱520至30不等,谷与黍稷每斗俱价值400有零	降雨	民国《清丰县志·编年》
1749 年	乾隆十四年	夏	洪涝	漳河	《海》第594页
1757 年	乾隆二十二年		洪涝	卫河	《海》第603页
1759 年	乾隆二十四年		洪涝	漳河、卫河	《海》第606页
1771 年	乾隆三十六年		洪涝	降雨	《海》第619页
1807 年	嘉庆十二年		洪涝	漳河、卫河	《海》第658页
1808 年	嘉庆十三年		洪涝	降雨	《海》第660页
1809 年	嘉庆十四年		洪涝	降雨	《海》第661页
1810 年	嘉庆十五年		洪涝	降雨	《海》第662页
1811 年	嘉庆十六年		洪涝	卫河	《海》第664页
1815 年	嘉庆二十年		洪涝	降雨	《海》第671页
1816 年	嘉庆二十一年		洪涝	降雨	《海》第672页

① 民国《清丰县志》卷2,《编年》载:"秋大水,水自开州赵村坡流至清丰县城西,城西数村田禾淹没,房屋倒塌。"民国三年(1914年)铅印本,第16页。

续表

公元纪年	历史纪年	发生时间	水灾情况	洪水来源	资料来源
1818 年	嘉庆二十三年		洪涝	卫河	《海》第 674 页
1819 年	嘉庆二十四年		洪涝	降雨	《海》第 677 页
1820 年	嘉庆二十五年	冬	洪涝	卫河	《海》第 679 页
1822 年	道光二年		大水	降雨	同治《清丰县志·编年》
1823 年	道光三年		洪涝	降雨	《海》第 686 页
1832 年	道光十二年		洪涝	降雨	《海》第 702 页
1834 年	道光十四年		洪涝	降雨	《海》第 705 页
1855 年	咸丰五年		洪涝	降雨	《海》第 732 页
1873 年	同治十二年		洪涝	降雨	《海》第 761 页
1883 年	光绪九年	秋	秋涝伤稼	降雨	民国《清丰县志·编年》
1890 年	光绪十六年	五、六月	雨潦成河,陆地行舟	降雨	民国《清丰县志·编年》
1892 年	光绪十八年		洪涝	漳河、卫河	《海》第 793 页
1894 年	光绪二十年		淫雨成灾	降雨	《海》第 797 页
1895 年	光绪二十一年		秋无禾,淫雨为灾	降雨	《海》第 800 页
1917 年	民国六年	八月	连降大雨,70% 秋苗淹死,年景遭歉	降雨	

南乐县水灾统计表①（共计 55 年次）

公元纪年	历史纪年	发生时间	水灾情况	洪水来源	资料来源
1651 年	顺治八年		大水	降雨	《海》第 473 页
1652 年	顺治九年		大水，陆可行舟	降雨	康熙《南乐县志·纪年》
1653 年	顺治十年		大水，陆地行舟	降雨	康熙《南乐县志·纪年》
1668 年	康熙七年	七月	地震有声，河水尽溢	黄河	康熙《南乐县志·纪年》
1676 年	康熙十五年	夏	大水，城池渚港皆生金鱼，大尺许	降雨	康熙《南乐县志·纪年》
1679 年	康熙十八年	秋	淫雨四十日乃霁	降雨	康熙《南乐县志·纪年》
1699 年	康熙三十八年		大风雨，拔树屋瓦皆飞，甚有将屋上盖全揭去者	降雨	康熙《南乐县志·纪年》
1703 年	康熙四十二年		大水，陆地行舟直到会通河，虽十二年来岁有水患，未有如此年之甚者，遂大饥	降雨	康熙《南乐县志·纪年》
1739 年	乾隆四年		洪涝	降雨	《海》第 581 页
1747 年	乾隆十二年		洪涝	降雨	《海》第 592 页
1749 年	乾隆十四年	夏	魏县、大名、元城、南乐漳河泛溢，沥水淹浸	漳河	《海》第 594 页
1757 年	乾隆二十二年		卫河溢，灾及境内	卫河	光绪《南乐县志·祥异》
1759 年	乾隆二十四年		洪涝	漳河、卫河	《海》第 606 页
1768 年	乾隆三十三年		水灾	降雨	光绪《南乐县志·祥异》

---

① 本表据南乐县地方史志编纂委员会编的《南乐县志》，《大事记》，中州古籍出版社 1996 年版(本表中未注明出处的均取自本志)；康熙《南乐县志》，康熙五十年(1711年)刻本；光绪《南乐县志》，乐昌书院藏版，光绪二十九年刻本；民国《南乐县志》，民国三十年(1941 年)铅印本等有关内容编制。

续表

公元纪年	历史纪年	发生时间	水灾情况	洪水来源	资料来源
1771 年	乾隆三十六年		洪涝	降雨	《海》第 619 页
1794 年	乾隆五十九年		洪涝	漳河、卫河	《海》第 642 页
1801 年	嘉庆六年		大水	降雨	光绪《南乐县志·祥异》
1806 年	嘉庆十一年		洪涝	降雨	《海》第 657 页
1807 年	嘉庆十二年		洪涝	卫河	《海》第 659 页
1808 年	嘉庆十三年		洪涝	降雨	《海》第 660 页
1809 年	嘉庆十四年		洪涝。低洼之处间被淹没	降雨	《海》第 661、662 页
1811 年	嘉庆十六年		洪涝	卫河	《海》第 664 页
1815 年	嘉庆二十年		洪涝	降雨	《海》第 671 页
1816 年	嘉庆二十一年		洪涝	降雨	《海》第 672 页
1818 年	嘉庆二十一年		卫河始自涨汪入南乐县境	卫河	
1819 年	嘉庆二十四年		洪涝	降雨	《海》第 677 页
1820 年	嘉庆二十五年		洪涝	卫河	《海》第 679 页
1821 年	道光元年		洪涝。秋大疫	降雨	《海》第 681 页
1822 年	道光二年	夏	夏大疫，大水	降雨	光绪《南乐县志·祥异》
1823 年	道光三年①	夏	大水，大疫	降雨	
1829 年	道光九年		洪涝	漳河、卫河	《海》第 695 页

---

① 南乐县地方史志编纂委员会编的《南乐县志》，《大事记》中（中州古籍出版社1996 年版），在道光二年的水灾材料下边，紧接着又载道光二年的一条水灾材料，根据时间先后排列顺序，应该为道光三年。查有关史籍，只有《清代海河滦河洪涝灾害史料》中道光三年有水灾的记载，其他地方志则无，暂存。

续表

公元纪年	历史纪年	发生时间	水灾情况	洪水来源	资料来源
1830年	道光十年	四月	二十二日晚,地震,响声如雷,河水漫溢,房舍圮坏无数。此后数月屡震	黄河	光绪《南乐县志·祥异》
1832年	道光十二年		洪涝	降雨	《海》第702页
1834年	道光十四年		洪涝	降雨	《海》第705页
1835年	道光十五年		洪涝	降雨	《海》第707页
1838年	道光十八年	四月	大水	降雨	《海》第712页
1839年	道光十九年	四月	二十七日,大雨,灾麦	降雨	光绪《南乐县志·祥异》
1840年	道光二十年		洪涝	降雨	《海》第714页
1841年	道光二十一年		洪涝	降雨	《海》第716页
1843年	道光二十三年	秋	卫河决口	卫河	光绪《南乐县志·祥异》
1855年	咸丰五年		洪涝	降雨	《海》第732页
1873年	同治十二年		洪涝	降雨	《海》第761页
1876年	光绪二年		洪涝	降雨	《海》第第765页
1883年	光绪九年	秋	大雨伤稼,卫河决龙门埽	卫河	光绪《南乐县志·祥异》
1888年	光绪十四年		漳河始由大名县五家井(今属河北省魏县)入南乐县境,自邵庄村入卫河	漳河	
1889年	光绪十五年		洪涝	降雨	《海》第788页
1890年	光绪十六年	五月	大雨三旬方止,陆地行舟	降雨	光绪《南乐县志·祥异》
1892年	光绪十八年	六月	卫河决龙门埽	卫河	光绪《南乐县志·祥异》
1894年	光绪二十年	七月	己丑,卫河决龙门埽,秋大疫	卫河	光绪《南乐县志·祥异》

续表

公元纪年	历史纪年	发生时间	水灾情况	洪水来源	资料来源
1895 年	光绪二十一年	五月	二十二日起,大雨五日方止,麦尽腐,生蝗	卫河	光绪《南乐县志·祥异》
1898 年	光绪二十四年		洪涝	降雨	《海》第803 页
1910 年	宣统二年		洪涝	降雨	《海》第816 页
1920 年	民国九年		卫河决龙门埚①	卫河	民国《南乐县志·祥异》
1921 年	民国十年		卫河决龙门埚	卫河	民国《南乐县志·祥异》
1923 年	民国十二年		大雨,卫河溢	降雨、卫河	光绪《南乐县志·祥异》

大名县水灾统计表②（共计 101 年次）

公元纪年	历史纪年	发生时间	水灾情况	洪水来源	资料来源
1649 年	顺治六年		大名大水	降雨	《海》第470 页
1654 年	顺治十一年	七月	大名河溢,没禾稼	卫河	乾隆《大名县志》卷 27《祝祥》
1662 年	康熙元年	秋	秋霖雨四旬有余	降雨	乾隆《大名县志》卷 27《祝祥》
1672 年	康熙十一年	五月	夏五月大名烈风暴雨竟夜,大名县城垛摧十之七,坏城	降雨、卫河	乾隆《大名县志》卷 27《祝祥》

---

① 河北省旱涝预报课题组编:《海河流域历代自然灾害史料》所引民国九年、十年"南乐,卫河决尤门埚"。误,应为"卫河决龙门埚"。第832、833 页。

② 本表系据大名县志编纂委员会编《大名县志》,《大事记》《自然灾害》,新华出版社 1994 年版(表中未注明出处的均取自本志);《海河流域历代自然灾害史料》,气象出版社 1985 年版,表中简称为《海》有关内容及有关地方志内容编制。其他来源均已标明。

续表

公元纪年	历史纪年	发生时间	水灾情况	洪水来源	资料来源
1673 年	康熙十二年	六月	六月卫河溢苑家湾小滩镇	卫河	民国《大名县志》卷26《祥异》
1677 年	康熙十七年	秋	春旱,秋大水,漂官民庐舍	降雨	《海》第514页
1679 年	康熙十八年	八月	七月地震,八月接连下雨40天	降雨	
1696 年	康熙三十五年	夏	夏水旋退,禾稼无损	降雨	《海》第537页
1702 年	康熙四十一年	秋	大水	降雨	《海》第541页
1703 年	康熙四十二年	秋	大水	降雨	《海》第542页
1713 年	康熙五十二年	五月	五月大风雨	降雨	《海》第550页
1725 年	雍正三年		大水	降雨	乾隆《大名县志》卷27《机祥》
1730 年	雍正八年	夏秋	夏大水,秋七月大雨	降雨	乾隆《大名县志》卷27《机祥》
1737 年	乾隆二年	秋	大水,坏田庐	降雨	乾隆《大名县志》卷27《机祥》
1739 年	乾隆四年	六月	夏六月大淫雨伤稼	降雨	乾隆《大名县志》卷27《机祥》
1747 年	乾隆十二年	夏	夏大水,捐赈有差	降雨	民国《大名县志》卷26《祥异》
1749 年	乾隆十四年	夏	夏大雨水,缓征	降雨、漳河	民国《大名县志》卷26《祥异》

续表

公元纪年	历史纪年	发生时间	水灾情况	洪水来源	资料来源
1755 年	乾隆二十年	六月	卫河决圮大名县城。时卫河复与漳河水接,坏大护城堤,入县城,居民皆出,庐舍全圮①	卫河、漳河	民国《大名县志》卷 26《祥异》
1757 年	乾隆二十二年	六月	御河决入大名县城,坏庐舍	漳河、卫河	乾隆《大名县志》卷 27《机祥》
1759 年	乾隆二十四年	秋	夏大旱,至闰六月十九日乃雨,秋漳、御并决	漳河、卫河	民国《大名县志》卷 26《祥异》
1761 年	乾隆二十六年	秋	大水,发廪赈恤捐租有差	降雨、卫河	乾隆《大名县志》卷 27《机祥》
1762 年	乾隆二十七年	夏、冬	闰五月至六月雨,凡三十余日,大水潦,冬复水,伤麦苗,蠲赈有差	降雨	乾隆《大名县志》卷 27《机祥》
1770 年	乾隆三十五年	六月	大水	漳河	乾隆《大名县志》卷 27《机祥》
1771 年	乾隆三十六年		洪涝	降雨	《海》第 619 页
1775 年	乾隆四十年	秋	秋漳河决,大水薄府城	漳河	乾隆《大名县志》卷 27《机祥》
1779 年	乾隆四十四年	六月	漳河决,大水	漳河	乾隆《大名县志》卷 27《机祥》

---

① 民国《大名县志》中,在此句以下,还有"总督方观承发银票赈济两县灾民并蠲其租有差,其明年奏移大名县治于府城中,复并魏县入焉"。查《清代海河滦河洪涝档案史料》、魏县地方志编纂委员会编《魏县志》等,可知,魏县的归并系乾隆二十三年(1758年),故可知此内容当指乾隆二十二年,民国《大名县志》则系于二十年,误。乾隆二十年亦有水灾,只是内容舛错。

续表

公元纪年	历史纪年	发生时间	水灾情况	洪水来源	资料来源
1783 年	乾隆四十八年		漳水决赵三家口,县西境水	漳河	乾隆《大名县志》卷 27《机祥》
1789 年	乾隆五十四年		夏秋皆稔,惟新并西南漳河上游安阳堤决,漳水入蒲潭营一百五十余村,广平南温漫口,本邑北路西寺堡等十七村颇受偏灾	漳河	乾隆《大名县志》卷 27《机祥》
1790 年	乾隆五十五年		大名、元城续报水灾	降雨	《海》第 637 页
1793 年	乾隆五十八年		大名、元城大水	降雨	《海》第 641 页
1794 年	乾隆五十九年		水灾	降雨	民国《大名县志》卷 26《祥异》
1797 年	嘉庆三年		洪涝	降雨	《海》第 646 页
1801 年	嘉庆六年		被水地六成无收	降雨	《海》第 650 页
1806 年	嘉庆十一年		洪涝	降雨	《海》第 657 页
1807 年	嘉庆十二年		水灾	降雨	《海》第 659 页
1808 年	嘉庆十三年		洪涝	降雨	《海》第 660 页
1809 年	嘉庆十四年		洪涝。低洼之处,间被淹没	降雨	《海》第 661、662 页
1810 年	嘉庆十五年		洪涝	漳河、卫河	《海》第 662 页
1811 年	嘉庆十六年		洪涝	卫河	《海》第 664 页
1815 年	嘉庆二十年		水,元城遍灾	降雨	民国《大名县志》卷 26《祥异》
1816 年	嘉庆二十一年		被水歉收	降雨	民国《大名县志》卷 26《祥异》

续表

公元 纪年	历史纪年	发生 时间	水灾情况	洪水来源	资料来源
1818 年	嘉庆二十三年		洪涝	卫河	《海》第 675 页
1819 年	嘉庆二十四年	冬	漳御水溢,大元灾	漳河、卫河	民国《大名县志》卷 26《祥异》
1820 年	嘉庆二十五年		洪涝	卫河	《海》第 679 页
1821 年	道光元年		洪涝。大疫,时夏秋之交,病死者相属	降雨	《海》第 681 页
1822 年	道光二年		大名水,元城偏灾	降雨	民国《大名县志》卷 26《祥异》
1823 年	道光三年		大名水,元城偏灾①	降雨、漳河	民国《大名县志》卷 26《祥异》
1824 年	道光四年		洪涝	漳河	《海》第 688 页
1829 年	道光九年		洪涝。沿河被漳水浸淹	漳河	《海》第 696 页
1830 年	道光十年		二麦被水	降雨	《海》第 698 页
1831 年	道光十一年		洪涝	漳河	《海》第 699 页
1832 年	道光十二年		县境低洼晚禾霉烂减色	降雨	《海》第 703 页
1834 年	道光十四年		因漳水水涨出槽,地间有被淹	漳河	《海》第 706 页
1835 年	道光十五年		洪涝	降雨	《海》第 707 页
1836 年	道光十六年		洪涝	降雨	《海》第 708 页
1839 年	道光十九年	六月	六月淫雨,得雨较多。鸡泽、大名等县被淹	降雨	《海》第 713 页
1840 年	道光二十年		洪涝	漳河	《海》第 714 页
1841 年	道光二十一年		洪涝	降雨	《海》第 716 页

---

① 《海河流域历代自然灾害史料》:"漳洹分流,由四隆堡入大名界。"第 686、687 页。

续表

公元纪年	历史纪年	发生时间	水灾情况	洪水来源	资料来源
1843 年	道光二十三年	夏	霪雨经旬，麦未及时碾打，长芽寸许，味败色变，几成废物。雨时井泉反涸，汲水不能盈筲，浑浊如糊，澄之始用	降雨	民国《大名县志》卷 26《祥异》
1848 年	道光二十八年		大名被水	降雨	《海》第 723 页
1852 年	咸丰二年		漳河决三宗庙。元城、大名被水	漳河	《海》第 727 页
1855 年	咸丰五年	六月	漳河溢，元城东北境偏灾	漳河	民国《大名县志》卷 26《祥异》
1858 年	咸丰八年	正月	己卯……大名：被水、被旱、被雹，免村庄新旧额赋	降雨	《海》第 737 页
1860 年	咸丰十年		大名……被水	降雨	《海》第 741 页
1861 年	咸丰十一年	秋	麦稔，秋大元水	降雨	民国《大名县志》卷 26《祥异》
1862 年	同治元年	六月	大元水	降雨	民国《大名县志》卷 26《祥异》
1864–1872 年	三年至十一年		大名、元城连年皆水。九年六月，漳河支河决口，涨溢异常，水深数尺，东北境田舍多被淹没	降雨、漳河、卫河	民国《大名县志》卷 26《祥异》
1873 年	同治十二年		洪涝	降雨	《海》第 761 页
1876 年	光绪二年		洪涝	降雨	《海》第 765 页
1879 年	光绪五年		被水	降雨	《海》第 773 页
1882 年	光绪八年		洪涝	降雨	《海》第 776 页
1883 年	光绪九年		大水	降雨	民国《大名县志》卷 26《祥异》

续表

公元纪年	历史纪年	发生时间	水灾情况	洪水来源	资料来源
1886 年	光绪十二年		大名、元城等轻水灾	降雨	《海》第 783 页
1887 年	光绪十三年	秋	大水,饥。漳河决口于大名之大康庄,淹没禾稼殆尽,灾及元城之顺道店等五地方	降雨、漳河	民国《大名县志》卷 26《祥异》
1889 年	光绪十五年		洪涝	降雨	《海》第 788 页
1890 年	光绪十六年	五月	夏御河溢。五月大雨,御河暴涨,河东一带村庄庐舍倒塌,田禾淹没,蠲缓其租有差	卫河	民国《大名县志》卷 26《祥异》
1892 年	光绪十八年	夏	夏风雨坏城,五月暴风大雨折毁郡城女墙数十处,东面城墙摧坏数十丈	降雨	民国《大名县志》卷 26《祥异》
1894 年	光绪二十年	秋	烈风暴雨,漳、御并泛,平地水深四至八尺,船行至南乐、东昌,田舍淹没,人民失所	降雨、漳河、卫河	民国《大名县志》卷 26《祥异》
1895 年	光绪二十一年		洪涝	降雨	《海》第 799 页
1896 年	光绪二十二年		洪涝	降雨	《海》第 801 页
1897 年	光绪二十三年		洪涝	降雨	《海》第 802 页
1898 年	光绪二十四年		被水歉收三四分	降雨	《海》第 804 页
1901 年	光绪二十七年		被水灾	降雨	《海》第 808 页
1903 年	光绪二十九年		洪涝	降雨	《海》第 810 页
1908 年	光绪三十四年		洪涝	降雨	《海》第 814 页
1910 年	宣统二年		洪涝	降雨	《海》第 816 页

续表

公元纪年	历史纪年	发生时间	水灾情况	洪水来源	资料来源
1913 年	民国二年	夏	夏,卫河决。自城东北花二庄决口,河西一带偏灾,缓征	卫河	民国《大名县志》卷26《祥异》
1915 年	民国四年	六月	夏风雨暴灾,六月十日午后大风陡从西北起,旧魏治左右果木园多受损害,大木有粗至数围连根拔起,平仆于地者,须臾雷电,大雨如注	降雨	民国《大名县志》卷26《祥异》
1916 年	民国五年	夏	漳河溢。水自车往营村(当时属大名县)南溢,淹禾稼坏房舍,村庄受害者甚多	漳河	民国《大名县志》卷26《祥异》
1917 年	民国六年	夏	暴雨水溢。六月初狂风自西北起,发屋拔木,风过雨来,如瀑布下倾,沟浍立满,漳河自蒲潭营决口,田禾大伤。入秋霪雨不止,郝村又决一口,水势大涨,洋洋东行,绕府城直趋卫河。卫河亦自西红庙决口两次,金滩镇以西墙屋倒塌,田禾淹没,被害尤重。官府施粥又设因利局以济贫民	降雨、漳河、卫河	民国《大名县志》卷26《祥异》
1918 年	民国七年	夏	夏蝻生,漳河决口,漳河自车往营以南决口,平地水深数尺,又值霖雨,两岸河堤尽圮。西区(今魏县)近河诸村倒塌房屋甚多。中区(今大名县)漳河以南诸村秋禾尽没,一月后水方落。八九月间疫病大作,死者枕藉,甚有一家尽亡者	漳河	民国《大名县志》卷26《祥异》

续表

公元纪年	历史纪年	发生时间	水灾情况	洪水来源	资料来源
1924 年	民国十三年	秋	大水。城西南漳河西岸数十村田庐漂没，龙王庙屋舍倒塌十之六七，附近诸村以至小滩镇均被害，城东北门口引河溃决，下流数十村均成泽国。①	降雨、漳河	民国《大名县志》卷 26《祥异》
1925 年	民国十五年	十二月朔	大雨，一夜未息，房屋多有倒漏者	降雨	民国《大名县志》卷 26《祥异》

元城县水灾统计表②（共计 73 年次）

公元纪年	历史纪年	发生时间	水灾情况	洪水来源	资料来源
1653 年	顺治十年		水灾	降雨	同治《续元城县志·年纪》
1654 年	顺治十一年		大水，平地三尺深	降雨	同治《续元城县志·年纪》
1662 年	康熙元年	七月	大霖雨	降雨	同治《续元城县志·年纪》
1673 年	康熙十二年	六月	元城卫河水溢，苑家湾、小滩镇沿河村落民患淹没	卫河	同治《续元城县志·年纪》
1677 年	康熙十六年	秋	大水，漂官民庐舍	降雨	同治《续元城县志·年纪》
1679 年	康熙十八年	八月	淫雨四旬，大水坏田舍	降雨	同治《续元城县志·年纪》
1702 年	康熙四十一年	秋	大水，蠲赈有差	降雨	同治《续元城县志·年纪》

---

① 据《海河流域历代自然灾害史料》引《旱涝史料》，本年度"七、八月华北地区遭三次暴雨袭击，七月中旬永定河、潮白河上游两次暴雨，八月初南运河、子牙、大清、永定各河上游暴雨，暴雨极其猛烈（临名关二十三小时降雨 600 公厘）田禾被淹，倒塌房屋甚多，灾民约 600 万人，京广线以东，津浦线经西，邯郸以北中部平原地区灾情为重。邯郸地区十七个县受灾（1922—1923，25 均为大水）"。气象出版社 1985 年版，第 836 页。

② 本表系据《海河流域历代自然灾害史料》，《清代海河滦河洪涝档案史料》；同治《续元城县志》卷 1，《年纪》，同治十一年（1872 年）刻本等有关内容编制。

续表

公元纪年	历史纪年	发生时间	水灾情况	洪水来源	资料来源
1703 年	康熙四十二年	秋	大水	降雨	同治《续元城县志·年纪》
1725 年	雍正三年	五月	五月水,秋又水,蠲赈有差	降雨	同治《续元城县志·年纪》
1726 年	雍正四年		被漳水所淹十余村。岁稔	漳河	《海》第 565 页
1730 年	雍正八年	夏、秋	夏大水,蠲赈有差。秋七月大雨	降雨	同治《续元城县志·年纪》
1737 年	乾隆二年	秋	大水,漂没田庐	降雨	同治《续元城县志·年纪》
1739 年	乾隆四年	六月	六月大淫雨,蠲赈有差	降雨	同治《续元城县志·年纪》
1747 年	乾隆十二年	夏	夏大水	降雨	同治《续元城县志·年纪》
1749 年	乾隆十四年	夏	夏大雨水	降雨、漳河	同治《续元城县志·年纪》
1751 年	乾隆十六年		河决阳武	黄河	同治《续元城县志·年纪》
1757 年	乾隆二十二年	五、六月	五月漳河益。六月卫河溢,漂没田庐	漳河、卫河	同治《续元城县志·年纪》
1759 年	乾隆二十四年	夏	漳河徙,淹没田庐	漳河	同治《续元城县志·年纪》
1761 年	乾隆二十六年	秋	大水	降雨	同治《续元城县志·年纪》
1762 年	乾隆二十七年	夏	夏淫雨为灾	降雨	同治《续元城县志·年纪》
1770 年	乾隆三十五年	六月	大水	降雨	同治《续元城县志·年纪》
1771 年	乾隆三十六年		洪涝	降雨	《海》第 619 页
1775 年	乾隆四十年	秋	漳河决,水薄府城	降雨	同治《续元城县志·年纪》
1779 年	乾隆四十四年	夏	夏漳河为灾,秋大稔	漳河	同治《续元城县志·年纪》

续表

公元纪年	历史纪年	发生时间	水灾情况	洪水来源	资料来源
1789 年	乾隆五十四年		水,县境偏灾	降雨	同治《续元城县志·年纪》
1790 年	乾隆五十五年		大名、元城续报水灾	降雨	《海》第 637 页
1793 年	乾隆五十八年		大名、元城大水	降雨	《海》641 页
1794 年	乾隆五十九年		水灾	降雨	同治《续元城县志·年纪》
1801 年	嘉庆六年		元城境偏灾	降雨	同治《续元城县志·年纪》
1815 年	嘉庆二十年	秋	水,县境偏灾	降雨	同治《续元城县志·年纪》
1816 年	嘉庆二十一年		水,元城偏灾	降雨	同治《续元城县志·年纪》
1818 年	嘉庆二十三年	秋	秋水,县境偏灾	卫河	同治《续元城县志·年纪》
1819 年	嘉庆二十四年	十二月	漳河、卫水溢,大名、元城灾	漳河、卫河	同治《续元城县志·年纪》
1820 年	嘉庆二十五年		洪涝	卫河	《海》第 679 页
1822 年	道光二年		大名水,元城偏灾	降雨	同治《续元城县志·年纪》
1823 年	道光三年		大名水,元城偏灾	降雨	同治《续元城县志·年纪》
1831 年	道光十一年	秋	秋,元城水	降雨	同治《续元城县志·年纪》
1832 年	道光十二年		洪涝	降雨	《海》第 702 页
1834 年	道光十四年		洪涝	降雨	《海》第 705 页
1835 年	道光十五年	秋	秋水,县境偏灾	降雨	同治《续元城县志·年纪》
1843 年	道光二十三年	秋	秋卫河决,偏灾	卫河	同治《续元城县志·年纪》
1846 年	道光二十六年	秋	元城水	降雨	同治《续元城县志·年纪》
1849 年	道光二十八年	秋	秋,元城水	降雨	同治《续元城县志·年纪》

续表

公元纪年	历史纪年	发生时间	水灾情况	洪水来源	资料来源
1850 年	道光二十九年	秋	秋水,县境偏灾	降雨	同治《续元城县志·年纪》
1852 年	咸丰二年		漳河决三宗庙。元城、大名被水	漳河	《海》第 727 页
1855 年	咸丰五年	六月	漳河溢,县境东北乡偏灾	漳河	同治《续元城县志·年纪》
1856 年	咸丰六年	秋	秋水,县境偏灾	降雨	民国《大名县志》卷26《祥异》
1861 年	咸丰十一年	秋	麦稔,秋大元水	降雨	同治《续元城县志·年纪》
1862 年	同治元年	六月	大元水	降雨	同治《续元城县志·年纪》
1864 年	同治三年		漳、卫溢,秋禾被淹	漳河、卫河	同治《续元城县志·年纪》
1865 年	同治四年	六月	县境水灾	降雨	同治《续元城县志·年纪》
1866 年	同治五年	八月	县境水灾,秋禾被淹	降雨	同治《续元城县志·年纪》
1867 年	同治六年		县境被水	降雨	同治《续元城县志·年纪》
1868 年	同治七年	六月	县境水灾,蠲缓有差	降雨	同治《续元城县志·年纪》
1869 年	同治八年	秋	夏旱。秋县境水灾	降雨	同治《续元城县志·年纪》
1870 年	同治九年	六月	漳御河水,两支河决口,异常涨溢,水深数尺,县境东北乡田庐淹没	漳河、卫河	同治《续元城县志·年纪》
1871 年	同治十年	七月	县境水灾	降雨	同治《续元城县志·年纪》
1872 年	同治十一年	秋	秋县境水灾	降雨	同治《续元城县志·年纪》
1873 年	同治十二年		洪涝	降雨	《海》第 761 页
1876 年	光绪二年		洪涝	降雨	《海》第 765 页
1879 年	光绪五年		洪涝	降雨	《海》第 773 页

续表

公元纪年	历史纪年	发生时间	水灾情况	洪水来源	资料来源
1882 年	光绪八年		洪涝	降雨	《海》第 776 页
1886 年	光绪十二年		大名、元城等轻水灾	降雨	《海》第 783 页
1887 年	光绪十三年	秋	大水,饥。漳河决口于大名之大康庄,淹没禾稼殆尽,灾及元城之顺道店等五地方	降雨、漳河	民国《大名县志》卷 26《祥异》
1889 年	光绪十五年		洪涝	降雨	《海》第 788 页
1890 年	光绪十六年		成灾歉收五分	降雨	《海》第 791 页
1892 年	光绪十八年		洪涝	降雨、卫河	《海》第 793 页
1894 年	光绪二十年		洪涝	降雨	《海》第 797 页
1895 年	光绪二十一年		洪涝	降雨	《海》第 799 页
1898 年	光绪二十四年		洪涝	降雨	《海》第 803 页
1901 年	光绪二十七年		被水灾	降雨	《海》第 808 页
1903 年	光绪二十九年		洪涝	降雨	《海》第 810 页
1910 年	宣统二年		洪涝	降雨	《海》第 816 页

馆陶县水灾统计表①(共计 63 年次)

公元纪年	历史纪年	发生时间	水灾情况	洪水来源	资料来源
1653 年	顺治十年	闰六月	卫河决口,全邑受灾	卫河	乾隆《馆陶县志·灾祥》
1654 年	顺治十一年	五月	卫河决	降雨、卫河	《海》第 480 页
1697 年	康熙三十六年		漳水骤至馆陶与卫水合	漳河、卫河	
1700 年	康熙三十九年	五月	十一日大雨,已至申禾尽没	降雨	乾隆《馆陶县志·灾祥》

---

① 本表系据河北省馆陶县地方志编纂委员会编的《馆陶县志》,《大事记》及《自然环境》,中华书局 1999 年版(本表中未注明出处的均取自本志),其他资料来源均已注明。

续表

公元纪年	历史纪年	发生时间	水灾情况	洪水来源	资料来源
1703年	康熙四十二年	五月后	淫雨连绵,田禾淹没,河水泛滥,与波水相接,平地水深数尺。知县遍历查勘,奉诏蠲赈,截漕发帑,遣官救养,多方调护,民赖全活	降雨	乾隆《馆陶县志·灾祥》
1708年	康熙四十七年		全漳河由南馆陶入卫河。(按:全漳入馆陶,当在引漳入卫后,全决以入)	漳河	
1725年	雍正三年	七月	大雨连绵,卫河泛滥,田苗被淹,房屋倒塌。知县杨一正申文告灾	降雨、卫河	乾隆《馆陶县志·灾祥》
1726年	雍正四年		东昌府属大水,馆陶被淹	降雨	民国《馆陶县志·灾祥》
1730年	雍正八年	七月	卫河冲决,南自宋家庄,北至孙寨堤口四十余里,非舟不可,城屯四门,势甚急。是岁,漕米带征钱粮减则九十	降雨、卫河	乾隆《馆陶县志·灾祥》
1731年	雍正九年		被水灾	降雨	乾隆《馆陶县志·灾祥》
1732年	雍正十年		被水灾	降雨	乾隆《馆陶县志·灾祥》
1733年	雍正十一年		俱被水灾,特河未决耳	降雨	乾隆《馆陶县志·灾祥》
1737年	乾隆二年	七、八月	七月二十四、五、八月初五、六,节次大雨,被淹处十之一二	降雨	
1739年	乾隆四年	六至七月、八月	六月至七月,淫雨连绵。八月上旬,复又大雨倾注……馆陶、冠县二处因漳、卫水发,漫溢堤岸,秋禾被水	降雨、漳河、卫河	

续表

公元 纪年	历史纪年	发生 时间	水灾情况	洪水来源	资料来源
1747 年	乾隆十二年	六、七月	因六、七月份雨水过多，洼地被水甚重。山东馆陶等六十州县水灾	降雨	
1749 年	乾隆十四年		漳、卫二水由豫省暴涨而来，致将馆陶县洼地秋禾淹灌	漳河、卫河	《清代海河滦河洪涝档案史料》
1751 年	乾隆十六年	六月	骤雨仍频，沿河低洼地区续有被淹。入七月以来，大雨频。九月，缓征馆陶新旧钱粮	降雨	
1757 年	乾隆二十二年	六月	东昌府属馆陶、冠等县被水灾。①	漳河、卫河	民国《馆陶县志·灾祥》
1759 年	乾隆二十四年	七月	七月初旬，漳、卫二河洪波汹涌，水位增长，迥异常年，二河顶冲之馆陶、冠县二县，河水漫溢	漳河、卫河	《清代海河滦河洪涝档案史料》
1761 年	乾隆二十六年	七月	二十五、二十六，风雨大作，漳、卫二河一时并涨，水与堤平。二十八日上午七时至晚上九时，风急浪急，南安堤、北安堤、薛家圈、么家庄各被漫溢	漳河、卫河	《清代海河滦河洪涝档案史料》
1762 年	乾隆二十七年		洪涝	卫河	《海》第611页
1766 年	乾隆三十一年		被卫水淹	卫河	《海》第614页

① 据河北省馆陶县地方志编纂委员会编的《馆陶县志》,《自然环境》载:"六月十八日,漳河暴涨,骤注卫河,一进不能容纳,漫过东岸,四散奔流,么家庄起周转20余村庄俱被淹没。六月十九日,漳河水复陡涨,滨河南北两岸村庄,半被泛滥,水头汇入卫河,合流奔注,猝不能御,四面环围,水深三、四尺不等。六月二十九日,县河东一片汪洋,田禾尽没,高粱出水二、三尺不等。全县530余村庄,高阜无碍者仅存20余村庄,水浅易涸者30余村庄,余皆在水乡,民房坍塌者十之一二,草土房坍塌者十之八九,人尚无损伤。"中华书局1999年版,第130页。

续表

公元纪年	历史纪年	发生时间	水灾情况	洪水来源	资料来源
1779 年	乾隆四十四年	六月	因直隶、河南漳、卫河水涨,倒漾入运,并本省洮、汶、泗各河骤涨,以致馆陶等七州县被淹	漳河、卫河、洮、汶、泗	
1785 年	乾隆五十年		卫河决口	卫河	
1788 年	乾隆五十三年		洪涝	漳河、卫河	《海》第 634 页
1790 年	乾隆五十五年	七月	阴雨较多,田禾伤损,成灾者通县十分之三	降雨	
1794 年	乾隆五十九年		卫河决口	卫河	民国《馆陶县志·灾祥》
1801 年	嘉庆六年		连日大雨,河水暴涨,东北部两乡被水	降雨	
1815 年	嘉庆二十年	夏	入夏雨水稍多,低洼之处间有被淹	降雨	
1816 年	嘉庆二十一年		涝灾。汪庄等七十八村庄,因地处低洼,致被淹浸,均被水淹极重	降雨	
1817 年	嘉庆二十二年		涝灾	降雨	《海》第 674 页
1818 年	嘉庆二十三年	八、九月	春夏之交,雨旸时若,于八、九月份,因雨水较多,宋庄等四十五村庄水灾严重①	降雨	
1819 年	嘉庆二十四年		洪涝	降雨	《海》第 677 页
1820 年	嘉庆二十五年		涝灾	降雨	《海》第 680 页
1822 年	道光二年		涝灾	降雨	《海》第 683 页

---

① 《海河流域历代自然灾害史料》(第 676 页)载:"因雨水较多,以致洼下田畴及滨河一处所(应为'带')被水较重之馆陶。运河水势陡长,大名、元城近河洼地田间被淹。"

续表

公元纪年	历史纪年	发生时间	水灾情况	洪水来源	资料来源
1823 年	道光三年		卫河决口	卫河	民国《馆陶县志·灾祥》
1824 年	道光四年		秋禾被水成灾	降雨	
1827 年	道光七年		洪涝	降雨	《海》第 693 页
1834 年	道光十四年	秋	秋间,漳、卫河漫口泛溢,洼下亦有被淹,水灾较重者有馆陶县芦里村等 13 个村庄	漳河、卫河	《清代海河滦河洪涝档案史料》
1842 年	道光二十二年		涝灾	降雨	
1843 年	道光二十三年		卫河自夏水势日长,馆陶孟家摆渡口漫过,被淹	卫河	《海》第 718 页"摆"系衍字
1844 年	道光二十四年		涝灾	降雨	《清代历年旱涝灾情》
1852 年	咸丰二年		馆陶……被淹较重	降雨	《海》第 727 页
1859 年	咸丰九年	秋	淫雨,卫河决口	降雨、卫河	
1867 年	同治六年		大元水。馆陶卫河决	卫河	《海》第 749 页
1868 年	同治七年		漳河涨发,卫河决口	漳河、卫河	民国《馆陶县志·灾祥》
1870 年	同治九年	秋	淫雨成灾,卫河决口	降雨、卫河	民国《馆陶县志·灾祥》
1871 年	同治十年		卫河决口	卫河	
1873 年	同治十二年	五月	月末大雨六日,房屋倒塌,田禾被淹	降雨	民国《馆陶县志·灾祥》
1875 年	光绪元年		被水最轻之馆陶、邱县民歉	降雨	《海》第 764 页
1876 年	光绪二年		洪涝	降雨	《海》第 765 页
1880 年	光绪六年	六月	先旱,后大雨,触鼻有臭气,棉花秋苗均受害	降雨	
1883 年	光绪九年	六月	六月涝。八月十三日,卫河由马头决口,城北、城西补水灾者 60 余村	降雨、卫河	民国《馆陶县志·灾祥》

续表

公元纪年	历史纪年	发生时间	水灾情况	洪水来源	资料来源
1885 年	光绪十一年		麦后至六月中旬,暴雨一连 40 余日,柴棉皆被淹,禾稼减收	降雨	民国《馆陶县志·灾祥》
1889 年	光绪十五年		被水堪不灾	降雨	《海》第 788 页
1890 年	光绪十六年	六月	六月十七日夜间,卫河又在马头决口,水势较前更甚	卫河	民国《馆陶县志·灾祥》
1892 年	光绪十八年	闰六月	六月初二,漳水注卫,馆陶卫河东西两岸大堤决口数处,全县几成泽国	漳河、卫河	民国《馆陶县志·灾祥》
1894 年	光绪二十年	七月	沁河决,北注卫,两岸决口十余处,当其冲者土屋皆倾,人畜致被淹毙	沁河、卫河	民国《馆陶县志·灾祥》
1897 年	光绪二十三年		被水	降雨	《海》第 803 页
1898 年	光绪二十四年		被水,勘不成灾	降雨	《海》第 804 页
1904 年	光绪三十年		卫河决口,河西南馆陶、南彦寺一带秋禾被淹	卫河	
1917 年	民国六年	夏秋间	卫河三涨,河东由纸房村决口,受灾 30 余村,维时又降大雨,平地水深二尺,小麦不能按时播种	卫河	民国《馆陶县志·灾祥》
1924 年	民国十三年	夏	漳河灌卫,卫河水溢,由河东邑城西北乔庄决口,庐舍倾塌,秋禾淹没,受灾 30 余村	漳河、卫河	民国《馆陶县志·灾祥》

冠县水灾统计表①（共计 39 年次）

公元纪年	历史纪年	发生时间	水灾情况	洪水来源	资料来源
1653 年	顺治十年	闰六月	霪雨不止，民房淹倒，陆地行舟，城东一带田禾淹没	降雨	道光《冠县志·祲祥》
1654 年	顺治十一年	五月	大雨，麦田多损	降雨	道光《冠县志·祲祥》
1658 年	顺治十五年	秋	秋，雨涝	降雨	
1726 年	雍正四年		大水	降雨	道光《冠县志·祲祥》
1730 年	雍正八年	秋	大水	降雨	道光《冠县志·祲祥》
1739 年	乾隆四年		洪涝	漳河、卫河	《海》第 581 页
1757 年	乾隆二十二年	秋	卫河决自元城金滩镇漫入县境，城四门皆屯，秋禾淹没	卫河	道光《冠县志·祲祥》
1759 年	乾隆二十四年		洪涝	漳河、卫河	《海》第 606 页
1761 年	乾隆二十六年		洪涝	降雨	《海》第 609 页
1762 年	乾隆二十七年		洪涝	漳河	《海》第 611 页
1779 年	乾隆四十四年		洪涝	漳河	《海》第 627 页
1790 年	乾隆五十五年		洪涝	降雨	《海》第 636 页
1794 年	乾隆五十九年	秋	大雨，卫河漫口，县及馆陶被水成灾	降雨、卫河	道光《冠县志·祲祥》
1801 年	嘉庆六年		大雨水	降雨	道光《冠县志·祲祥》
1811 年	嘉庆十六年	秋	雨涝成灾	降雨	

---

① 本表系据山东省冠县地方史志编纂委员会编：《冠县志》第三编，《大事记》，齐鲁书社 2001 年版（本表中未注明出处的均取自本志），其他资料来源均已注明。

续表

公元纪年	历史纪年	发生时间	水灾情况	洪水来源	资料来源
1817 年	嘉庆二十二年		涝灾	降雨	《海》第 674 页
1819 年	嘉庆二十四年	秋	大水	降雨	道光《冠县志·祲祥》
1822 年	道光二年		大雨水,卫河决浸民田	降雨、卫河	道光《冠县志·祲祥》
1823 年	道光三年		卫河决,辛庄等处被水淹	卫河	道光《冠县志·祲祥》
1824 年	道光四年		洪涝	降雨	《海》第 688 页
1833 年	道光十三年		水涝灾	降雨	《海》第 704 页
1834 年	道光十四年		洪涝	降雨	《海》第 705 页
1839 年	道光十九年		大雨水	降雨	光绪《冠县志·祲祥》
1846 年	道光二十六年		洪涝	降雨	《海》第 720 页
1848 年	道光二十八年		洪涝	降雨	《海》第 723 页
1852 年	咸丰二年		洪涝	降雨	《海》第 727 页
1863 年	同治二年		秋禾被水成灾	降雨	光绪《冠县志·祲祥》
1864 年	同治三年	秋	大雨水	降雨	光绪《冠县志·祲祥》
1868 年	同治七年		卫河决口	卫河	
1871 年	同治十年	秋	大雨水成灾	降雨	光绪《冠县志·祲祥》
1873 年	同治十二年		大水并疫虐流行,人多染之致命	降雨	光绪《冠县志·祲祥》
1879 年	光绪五年	秋	大水	降雨	光绪《冠县志·祲祥》

续表

公元纪年	历史纪年	发生时间	水灾情况	洪水来源	资料来源
1880 年	光绪六年	六月	大雨成灾,雨后臭气触鼻,庄稼受灾	降雨	
1883 年	光绪九年	秋	大水,山、博两乡半成泽国	卫河	光绪《冠县志·祲祥》
1889 年	光绪十五年		洪涝	降雨	《海》第788页
1891 年	光绪十七年	秋	大水伤禾	降雨	光绪《冠县志·祲祥》
1893 年	光绪十九年	秋	卫河大决口,冠境村庄半成泽国,秋禾多被淹没	卫河	光绪《冠县志·祲祥》
1894 年	光绪二十年		洪涝	降雨	《海》第797页
1898 年	光绪二十四年		洪涝	降雨	《海》第804页

临清水灾统计表①(共计100年次)

公元纪年	历史纪年	发生时间	水灾情况	洪水来源	资料来源
1647 年	顺治四年	六月	临清霪雨,屋墙倒塌,平地水深三尺	降雨	
1651 年	顺治八年	九月	济南、东昌、兖州等府州县水灾	降雨	
1652 年	顺治九年	秋	大水灾	降雨	乾隆《临清直隶州志·祥祲》
1653 年	顺治十年	秋	临清大水	降雨	乾隆《临清直隶州志·祥祲》

---

① 本表系据山东省临清市地方史志编纂委员会编的《临清市志》,《大事记》,齐鲁书社1997年版(本表中未不明出处的均取自本志),其他资料来源均已注明。

续表

公元纪年	历史纪年	发生时间	水灾情况	洪水来源	资料来源
1654 年	顺治十一年	五月	漳河水溢,麦田淹没,秋天蝗灾,大饥年	漳河	
1655 年	顺治十二年	秋	漳河溢,平地水深丈许,遍地可行舟船。八月,因为水灾免……临清等十一州县田赋	漳河	
1685 年	康熙二十四年	七、八月	七月中旬淫雨连绵,至八月大雨倾盆,遍野汪洋,秋禾淹没	降雨	《海》第 526 页
1686 年	康熙二十五年		漳水至,临清修堤防御	漳河	
1687 年	康熙二十六年		漳水至,临清河决,大水灾	漳河	
1692 年	康熙三十一年	六月	漳水至,武安决口,临清庄稼房舍淹没无数	漳河	
1693 年	康熙三十二年	四、六月	四月淫雨四十余日不止,麦朽。六月初三日,漳水自决口大至故道,张邱北田庐漂没殆尽,麦禾无存,人民逃散	降雨、漳河	《海》第 534 页
1696 年	康熙三十五年	七月	秋七月淫霖合	降雨	《海》第 537 页
1703 年	康熙四十二年	七月	卫河自南水口决	卫河	乾隆《临清直隶州志·祥祲》
1707 年	康熙四十六年		漳水在临清成灾,秋禾无存	漳河	
1715 年	康熙五十四年		临清漳河泛滥	漳河	
1716 年	康熙五十五年		临清漳河决,平地水深数尺,庄稼房舍漂没,禾苗庄稼无存	漳河	
1730 年	雍正八年	七月	七日卫河决江家庄。奉旨赈恤	卫河	乾隆《临清直隶州志·祥祲》
1737 年	乾隆二年		卫河决,偏灾	降雨	民国《临清县志·大事记》

续表

公元纪年	历史纪年	发生时间	水灾情况	洪水来源	资料来源
1738 年	乾隆三年		洪涝	卫河	《海》第 579 页
1739 年	乾隆四年		己未,卫河决,蒙赈恤	降雨、卫河	民国《临清县志·大事记》
1740 年	乾隆五年	秋	卫河在临清决堤,庄稼被淹。六年,动帑修尖冢至杨栏等处民埝十五段,长二千三百二十三丈五尺	卫河	
1742 年	乾隆七年		清平、临清等州县涝灾	降雨	
1745 年	乾隆十年	秋	秋雨连绵,河流骤涨,沿河一带民田漫溢,临清等六州县田地村庄被淹	降雨	
1746 年	乾隆十一年		涝灾	降雨	《海》第 591 页
1747 年	乾隆十二年	6 月 11 日	临清州雨不汇聚,西北一带低洼村庄积水伤禾	降雨	
1749 年	乾隆十四年		临清、寿张等八县涝灾	降雨	
1751 年	乾隆十六年	七月	七月以来,大雨频繁,临清等五十二州县水灾,缓征新旧钱粮	降雨	
1755 年	乾隆二十年		临清涝灾	降雨	
1756 年	乾隆二十一年		临清等十六州县水灾。馆陶、临清卫河决堤	降雨、卫河	
1757 年	乾隆二十二年	六月	夏六月卫河决	卫河	乾隆《临清直隶州志·祥禩》
1758 年	乾隆二十三年		洪涝	漳河、卫河	《海》第 604 页
1759 年	乾隆二十四年	七月	卫河决	卫河	乾隆《临清直隶州志·祥禩》
1761 年	乾隆二十六年	七月	秋七月卫河决	卫河	民国《临清县志·大事记》

续表

公元纪年	历史纪年	发生时间	水灾情况	洪水来源	资料来源
1762 年	乾隆二十七年	六、七月	六月漳水漫溢临清,田禾被淹。七月①,卫河决堤	漳河	
1763 年	乾隆二十八年	七月	秋七月,卫河决	卫河	乾隆《临清直隶州志·祥祲》
1766 年	乾隆三十一年		是年,馆陶、临清卫河决堤,平地行舟	卫河	
1768 年	乾隆三十三年		洪涝	卫河	《海》第616页
1771 年	乾隆三十六年	七月	漳河漫溢,沿河受灾,秋粮绝收	漳河	
1779 年	乾隆四十四年	六月	临清卫河决	卫河	乾隆《临清直隶州志·祥祲》
1780 年	乾隆四十五年		洪涝	卫河	《海》第627页
1781 年	乾隆四十六年	四月	连日成大雨,东昌、临清等三十九州县水灾,卫河溢,成灾	降雨、卫河	
1782 年	乾隆四十七年	夏秋	临清涝灾	降雨	
1788 年	乾隆五十三年		洪涝	漳河、卫河、汶河	《海》第634页
1789 年	乾隆五十四年		洪涝	降雨	《海》第635页
1790 年	乾隆五十五年	七月十二、十五等日	卫河陡涨,民兵抢护不及。临清江家庄民埝漫水三十六丈	卫河	

① 此条材料,山东省临清市地方史志编纂委员会编:《临清市志》,《大事记》把它与上条同记在乾隆二十七年下,且记为"七月",齐鲁书社1997年版,第14页。查民国《临清县志》并无此条记载,而乾隆《临清县志》乾隆二十八年有"七月,卫河决口"的记载。《海河流域历代自然灾害史料》引《旱涝史料》临清条,也只有"六月漳水又横至,田禾尽没。"而在乾隆二十八年临清条下则有"秋七月卫河决"的记载,很可能系《临清市志》印刷错误,把乾隆二十八年的情况舛错在二十七年。

续表

公元纪年	历史纪年	发生时间	水灾情况	洪水来源	资料来源
1794 年	乾隆五十九年	七月	春,临清、夏津、邱县等五十七县旱灾。七月,卫河泛涨,临清江家庄等处漫溢,村庄田禾被淹	卫河	
1798 年	嘉庆三年		卫河决,大水灾。八月赈济	卫河	
1799 年	嘉庆四年		临清等周围县涝灾	降雨	
1801 年	嘉庆六年		辛酉大水	卫河	民国《临清县志·大事记》
1803 年	嘉庆八年		临清大水灾	降雨	
1807 年	嘉庆十二年		洪涝	卫河	《海》第 660 页
1811 年	嘉庆十六年		洪涝	卫河	《海》第 664 页
1812 年	嘉庆十七年		洪涝	卫河	《海》第 666 页
1813 年	嘉庆十八年		洪涝	卫河	《海》第 668 页
1815 年	嘉庆二十年		临清、馆陶涝灾	降雨	《海》第 671 页
1816 年	嘉庆二十一年		临清、馆陶涝灾	降雨	
1817 年	嘉庆二十二年		临清、高唐、聊城、馆陶等县涝灾	降雨	
1818 年	嘉庆二十三年		卫河决堤,汪家庄等二十七村被淹	卫河	
1819 年	嘉庆二十四年		马家村水溢,六十二村被淹	卫河	
1820 年	嘉庆二十五年		涝灾	降雨	《海》第 680 页
1821 年	道光元年		洪涝	卫河	《海》第 681 页
1822 年	道光二年	六月	夏六月卫河溢,武城河决	卫河	民国《临清县志·大事记》
1823 年	道光三年	六月	夏六月卫河决十余处,民宅行舟	卫河	民国《临清县志·大事记》
1824 年	道光四年		洪涝	降雨	《海》第 688 页
1828 年	道光八年		洪涝	降雨	《海》第 694 页

续表

公元纪年	历史纪年	发生时间	水灾情况	洪水来源	资料来源
1829年	道光九年		洪涝	降雨	《海》第695页
1832年	道光十二年	闰九月	临清、聊城等三十四州县被水淹	降雨	
1834年	道光十四年		卫河西岸新河口民埝漫决四十余丈，旋又刷宽五十余丈，计八十八丈。十月，贷山东临清堵筑新河口民埝银	卫河	
1835年	道光十五年	五月	春至五月，先大旱，继而大涝	降雨	
1836年	道光十六年	十一月	东昌、临清、聊城等五十五州县水灾，虫灾。缓征新旧额赋	降雨	
1839年	道光十九年		洪涝	卫河	《海》第713页
1840年	道光二十年		洪涝	降雨	《海》第714页
1841年	道光二十一年	十月	遭水灾，秋收减产五成以上	降雨	
1843年	道光二十三年		遭水、旱灾。清廷缓征受灾严重庄屯的田赋	降雨	
1844年	道光二十四年	六月	夏六月，临清等州县水	降雨	民国《临清县志·大事记》
1848年	道光二十八年	六月	夏六月州境大水。缓征新旧欠收田赋	降雨	民国《临清县志·大事记》
1851年	咸丰元年	七月	秋七月，丰北黄河决口，水漫州境①	黄河	民国《临清县志·大事记》
1852年	咸丰二年	四月	州、县水灾较广，派藩司专办赈务	降雨	
1855年	咸丰五年	六月	夏六月州境大水。七月，截临漕粮五万石，又截漕粮二十一万石赈济受水灾的百姓	降雨	民国《临清县志·大事记》

① 据山东省临清市地方史志编纂委员会编《临清市志》，齐鲁书社1997年版，《大事记》载，本年"十月二十三日丰北黄河决口，水漫州境，灾情严重。十一月，免水灾额赋，并给灾民口粮及房屋修理费"。查民国《临清县志》及《海河流域历代自然灾害史料》丰北黄河决口均系本年七月，故此条材料当为七月。

续表

公元纪年	历史纪年	发生时间	水灾情况	洪水来源	资料来源
1860 年	咸丰十年		洪涝	降雨	《海》第 740 页
1869 年	同治八年	秋	霪雨数日，庄稼尽死	降雨	
1870 年	同治九年	九月	秋九月，淫雨无禾	降雨	民国《临清县志·大事记》
1871 年	同治十年	六月	卫河在塔湾决口。十一年正月，修卫河临清堤	卫河	民国《临清县志·大事记》
1876 年	光绪二年		洪涝	降雨	《海》第 765 页
1883 年	光绪九年	七月	卫河决胡家湾尖冢镇，又决江家庄，同时汶河决将军庙前，坏民庐舍无数，三里堡南北岸皆决	卫河、汶河	民国《临清县志·大事记》
1884 年	光绪十年		汶河水大涨①	汶河	民国《临清县志·大事记》
1885 年	光绪十一年	七月	大雨，平地水深尺余	降雨	民国《临清县志·大事记》
1886 年	光绪十二年		洪涝	黄河	《海》第 782 页
1888 年	光绪十四年		洪涝	降雨	《海》第 786 页
1889 年	光绪十五年	七月	四月筑南水关卫河东岸堤。七月黄河至邑泛溢，平地盈尺，岁饥	黄河	《海》第 788 页
1890 年	光绪十六年	五、六月②	五月卫河在胡家湾，六月卫河决塔湾、大营、张家窑	卫河	民国《临清县志·大事记》
1891 年	光绪十七年		洪涝	运河	《海》第 792 页

① 河北省旱涝预报课题组编：《海河流域历代自然灾害史料》引《旱涝史料》载："济河水大涨"，气象出版社 1985 年版，第 780 页。查民国《临清县志》有卫河"再北过南水关穿土城之南水门，至漳神庙南会于汶河，以上由尖塚镇至汶河口计水程六十里，是为卫河南段"的记载，故此当为"汶"而非"济"。

② 山东省临清市地方史志编纂委员会《临清市志》，齐鲁书社 1997 年版。《大事记》载在七月，误。

续表

公元纪年	历史纪年	发生时间	水灾情况	洪水来源	资料来源
1892 年	光绪十八年		卫河决贾家口、大营村,又决江庄。同是汶河决刘将军庙前,砖城南、北、西三门皆水,冲坏民庐无算	卫河	民国《临清县志·大事记》
1893 年	光绪十九年		洪涝	降雨	《海》第795页
1894 年	光绪二十年		洪涝	降雨	《海》第797页
1895 年	光绪二十一年		洪涝	运河	《海》第799页
1898 年	光绪二十四年		洪涝	降雨	《海》第804页
1900 年	光绪二十六年	八月	淫霖害稼。分别蠲缓本年额征钱漕	降雨	民国《临清县志·大事记》
1903 年	光绪二十九年		夏秋大稔,河水盛涨	卫河	民国《临清县志·大事记》
1917 年	民国六年		是年,卫河决张窑	卫河	民国《临清县志·大事记》

临漳县水灾统计表①(共计78 年次)

公元纪年	历史纪年	发生时间	水灾情况	洪水来源	资料来源
1648 年	顺治五年	五月	漳水发,环城十数里,城门没五尺	漳河	乾隆《彰德府志·机祥》
1652 年	顺治九年		漳河水注临漳,淹田千余顷,水与城齐	漳河	乾隆《彰德府志·机祥》
1654 年	顺治十一年		临漳大水,冲入西门,城几溃,环城皆水,房屋尽坏	漳河	乾隆《彰德府志·机祥》

---

① 本表据河北省临漳县地方志编纂委员会编的《临漳县志》,《大事记》,中华书局1999 年版(本表中未注明出片的均取自本志),其他资料来源均已注明。

续表

公元纪年	历史纪年	发生时间	水灾情况	洪水来源	资料来源
1655 年	顺治十二年	六月	漳水溢,平地水深丈许,陆地行舟	漳河	
1656 年	顺治十三年		临漳久雨,漳河溢,城中搭浮桥以行	漳河	乾隆《彰德府志·机祥》
1665 年	康熙四年	八月	7 日,地震,漳水浸禾,民大饥,多逃散	漳河	乾隆《彰德府志·机祥》
1668 年	康熙七年		漳水冲决临漳地亩庐舍甚多	漳河	乾隆《彰德府志·机祥》
1720 年	康熙五十九年		漳河自距城三里的坊表村西再次南迁,向东流经杜城营北、羊羔北、成安徐村南、说法台(今成安南台)至馆陶入卫河	漳河	
1722 年	康熙六十一年	七月	三日,漳水骤发泛溢,城中行舟,水与县署檐齐,文卷浮沉,仓谷漂没三千余石,民居倒塌①	漳河	雍正《临漳县志·灾祥》
1723 年	雍正元年		河徙城北②。二年、三年、四年、五年、六年,漳河屡迁	漳河	光绪《临漳县志·河渠》
1730 年	雍正八年		河屡临城下,又再次迁到城南分二股。一股沿康熙五十九年河道而下;另一股自三冢村,经武学、赵坦寨、王胡寨、岗陵城、七里营、西羊羔南、五盆口北,至(成安)迈町上村,于馆陶李鸭窝注入卫运河③	漳河	

① 乾隆《彰德府志》卷 31,《机祥》载:"漳水泛溢,临漳城内行舟,水高至听事阶上,奉文大赈"。乾隆五十二年刻本,第 14 页。

② 《海河流域历代自然灾害史料》载:"雍正元年,临漳,七夕大雨,漳河绕城南。"而不是城北,不知哪个为准,抑或一年之内两次迁徙?

③ 乾隆《彰德府志》卷 31,《机祥》载:"漳水泛没临漳村舍,奉文大赈,免漕米一千七十二石有奇",乾隆五十二年刻本,第 14 页。雍正《临漳县志》卷 1,《灾祥》:"六七两月,大雨连绵,漳水屡发,泛溢趋城下,幸护城堤培高保障,民赖以安,漳河一带庄村低洼之处,庐舍倒塌。"雍正九年增刻本,第 16 页,内容略有不同。

续表

公元纪年	历史纪年	发生时间	水灾情况	洪水来源	资料来源
1736 年	乾隆元年		洪涝	漳河	《海》第 576 页
1738 年	乾隆三年		洪涝	降雨	《海》第 579 页
1740 年	乾隆五年		漳水冲塌民田四十三顷余	漳河	光绪《临漳县志·河渠》
1759 年	乾隆二十四年		漳、卫二水并涨,临漳、大名被水。七月初,大雨连绵,卫河暴涨,漫过堤顶,冲入馆陶县	漳河、卫河	《海》第 606 页
1760 年	乾隆二十五年		洪涝	漳河	《海》第 607 页
1761 年	乾隆二十六年	七月	漳水入城。漳水流入临漳县城,淹没大名、元城。丹沁二河水势暴涨冲卫河,临漳计十一村塌瓦草房一千一百四十六间。八月初一,卫水漫到大名府城下,元、大二县被水	漳河、丹、沁、卫河	《海》第 610 页
1762 年	乾隆二十七年		漳水入城	漳河	光绪《临漳县志·河渠》
1767 年	乾隆三十二年	秋	秋漳水泛溢	漳河	光绪《临漳县志·河渠》
1770 年	乾隆三十五年	六月	漳水泛溢,漳水决小柏鹤村	漳河	
1779 年	乾隆四十四年	五月	漳水涨发,于临漳县冲开堤口,滏河亦有堤漫口,淹及民田	漳河、滏河	
1780 年	乾隆四十五年		洪涝	漳河	《海》第 627 页
1789 年	乾隆五十四年①		漳河自铜雀台南分支,经韩陵山南,与洹水同入运河	漳河	光绪《临漳县志·河渠》

---

① 此处河北省临漳县地方志编纂委员会编的《临漳县志》,《大事记》记载为"乾隆四十四年",误,中华书局 1999 年版。据《海河流域历代自然灾害史料》,北京气象出版社 1985 年版,第 636 页可知,应为"乾隆五十四年",故更正之。

续表

公元纪年	历史纪年	发生时间	水灾情况	洪水来源	资料来源
1793 年	乾隆五十八年		漳河大徙,复故道(雍正年间)	漳河	光绪《临漳县志·河渠》
1794 年	乾隆五十九年		河决三台,向东南迁至胡家口入安阳界	漳河	光绪《临漳县志·河渠》
1813 年	嘉庆十八年		漳水漫溢,冲民田一百三十九余顷	漳河	光绪《临漳县志·河渠》
1816 年	嘉庆二十一年		被淹,歉收	降雨	《海》第672页
1818 年	嘉庆二十三年		漳水决安阳尤家庄,淹及临漳境	漳河	光绪《临漳县志·河渠》
1819 年	嘉庆二十四年		杨家村等二十七村庄复因漳卫两河泛涨续被水淹	漳河、卫河	《海》第678页
1820 年	嘉庆二十五年		漳、卫河水陡发,临漳被淹	漳河、卫河	《海》第680页
1821 年	道光元年		临漳因漳河水势盛涨,俱有漫村庄	漳河	《海》第682页
1822 年	道光二年		洪涝	漳河、卫河	《海》第683页
1823 年	道光三年		(漳河)河决商家村,经大楼王西沙河岸南,于胡家口流至内黄庆丰庄入卫河	漳河	
1825 年	道光五年		洪涝	漳河、洹河	《海》第690页
1827 年	道光七年		洪涝	漳河	《海》第693页
1832 年	道光十二年		被水	降雨	《海》第703页
1833 年	道光十三年		漳水溢,冲民田三百七十五顷余	漳河	光绪《临漳县志·河渠》
1834 年	道光十四年		漳河决三宗庙	漳河	光绪《临漳县志·河渠》
1836 年	道光十六年		三宗庙复决	漳河	光绪《临漳县志·河渠》
1838 年	道光十八年		被旱,早晚秋禾有五分,晚秋被淹	降雨	《海》第712页

续表

公元纪年	历史纪年	发生时间	水灾情况	洪水来源	资料来源
1839 年	道光十九年		三宗庙又决	漳河	光绪《临漳县志·河渠》
1840 年	道光二十年		漳河决段汪村	漳河	
1842 年	道光二十二年		洪涝	降雨	《海》第 716 页
1843 年	道光二十三年		漳河决段王村	漳河	光绪《临漳县志·河渠》
1844 年	道光二十四年		雨水过多,低洼地秋禾被淹	降雨	《海》第 719 页
1845 年	道光二十五年		漳河东沿坝漫决两处水口。本年春堵闭,夏复开。七月二十二日,又兴筑,具各堵闭	漳河	
1849 年	道光二十九年		漳河东沿坝决二处,堵闭复决又筑之	漳河	光绪《临漳县志·河渠》
1850 年	道光三十年		漳河决三宗庙	漳河	光绪《临漳县志·河渠》
1851 年	咸丰元年		漳河又决三宗庙	漳河	光绪《临漳县志·河渠》
1852 年	咸丰二年		漳河再决三宗庙	漳河	光绪《临漳县志·河渠》
1853 年	咸丰三年		低洼地亩被水冲淹	降雨	《海》第 730 页
1854 年	咸丰四年		低地被水淹浸	降雨	《海》第 731 页
1855 年	咸丰五年		临漳等县被水	降雨	《海》第 732 页
1857 年	咸丰七年		临漳被水、被旱、被风、被雹、被虫,免村庄市场本年额赋及漕(应为"漕")项银米盐芦租课	降雨	《海》第 737 页
1858 年	咸丰八年		临漳……免被水、被旱村庄新旧额赋有差	降雨	《海》第 738 页
1861 年	咸丰十一年		漳河泛溢,冲民田六百七十一顷余,沙压甚多	漳河	光绪《临漳县志·河渠》

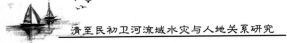

续表

公元纪年	历史纪年	发生时间	水灾情况	洪水来源	资料来源
1866年	同治五年		漳水忽涨溺……馆陶卫河决	漳河	《海》第747页
1868年	同治七年		是年漳河改流,东乡和义庄、鸡李等村均被冲没	漳河	同治《临漳县志略备考》卷4
1869年	同治八年		洪涝	降雨	
1871年	同治十年		淹九十余村	降雨	《海》第757页
1873年	同治十二年		洪涝	降雨	《海》第761页
1876年	光绪二年		洪涝	降雨	《海》第765页
1879年	光绪五年	九月	漳河决吴村	漳河	
1883年	光绪九年		漳河决吴家村	漳河	光绪《临漳县志·河渠》
1885年	光绪十一年	七月	漳水漫溢,圮城垣二百余丈	漳河	光绪《临漳县志·河渠》
1886年	光绪十二年		漳河决二分庄	漳河	光绪《临漳县志·河渠》
1888年	光绪十四年		先旱后涝,秋禾歉收	降雨	《海》第787页
1889年	光绪十五年		因连月雨多,山水涨发,田禾被淹	降雨	《海》第788页
1892年	光绪十八年		漳河决辛庄,淹没临、安、内各境	漳河	光绪《临漳县志·河渠》
1894年	光绪二十年		二分庄漫溢成口,淹及临、安、内各境	漳河	光绪《临漳县志·河渠》
1895年	光绪二十一年	四月	四月初四,漳河决二分庄,老河断流,七月水涨,大溜仍趋老河。经小庄南、后佛屯北、砚瓦台南,从老庄南、都村北入今魏县界	漳河	光绪《临漳县志·河渠》
1896年	光绪二十二年		自六、七月间连旬大雨,间以阴霾沟泛皆盈,临漳晚禾被淹	降雨	《海》第802页
1924年	民国十三年		漳水来自明古寺,直淹县城。水由北门涌入,冲毁文昌阁(二道门)	漳河	

魏县水灾统计表①(共计43年次)

公元纪年	历史纪年	发生时间	水灾情况	洪水来源	资料来源
1654 年	顺治十一年		魏县河溢,没禾稼	卫河	
1672 年	康熙十一年		河溢	卫河	
1677 年	康熙十六年	秋	春旱,秋魏县大水,漂官民庐舍,赈有差	降雨	民国《大名县志》卷26《祥异》
1679 年	康熙十八年	八月	七月地震,八月霖雨四旬,魏县大水坏田舍	降雨	民国《大名县志》卷26《祥异》
1699 年	康熙三十八年		漳河一支流由广平入魏县北境,经义井、西寺堡(今前后屯)复入广平境	漳河	
1702 年	康熙四十一年	秋	秋,魏县大水	降雨	民国《大名县志》卷26《祥异》
1703 年	康熙四十二年	秋	魏县复大水	降雨	民国《大名县志》卷26《祥异》
1704 年	康熙四十四年		漳河溢,被水	漳河	《历代自然灾害史料》第544页
1715 年	康熙五十四年		漳水南遇,淫雨过多	降雨、漳河	《海》第552页
1725 年	雍正三年	夏	夏水,秋又水	降雨	
1726 年	雍正四年	四月	漳水骤发,十余村被淹	漳河	《海》第565页

① 本表系据魏县地方志编纂委员会编的《魏县志》,《大事记》《自然灾害》,北京方志出版社2003年版(本表中未注明出处的均取自本志),其他资料来源均已注明。

续表

公元纪年	历史纪年	发生时间	水灾情况	洪水来源	资料来源
1727 年	雍正五年		漳河决于成安,自赵三家村分两支入魏境:一支由院堡、白仕望,经县城北、东代固北过罗庄入元城境;一支由马丰头、申家店,经县城南礼贤台下,东至马头村出县境	漳河	
1730 年	雍正八年		大水	降雨	
1733 年	雍正十一年		被灾,歉收	降雨	《海》第 574 页
1735 年	雍正十三年		大名府属之长垣县曲予省封丘县滚水堤决口,低洼村庄数处并魏县之杜疃村亦有漫流积水	黄河、卫河	《海》第 575 页
1736 年	乾隆元年		漳河决于临漳县下游,魏境内遂成支河两道:一支由德政、杜二庄又东北入元城;一支由仕望集、李家道口至申桥又分为二:北流者经韩道村又北入元城境,东流经韩道(今属大名县)村南入府城壕	漳河	
1737 年	乾隆二年	秋	大水	降雨	
1738 年	乾隆三年		洪涝	降雨	《海》第 579 页
1739 年	乾隆四年		霪雨伤稼	降雨	
1740 年	乾隆五年		洪涝	漳河	《海》第 582 页
1747 年	乾隆十二年	夏	大水	降雨	
1749 年	乾隆十四年		魏县、大名、元城、南乐漳河泛溢,沥水淹浸	漳河	《海》第 594 页
1755 年	乾隆二十年	五月	漳水决,陷魏县城。二十九日,漳河决朱河下村,室庐颓圮,城市为沼。六月,御河决①	漳河	民国《大名县志》卷 26《祥异》

---

① 乾隆《大名县志》无二十年的水灾记载,可能与乾隆二十二年内容有舛错,暂存。

续表

公元纪年	历史纪年	发生时间	水灾情况	洪水来源	资料来源
1757 年	乾隆二十二年	五月	五月二十九日,漳河决入魏县城,室庐颓圮,城市为沼	漳河	乾隆《大名县志》卷 27《机祥志》
1759 年	乾隆二十四年	秋	漳、御并决,东西数十里田禾浸没,人来者舟	漳河、卫河	
1761 年	乾隆二十六年	秋	大水,漳河溢,御河亦溢	漳河、卫河	
1762 年	乾隆二十七年		淫雨为灾,大水潦	降雨	
1775 年	乾隆四十年		漳河决	漳河	
1779 年	乾隆四十四年	六月	漳河决,大水	漳河	
1815 年	嘉庆二十年		水	降雨	
1819 年	嘉庆二十四年		漳、卫水溢	漳河、卫河	
1822 年	道光二年		魏县水	降雨	
1843 年	道光二十三年	秋	秋,御河决,魏偏灾	卫河	《海》第 718 页
1855 年	咸丰五年		漳河溢	漳河	
1864 年	同治三年		漳、御并溢	漳河、卫河	
1883 年	光绪九年		大水	降雨	
1884 年	光绪十年		漳河自蒲潭营一分为二:一由口头、郝村、车往、甘固、大康庄、八里庄,又东入大名境;一由北皋屯、旧魏县、刘深屯、李家口、申桥出境	漳河	
1913 年	民国二年	夏	御河决	卫河	
1914 年	民国三年		漳、卫水齐发,魏县遭受重创。11 月,因漳、卫水齐发,魏县遭受重创,遂省入大名为西区	漳河、卫河	
1916 年	民国五年		漳河溢	漳河	

续表

公元纪年	历史纪年	发生时间	水灾情况	洪水来源	资料来源
1917 年	民国六年		漳河自蒲潭营决口,田禾大伤	漳河	
1924 年	民国十三年	秋	大水,城南漳河两岸数十村,田庐淹没	漳河	
1926 年	民国十五年		漳河改道,经蒲潭营、郝村、蒋村、东吕村等村,至南乐县邸庄入卫河	漳河	

二、卫河流域各县水灾年际分析统计表[①]

（注:●代表水灾等级为 1 级,△代表水灾等级为 2 级）

续表

县名\年代	修武	获嘉	辉县	新乡	汲县	淇县	滑县	浚县	林县	安阳	汤阴	内黄	清丰	南乐	大名	元城	馆陶	冠县	临清	临漳	魏县	总次数/1级次数
1645 年										△												1/0
1646 年	△																					1/0
1647 年	△																		●			2/1

---

① 本表统计是在附录一的基础上制成。本表中水灾等级的划分主要依据《海河流域历史自然灾害史料》中的划分标准,参照水灾造成损失的实际情况略有变动,如无损失情况记载,仅描述为"卫河决口""迁徙"等字样的,一般定为 2 级。若连续三年以上被水的县,前几年无明确记载,最后一年有,则有明确记载的年份定为 1 级,其他年份定为 2 级,因为单从当年的水灾情况看,或许并不严重,但连续的水灾可能使当地百姓生活非常困苦,正如嘉庆十六年(1811 年)河南巡抚钱楷所奏:"安阳……汤阴……内黄……被淹情形尚轻,水已消涸。早秋高粱俱无妨碍,晚秋杂粮收成稍减,不致成灾。……惟其中多系连年被水之区,民鲜盖藏,小民生计不无艰窘。"即为此种情况。

续表

县名 年代	修武	获嘉	辉县	新乡	汲县	淇县	滑县	浚县	林县	安阳	汤阴	内黄	清丰	南乐	大名	元城	馆陶	冠县	临清	临漳	魏县	总次数/1级次数
1648 年																				●		1/1
1649 年															△							1/0
1650 年																						
1651 年														△					△			2/0
1652 年		●	●								●		●	●						●	●	7/7
1653 年	●	△	●	●	△	△					△		△	●		△	●	●	●			13/7
1654 年	△	△		●	●	△					△	●	●		●	●	●	●	●		●	14/10
1655 年						△					△								●	●		4/2
1656 年																			●			1/1
1657 年																						
1658 年			△															△				1/0
1659 年			△		●																	2/1
1660 年																						
1661 年																						
1662 年		●		●		●						△	●		●	△						7/5
1663 年		●		●	●																	3/3
1664 年																						
1665 年						△					△									●		3/1
1666 年										△												1/0
1667 年																						
1668 年										●	△			△						●		4/2
1669 年										△												1/0
1670 年																						
1671 年																						
1672 年			●								△				●						△	4/2
1673 年			△				△								●	△						4/1
1674 年																						

281

续表

年代＼县名	修武	获嘉	辉县	新乡	汲县	淇县	滑县	浚县	林县	安阳	汤阴	内黄	清丰	南乐	大名	元城	馆陶	冠县	临清	临漳	魏县	总次数/1级次数
1675年																						
1676年														△								1/0
1677年												△			●	△					●	4/2
1678年																						
1679年	●			●	●			●			△			●	●	●	●				●	10/9
1680年																						
1681年																						
1682年																						
1683年		●																				1/1
1684年				△																		
1685年																				●		1/1
1686年																				△		1/0
1687年																				●		1/1
1688年																						
1689年																						
1690年																						
1691年																						
1692年																				●		1/1
1693年											△									●		2/1
1694年											△											1/0
1695年							△															1/0
1696年														△		△				△		3/0
1697年																		△				1/0
1698年																						
1699年														●							△	2/1
1700年																		●				1/1
1701年																						

续表

县名\年代	修武	获嘉	辉县	新乡	汲县	淇县	滑县	浚县	林县	安阳	汤阴	内黄	清丰	南乐	大名	元城	馆陶	冠县	临清	临漳	魏县	总次数/1级次数
1702 年												△			△	△				△		4/0
1703 年	△						●	△			●	●	●	●	△	△	●		△		△	12/6
1704 年																				△		1/0
1705 年																						
1706 年																						
1707 年																			●			1/1
1708 年																	△					1/0
1709 年																						
1710 年																						
1711 年																						
1712 年																						
1713 年											△				△							2/0
1714 年																						
1715 年			△																△		●	3/1
1716 年																			●			1/1
1717 年																						
1718 年																						
1719 年																						
1720 年									△											△		2/0
1721 年		△					●															2/1
1722 年							△														●	2/1
1723 年																				△		1/0
1724 年																				△		1/0
1725 年		△										△			△	△	●			△	●	7/2
1726 年																△	△	△		△	△	5/0
1727 年																				△	●	2/1
1728 年																				△		1/0

续表

年代\县名	修武	获嘉	辉县	新乡	汲县	淇县	滑县	浚县	林县	安阳	汤阴	内黄	清丰	南乐	大名	元城	馆陶	冠县	临清	临漳	魏县	总次数/1级次数
1729 年							●	●				△										3/2
1730 年										△			△		△	△	●	△	△	△	△	9/1
1731 年																		△				1/0
1732 年																		△				1/0
1733 年																		△			△	2/0
1734 年										●		△										2/1
1735 年																					●	1/1
1736 年							△													△	●	3/2
1737 年				△	△	△	●	●		△	△				●	●	△		●		△	12/5
1738 年		△	△	△	△			●		△	△	△							△	△		12/1
1739 年	●	●	●	●	●	●				●	△	●	△	△	●	△	●		●		△	18/13
1740 年								△				●							●	△	△	5/2
1741 年																						
1742 年			△																△			2/0
1743 年																						
1744 年																						
1745 年																			●			1/1
1746 年																			△			1/0
1747 年				△	△								●	△	△	△	●		△		△	9/2
1748 年																						
1749 年					△									△	△	△	△		△		△	8/0
1750 年																						
1751 年	●	●	△	●	●		●	●									△	●	●			10/8
1752 年																						
1753 年								●														1/1
1754 年																						
1755 年																●			△		●	3/2

续表

年代＼县名	修武	获嘉	辉县	新乡	汲县	淇县	滑县	浚县	林县	安阳	汤阴	内黄	清丰	南乐	大名	元城	馆陶	冠县	临清	临漳	魏县	总次数/1级次数
1756年																			●			1/1
1757年	●	●	△	●	●	●	●	●		●	●	●	△	●	●	●	●	●	△		●	19/16
1758年					△														△			2/0
1759年			△					●					△	△	●	●	●	●		●	●	10/7
1760年																				△		1/0
1761年	●	●		●	●		●	●		●	●	●			●	△	●	●	△	●	●	16/14
1762年															●	△	△	△	●	△	●	7/3
1763年				△									△						△			3/0
1764年																						
1765年																						
1766年																	△		●			2/1
1767年										△										△		2/0
1768年														△					△			2/0
1769年																						
1770年							△								●	△				△	△	5/1
1771年													△	△	△	△			●			5/1
1772年																						
1773年																						
1774年																					●	1/1
1775年																△	△					2/0
1776年																						
1777年																						
1778年																						
1779年	△	△	△	△	△	△		●			△				●	△	△	△	△	●		14/3
1780年																			△	△		2/0
1781年																			●			1/1
1782年																			△			1/0

续表

年代＼县名	修武	获嘉	辉县	新乡	汲县	淇县	滑县	浚县	林县	安阳	汤阴	内黄	清丰	南乐	大名	元城	馆陶	冠县	临清	临漳	魏县	总次数/1级次数
1783 年															●							1/1
1784 年																						
1785 年																		△				1/0
1786 年																						
1787 年																						
1788 年		△		△							△						△		△			5/0
1789 年											●					△	△		△	△		5/1
1790 年					△	△									△	△	△	△	●			7/1
1791 年																						
1792 年																						
1793 年																△	△			△		3/0
1794 年	●	●	△	●	●	●		●	●	●	●	●			△	●	●	△	●	●	△	18/14
1795 年																						
1796 年																						
1797 年																△						1/0
1798 年																			●			1/1
1799 年																			●			1/1
1800 年																						
1801 年								△			△	△	△	△	△	△	△	△	●			10/1
1802 年																						
1803 年				●															●			2/2
1804 年																						
1805 年											●	●	●									3/3
1806 年											△	△	△	△	△							5/0
1807 年											●	●	●	△	△	△			△			7/3
1808 年											△	△	△	△	△	△						6/0
1809 年										●					△	△	△					4/1

续表

县名\年代	修武	获嘉	辉县	新乡	汲县	淇县	滑县	浚县	林县	安阳	汤阴	内黄	清丰	南乐	大名	元城	馆陶	冠县	临清	临漳	魏县	总次数/1级次数
1810年										●	●	●	△		●							5/4
1811年										●	●	●	△	△	△				△	△		8/3
1812年											△	△	△							△		4/0
1813年	●	●	△					△												●		5/3
1814年																						
1815年								●		△	△	△	△	△	△	△	△		△	△	△	12/1
1816年		●	△	●	●	●		●		●	●	●	△	△	△	△	●		△	△		16/9
1817年	●									△	△					△	△	△	△			7/1
1818年	●	●								●	△	△	△	△	△	△	●		●	△		12/5
1819年	△	△	△	△	△	△	△	△	●	△	△	△	△	△	●	△	△	●	●	●		20/5
1820年											△	△	△	△	△	△			△	△		8/0
1821年								△							△	●			△	△		5/1
1822年	●	●		●	●	●	●	●		●	●	●	●	●	△	△	●	●	△	△	△	19/14
1823年	△	●	●	●	●	●	●	●	●	●	●	●	●	△	△	●	●		●	●		19/16
1824年										●		●			△	△	△	●				6/3
1825年										△	△	●							△			4/1
1826年										△												1/0
1827年										△	△					△	△		△			5/0
1828年																		△				1/0
1829年										△		△		△	△				△			5/0
1830年	△	△	△	△	△	△	△	△							●	△						10/1
1831年			△					△									●	△				4/1
1832年		△			△		△	●				△	△	△	●	△			●	△		11/3
1833年							△											△		●		3/1
1834年		△		△				△		△	△	△	△	△	△	△	△	△	●	△		14/1
1835年											△	△	△	△					△			5/0
1836年								△		△	△	△			△				●	△		7/1

续表

县名\年代	修武	获嘉	辉县	新乡	汲县	淇县	滑县	浚县	林县	安阳	汤阴	内黄	清丰	南乐	大名	元城	馆陶	冠县	临清	临漳	魏县	总次数/1级次数
1837年																						
1838年												△		△						△		3/0
1839年								△			△	△		△	△			△	△	△		8/0
1840年								●			●	●	●	△	△				△	△		8/4
1841年														△	△				△			3/0
1842年											△	△	△				△		△			5/0
1843年	△	●		●	●	●		△		●	●	●			△	●	△	△	△	△	△	16/8
1844年																	△		△	△		3/0
1845年																				△		1/0
1846年	△	●	●	●	●	●	●	●		●	△				△		△	△				13/8
1847年			△									●										2/1
1848年			△									△			△			△	△			5/0
1849年	△	●	●	●	●	●	●	●		●	●	●					△			△		13/10
1850年																	△			△		1/0
1851年			△	●	●	●	●	●	●		△	●								●	△	10/7
1852年								●	△						△	△	●	△	●	△		8/3
1853年		△		△				●		△	△	△								△		7/1
1854年		△	●	●	●	●	●	●	●		△	●								△		11/8
1855年								●				△		△	△	△	△		●	△	△	9/2
1856年														△			△					2/0
1857年							△							△						△		3/0
1858年				△							△	△	△		△					△		6/0
1859年																			△			1/0
1860年												△			△				△			3/0
1861年								△		△	●	△			△	△					●	7/2
1862年															△	△						2/0
1863年								●	●										△			3/2

续表

年代＼县名	修武	获嘉	辉县	新乡	汲县	淇县	滑县	浚县	林县	安阳	汤阴	内黄	清丰	南乐	大名	元城	馆陶	冠县	临清	临漳	魏县	总次数/1级次数
1864年			△				△	△							△	△		△		△		7/0
1865年	△				△										△	△						2/0
1866年		△	△	△	△	△	△	△	△	△	△	△			△	●				△		13/1
1867年															△	△	△					3/0
1868年	△										△					●		△				6/1
1869年								△				●			△	△			●	△		6/2
1870年							△	△	●	△		●			●	●		△		△		9/4
1871年															△	△	△	△	△	●		6/1
1872年															△	△						2/0
1873年		△	△	△	△	△				△	△	△	△	△	△	△	●	●		△		15/2
1874年																						
1875年																△						1/0
1876年		△	△	△	△	△		△		△	△	△	△	△	△	△	△		△	△		16/0
1877年																						
1878年	●	△	△		●																	4/2
1879年							△			△					△	△		△	△			6/0
1880年																△	●					2/1
1881年																						
1882年															△	△						2/0
1883年				●				●		●	●	●	△	●	△	●	●	●	△	△		13/9
1884年																			△		△	2/0
1885年																	●		●	●		3/3
1886年				●			●			●		●			△	△			△	△		8/4
1887年							●								●	●						3/3
1888年		△	△	△	△	●	●	△		●	△			●					△			14/5
1889年	●	●	●	●	●	●	●	●	●	●	●	●	●	●	△	△	△	●	●			19/16
1890年		△	△	△	△	●		△		△	△	●	●	●	△	●		△				16/6

续表

年代\县名	修武	获嘉	辉县	新乡	汲县	淇县	滑县	浚县	林县	安阳	汤阴	内黄	清丰	南乐	大名	元城	馆陶	冠县	临清	临漳	魏县	总次数/1级次数
1891年						△												●	●			3/2
1892年	△	△	●	●	●	●	●	●	●	●	●	●	●	●	●	△	●		●	●		19/16
1893年			△								●							●	△			4/2
1894年				△			△			●		●	●	●	●	△	●	△	△	●		12/7
1895年	●	△	●	●	●	●	●	●			△	△	△	△	△	△			△	△		16/7
1896年			●								●					△				●		4/3
1897年															△		△					2/0
1898年								●							△	△	△	△	△	△		7/1
1899年																						
1900年																			△			1/0
1901年																△	△					2/0
1902年																						
1903年															△	△		△				3/0
1904年	△	△																△				3/0
1905年																						
1906年	●	●		●			△															4/3
1907年																						
1908年																△						1/0
1909年																						
1910年								●							△	△	△					4/1
1911年								●														1/1
1912年									●													1/1
1913年	●	●							●	●					△						△	6/4
1914年																					●	1/1
1915年																●						1/1
1916年																●					△	2/1
1917年				●	●			●	●	●	●		●		●		●			△	●	11/10

续表

县名/年代	修武	获嘉	辉县	新乡	汲县	淇县	滑县	浚县	林县	安阳	汤阴	内黄	清丰	南乐	大名	元城	馆陶	冠县	临清	临漳	魏县	总次数/1级次数
1918年	●	●		●											●							4/4
1919年								●	●			●										3/3
1920年														●								1/1
1921年				△										●								2/1
1922年			●								△			●								3/2
1923年								△														1/0
1924年			●					△			△				●		●			●	●	7/5
1925年															●							1/1
1926年								△													●	2/1
重灾数	16	20	14	24	22	18	31	28	10	27	24	32	12	17	33	10	26	14	43	22	18	

三、漳河入卫情况

康熙三十六年之后漳河入卫地点列表

公元纪年	历史纪年	漳河变迁状况的文献记载	决溢地点	入卫地点	资料来源
1697年	康熙三十六年	漳河忽分流,仍由馆陶入卫济运		馆陶	《清史稿》卷127《河渠二》
1699年	康熙三十八年	巡抚都御史李光地议以杀水势,由广平至魏北境过义井村、西寺堡、寺庄复由广平、元城及馆陶境开支河入御河,魏之再患漳自此始	广平	馆陶	民国《大名县志》卷7《河渠》

续表

公元纪年	历史纪年	漳河变迁状况的文献记载	决溢地点	入卫地点	资料来源
1706 年	康熙四十五年	引(漳)至山东馆陶县入卫河,以济漕运,漳河故道历久渐淤,漳水全归卫河		馆陶	雍正《畿辅通志》卷82《河渠略八》
1708 年	康熙四十七、四十八年	漳水北道淤塞,全漳之水由故道即馆陶境西南五十里漳神庙南之漳河口是也		馆陶	雍正《馆陶县志》卷2《续山川》民国重修本
1715 年	康熙五十四年	以卫河水弱,复于馆陶筑堤逼全漳之水以济运,而故城、景州、阜城、交河不复有漳水矣		馆陶	乾隆《河间府志》卷3《舆地志·山川》
1720 年	康熙五十九年	漳河自坊表村西南徙	临漳		光绪《临漳县志》卷1《疆域纪事沿革表》
1721 年	康熙六十年	辛丑八月,河自县北移于县南	临漳		光绪《临漳县志》卷16《艺文》
1722 年	康熙六十一年	壬寅七月初二日戌时水入城……初三日居民尽逃出城,……河又返城北矣	临漳		光绪《临漳县志》卷16《艺文·杂志》
1723 年	雍正元年	七夕大雨,漳河徙城南	临漳		光绪《临漳县志》卷1《疆域纪事沿革表》
	雍正二年至五年	漳河屡迁	临漳		光绪《临漳县志》卷1《疆域纪事沿革表》
1726 年	雍正四年	八月,漳河由三冢村西南北分二股,一股由城北故道,一股由城南漫流	临漳		光绪《临漳县志》卷1《疆域·河渠》
1727 年	雍正五年	漳河决于成安县,自赵三家村分两支入魏境:一支由院堡、白仕望,经县城北、东代固北过罗庄入元城境;一支由马丰头、申家店,经县城南礼贤台下,东至马头村出境	成安	馆陶	魏县地方志编纂委员会编《魏县志》

续表

公元纪年	历史纪年	漳河变迁状况的文献记载	决溢地点	入卫地点	资料来源
1736 年	乾隆元年	丙辰(乾隆元年)正月,河由临漳之显王村决,入百阳渠,由大小青龙渠入洹达卫……余为经理四昼夜,是夜未逾辰,闻河尽归故道,及明视之,已去堤二十余丈矣	临漳	入洹由内黄达卫	嘉庆《安阳县志》卷6《地理》
1736 年	乾隆元年	漳河决于临漳县下游,魏境内遂成支河两道:一由德政、杜二庄又东北入元城地;一支由仕望集、李家口至申桥又分为二:北流者经韩道村又北入元城境,东流经韩道(今属大名县)村南入府城濠	临漳下游	馆陶	魏县地方志编纂委员会编《魏县志》
	乾隆初	乾隆初水尽趋城南,北流涸。而临漳以下数决,城南诸村常受水,久之遂成支河。其自县境行善村南出者东流过德政、杜儿庄北,又北入元城境,又东北入于徐家仓入御河。其自临境南出者东流入县西境,至仁望集而分东,至李家口而复合。又东至申桥而复分,其北出者过韩道西,又北入元城境汇于行善村南出之支河,其东出者过韩道南东入府城壕,又东北入元城境,至善乐营而入于御河	临漳下游	元城县徐家仓、善乐营	民国《大名县志》卷7《河渠》
1759 年	乾隆二十四年	漳决临漳之丽家庄,循仕望支河而下,故道尽沙,东南徙三十里,环府城十余里皆水	临漳		民国《大名县志》卷7《河渠》

续表

公元纪年	历史纪年	漳河变迁状况的文献记载	决溢地点	入卫地点	资料来源
1760 年	乾隆二十五年	知府朱煐筑坝于丽家庄,使归故道,是年复决临漳之沙家庄,北徙由成安、广平故道东北流,二县共塞之,水复南溢,皆归于相近之支河,循两岸而下,自魏县城南,西至临漳北岸决,上则归河沙堡北流入滏,下则归义井村故道东入御河,南岸决上则归仕望支河,下则归德政支河以东入御,常无宁岁	临漳	馆陶	民国《大名县志》卷 7《河渠》
1779 年	乾隆四十四年	复决小柏鹤村,县西境大水,数昼不减,未几沙庄亦决,漳北徙分为二,一由成安、广平故道而下,一复南自院家堡入旧河,上游决数处,南岸水始消退,其冬开新河挽漳,使复故道	临漳	馆陶	民国《大名县志》卷 7《河渠》
1789 年	乾隆五十四年	漳河自铜雀台南分支,经(安阳)韩陵北,同洹水入运河	临漳	内黄	光绪《临漳县志》卷 1《疆域纪事沿革表》
1793 年	乾隆五十八年	六月,漳河大徙,复乙酉(五十四年)故道	临漳	内黄	光绪《临漳县志》卷 1《疆域·河渠》
1794 年	乾隆五十九年	自乾隆五十九年,漳水盛涨南徙,由安阳之三台地方冲刷成河,与洹河合并归卫,水势遂无收束	安阳	内黄	《清代海河滦河洪涝档案史料》嘉庆十五年恩长奏
1795 年	乾隆六十年	筑坝挑沟,期将漳水逼归故道,甫经竣工,旋值夏间水势骤涨,复于三台迤东之显王村漫溢南趋,所有故道悉成平陆	安阳	内黄	《清代海河滦河洪涝档案史料》嘉庆十五年恩长奏

续表

公元纪年	历史纪年	漳河变迁状况的文献记载	决溢地点	入卫地点	资料来源
1808 年	嘉庆十三年	据藩司……勘得安阳、汤阴、内黄三县,地势低洼,各有村庄临漳、洹二水合流入卫之处。本年六月十二、三日（8 月 3、4 日）,因漳河水势盛涨,宣泄不及,漫溢倒漾,以致安阳县之伏恩等二十九村庄,汤阴县之北故城等二十五村庄,内黄县之元村等四十一村庄,均被水淹。幸来势虽骤,消退亦速。		内黄	《清代海河滦河洪涝档案史料》嘉庆十三年河南巡抚安泰奏
	嘉庆年间	双井镇,在大名县西二十里,当漳卫合流之处		大名	嘉庆《大清一统志》《大名府二》
1822 年	道光二年	五月二十八日（7 月 16 日）,漳河水势暴涨,合河口民埝先经冲缺二十余丈。正在赶堵间,六月初十日（7 月 27 日）,冯宿村地方民埝冲缺一百余丈,大溜全掣,分为二股。一股由正东高利、太保等村,转向东北入卫;一股向正北分流直达直隶省大名境内一带村庄现被水围,幸房舍未经冲塌,人口亦无伤损。其正河身自冯宿村以下由南而东至伏恩村入卫处所,计长四十余里,全行淤塞	安阳	内黄	《清代海河滦河洪涝档案史料》道光二年姚祖同片
		道光三年,刑部尚书蒋攸铦言:"上年漳河漫水下流,由大名、元城直达红花堤,溃决堤埝,由馆陶入卫……今漳北趋,业已分杀水势。拟于樊马坊、陈家村河干北岸筑坝堵截,使分流归并一处。自柴村桥起,接连洹河北岸,建筑土坝,樊马坊以下王家口添筑土格土坝,以免串流南趋,使漳、洹不致再合。"		馆陶	《清史稿》卷 129《河渠四》

续表

公元纪年	历史纪年	漳河变迁状况的文献记载	决溢地点	入卫地点	资料来源
1823 年	道光三年	大名县"东南有新卫河,俗名豆公河,自河南内黄县之北单村入境,东迳清丰北复入县境,又迳南乐北仍入县境,又东北迳县旧城东南十五里岔河嘴会漳河"		大名东南	《大清一统志》一统志馆中稿本,有翁同龢藏书章
		漳河由樊马坊顺汉东趋……分为两股,其大股由上年漫溢旧路,经过田市,至庆丰庄入卫……其下游漫水,会合孙陶集下注之水约十之三由回隆集入大名界		内黄	《清代海河滦河洪涝档案史料》河南巡抚程祖洛奏
1829 年	道光九年	秋间漳河水势异涨,由豫省内黄县之庆丰庄夺溜南趋,挟洹水并归新卫河下注,以致直省之漳河故道断流淤塞。经臣查明应与豫省同时挑浚,自张尤庄起至岔河嘴止,……本年三月二十六日一律修理完竣	内黄庆丰庄	内黄	《清代海河滦河洪涝档案史料》道光十年直隶总督那彦成奏
1833 年	道光十三年	(内黄)漳河沙喷,阻塞运道。十四年,漳水又喷,挖之使与卫合流以通漕运	内黄	内黄	光绪《内黄县志》卷8,《事实志》
1840 年	道光二十年	豫省漳河,每遇盛涨之是,往往冲决为患。而新卫河北北岸南洞地方,为漳河入卫口门,其南岸羊坞村一带,适当顶冲之处	内黄	内黄	《清代海河滦河洪涝档案史料》直隶总督讷尔经额奏
	咸丰以前	漳河由本县第三区张二庄入县界,东北流至城东南岔河嘴与御河合		大名	民国《大名县志》卷7《河渠》
	咸丰初	张二庄以下故道全淤,漳河由河南临漳县南行至河南内黄县楚旺镇西南之王庄入御河		内黄	民国《大名县志》卷7,《河渠》

续表

公元纪年	历史纪年	漳河变迁状况的文献记载	决溢地点	入卫地点	资料来源
	同治年间	漳河在大名县岔河嘴入卫		大名	光绪《畿辅通志》卷52《舆地图略》
1884 年	光绪十年	漳河自蒲潭营一分为二:一由口头、郝村、车往、甘固、大康庄、八里庄,又东入大名境;一由北皋屯、旧魏县、刘深屯、李家口、申桥出境		大名	魏县地方志编纂委员会:《魏县志》,《概述》
1886 年	光绪十二年	临漳县漳河决口,淹没禾稼民房,并波及安阳、内黄等县	临漳	内黄	《清代海河滦河洪涝档案史料》河南巡抚边宝泉奏
1888 年	光绪十四年	漳河始由大名县五家井(今属河北省魏县)入南乐县境,自邵庄村入卫河	大名	南乐	光绪《内黄县志》卷1《山川》
1890 年	光绪十六年	大雨,卫河水溢,漳河决口,造成10年积水未涸。民国十年(1920年)修筑漳河济生堤,积水始除		内黄	史其显主编《内黄县志》第17篇《水利》
1892 年	光绪十八年	六月初二日,漳水注卫,馆陶卫河东西两岸大堤决口数处,全县几成泽国		馆陶	《海河流域历代自然灾害史料》
1905 年	光绪三十一年	卫河在本境西北滩上村之西,至城四十余里,舟楫畅行,在本境者八里余……由浚县东北入内黄县界之善村,由内黄入本境西北界,北流经滩上村之西又北折而东,流经留堌村入大名县界第六店之南入南乐西界,经元村集东北流至张浮丘,漳水入焉		南乐	光绪《清丰县乡土志》

续表

公元纪年	历史纪年	漳河变迁状况的文献记载	决溢地点	入卫地点	资料来源
		漳河经安阳、临漳、大名等县,自邑西北黄甘固村入境,折向东南,经流境内十余里,自杨庄村复入大名县界,下游至龙王庙与卫河汇流。……盖斯水自嘉道年间,漫流入内,迄改今道,并未离境也		大名	民国《内黄县志》卷1《山川》
1926 年	民国十五年	漳河改道,自临漳县砚瓦台村……经蒲潭营、郝村、蒋村、西吕村等村,至南乐县邵庄入卫河	临漳	南乐	民国《大名县志》卷7《河渠》

参考文献

一、古籍

[1]夏纬瑛校释.吕氏春秋上农等四篇校释[M].北京:农业出版社,1956.

[2]司马迁.史记[M].北京:中华书局,1975.

[3]班固.汉书[M].北京:中华书局,1962.

[4]房玄龄,等.晋书[M].北京:中华书局,1974.

[5]张廷玉.明史[M].北京:中华书局,1974.

[6]赵尔巽,等.清史稿[M].北京:中华书局,1977.

[7]清实录(历朝)[M].北京:中华书局,1985.

[8]清高宗圣训[M].台北:文海出版社,近代中国史料丛刊本.

[9]嘉庆钦定大清会典事例[M].台北:文海出版社,近代中国史料丛刊.

[10]清朝续文献通考[M].北京:商务印书馆,万有文库本.

[11]皇朝经世文编续编[M].光绪思补楼本.

[12]续修四库全书[M].上海:上海古籍出版社,2002.

[13]皇朝政典类纂[M].台北:文海出版社,近代中国史料丛刊本.

[14]吴邦庆辑.畿辅河道水利丛书[M].道光四年益津吴氏刻本.

[15]李鸿章全集[M].长沙:岳麓书社,1994.

[16]曾国藩全集[M].长沙:岳麓书社,1994.

[17]顾炎武著,黄汝成集释.日知录集释[M].长沙:岳麓书社,1994.

[18]朱寿朋.光绪朝东华录[M].北京:中华书局,1958.

[19]张应昌.清诗铎[M].北京:中华书局,1960.

[20]吕维祺.南痎疏钞[M].清末抄本.

[21]郦道元,注,杨守敬,熊会贞,疏,段熙仲,点校,陈桥驿,复校.水经注疏[M].南京:江苏古籍出版社,1989.

[22]顾祖禹撰,贺次君、施和金点校.读史方舆纪要[M].北京:中华书局,2005.

[23]徐光启著,石汉生校注.农政全书校注[M].上海:上海古籍出版社,1979.

二、方志

［1］乾隆修武县志［M］.乾隆三十一年增补本.

［2］道光修武县志［M］.道光二十年刻本.

［3］同治修武县志［M］.同治七年增刻本.

［4］民国修武县志［M］.台北:成文出版社,民国二十年铅印本.

［5］修武县志编纂委员会.修武县志［M］.郑州:河南人民出版社,1986.

［6］乾隆获嘉县志［M］.乾隆二十一年刻本.

［7］乾隆获嘉县志［M］.道光二十五年补刻本.

［8］民国获嘉县志［M］.民国二十三年稿本.

［9］获嘉县志编纂委员会编获嘉县志［M］.北京:生活·读书·新知三联书店,1991.

［10］乾隆辉县志［M］.乾隆二十二年刻本.

［11］道光辉县志［M］.光绪十四年郭藻、二十一年易钊两次补刻本.

［12］辉县市史志编纂委员会编.辉县市志［M］.郑州:中州古籍出版社,1992.

［13］河南省档案馆、河南省地方史志编纂委员会编.河南新志(民国十八年)［M］.郑州:中州古籍出版社,1990.

［14］乾隆新乡县志［M］.民国十年重修本.

［15］民国.新乡县续志［M］.民国十二年铅印本.

［16］新乡市水利局编.新乡水利志［M］.郑州:黄河水利出版社,2005.

［17］新乡县史志编纂委员会.新乡县志［M］.北京:生活·读书·新知三联书店,1991.

［18］新乡市地方史志编纂委员会.新乡市志［M］.北京:生活·读书·新知三联书店,1994.

［19］乾隆汲县志［M］.乾隆二十年刻本.

［20］民国汲县今志［M］.民国二十四年抄本.

［21］顺治卫辉府志［M］.顺治十六年刻本.

［22］乾隆卫辉府志［M］.乾隆五十三年刻本.

［23］卫辉市地方史志编纂委员会.卫辉市志［M］.北京:生活·读书·新知三联书店,1993.

［24］顺治淇县志［M］.顺治十七年刻本.

［25］淇县志编纂委员会.淇县志［M］.郑州:中州古籍出版社,1996.

［26］康熙滑县志［M］.康熙二十五年增刻顺治本.

［27］乾隆滑县志［M］.乾隆二十五年刻本.

[28]同治滑县志[M].同治六年刻本.

[29]民国重修滑县志[M].民国二十一年铅印本.

[30]滑县地方史志编纂委员会编.滑县志[M].郑州:中州古籍出版社,1997.

[31]嘉庆浚县志[M].嘉庆六年刻本.

[32]光绪续浚县志[M].光绪十二年刻本.

[33]浚县地方史志编纂委员会编.浚县志[M].郑州:中州古籍出版社,1990.

[34]康熙林县志[M].康熙三十四年刻本.

[35]乾隆林县志[M].黄华书院藏版,乾隆十六年刻本.

[36]咸丰续林县志[M].黄华书院藏版,咸丰元年刻本.

[37]民国林县志[M].台北:成文出版社,民国二十一年版.

[38]林县志编纂委员会编.林县志[M].郑州:河南人民出版社,1989.

[39]顺治彰德府志[M].顺治十五年刻本.

[40]乾隆彰德府志[M].乾隆五年刻本.

[41]乾隆彰德府志[M].乾隆三十五年刻本.

[42]乾隆彰德府志[M].乾隆五十二年刻本.

[43]康熙安阳县志[M].康熙三十二年刻本.

[44]乾隆安阳县志[M].乾隆三年刻本.

[45]嘉庆安阳县志[M].嘉庆四年刻本.

[46]嘉庆安阳县志[M].北平:北平文岚簃古宋印书局,民国二十二年铅印本.

[47]民国续安阳县志[M].北平:北平文岚簃古宋印书局,民国二十二年铅印本.

[48]崇祯汤阴县志[M].崇祯十年刻本.

[49]乾隆续修汤阴县志[M].乾隆三年刻本.

[50]汤阴县志编纂委员会编.汤阴县志[M].郑州:河南人民出版社,1987.

[51]乾隆内黄县志[M].乾隆四年刻本.

[52]光绪内黄县志[M].光绪十八年刻本.

[53]史其显.内黄县志[M].郑州:中州古籍出版社,1993.

[54]内黄县志编纂委员会编.内黄县志[M].民国二十六年稿本.郑州:中州古籍出版社,1987.

[55]同治清丰县志[M].同治十一年增补本.

[56]光绪清丰县乡土志[M].光绪三十一年抄本.

[57]民国清丰县志[M].民国三年铅印本.

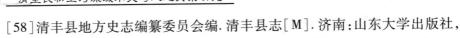

[58]清丰县地方史志编纂委员会编.清丰县志[M].济南:山东大学出版社, 1990.

[59]康熙南乐县志[M].康熙五十年增补本.

[60]光绪南乐县志[M].光绪二十九年刻本.

[61]民国南乐县志[M].民国三十年铅印本.

[62]史国强校注.南乐县志校注(以光绪本为底本)[M].济南:山东大学出版社,1989.

[63]南乐县地方史志编纂委员会编.南乐县志[M].郑州:中州古籍出版社, 1996.

[64]康熙大名府志[M].康熙十一年刻本.

[65]康熙大名县志[M].康熙十五年刻本.

[66]乾隆大名县志[M].乾隆五十四年刻本.

[67]民国大名县志[M].民国二十三年铅印本.

[68]大名县志编纂委员会编.大名县志[M].北京:新华出版社,1994.

[69]雍正馆陶县志[M].雍正十三年增修本,民国重修本.

[70]乾隆馆陶县志[M].民国二十年铅印本.

[71]民国馆陶县志[M].民国二十五年铅印本.

[72]河北省馆陶县地方志编纂委员会编.馆陶县志[M].北京:中华书局, 1999.

[73]同治续修元城县志[M].同治十一年刻本.

[74]道光冠县志[M].民国二十二年铅印本.

[75]光绪冠县志[M].光绪六年抄本.

[76]民国冠县志[M].民国二十二年刻本.

[77]山东省冠县地方史志编纂委员会编.冠县志[M].济南:齐鲁书社, 2001.

[78]雍正临漳县志[M].雍正九年增刻本.

[79]咸丰临漳县志[M].咸丰十年刻本.

[80]同治临漳县志略备考[M].同治十三年刻本.

[81]光绪.临漳县志[M].光绪三十年刻本.

[82]河北省临漳县地方志编纂委员会.临漳县志[M].北京:中华书局, 1999.

[83]乾隆临清直隶州志[M].乾隆五十年刻本.

[84]民国临清县志[M].民国二十三年铅印本.

[85]山东省临清市地方史志编纂委员会编.临清市志[M].济南:齐鲁书社, 1997.

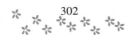

［86］康熙魏县志［M］.康熙二十二年刻本.

［87］魏县地方志编纂委员会编.魏县志［M］.北京:方志出版社,2003.

［88］光绪畿辅通志［M］.石家庄:河北人民出版社,1989.

［89］嘉庆重修一统志.四部丛刊本［M］.上海:上海书店出版社,1984.（据商务印书馆1934年版重印）

［90］大清一统志［M］.一统志馆中稿本.

［91］嘉庆东昌府志［M］.嘉庆十三年刻本.

［92］民国山东通志［M］.山东通志刊印局.民国四—七年铅印本.

［93］乾隆河间府志［M］.乾隆二十五年刻本.

［94］乾隆衡水县志［M］.乾隆三十二年刻本.

［95］乾隆邱县志［M］.济南:济南平民日报社,民国二十二年铅印本.

［96］民国茌平县志［M］.台北:成文出版公司影印,民国二十四年铅印本.

［97］河北省地方志办公室整理点校.河北通志稿［M］.北京:北京燕山出版社,1993.

［98］民国景县志［M］.民国二十一年铅印本.上海:上海书店出版社,2006.

［99］乾隆河间府志［M］.乾隆二十五年刻本.

［100］道光安州志［M］.道光二十六年刻本,上海:上海书店出版社,2006.

［101］光绪临朐县志［M］.光绪十年刻本.

［102］海河史简编编写组.海河史简编［M］.北京:水利水电出版社,1977.

［103］漳卫南运河志编委会.漳卫南运河志［M］.天津:天津科学技术出版社,2003.

三、今人著作

［1］邹逸麟.黄淮海平原历史地理［M］.合肥:安徽教育出版社,1993.

［2］谭其骧.长水集续集［M］.北京:人民出版社,1994.

［3］邓拓.中国救荒史［M］.北京:北京出版社,1998.

［4］梁方仲.中国历代户口、土地、田赋统计［M］.上海:上海人民出版社,1980.

［5］刘君德、靳润成、周克瑜.中国政区地理［M］.北京:科学出版社,1999.

［6］冯贤亮.太湖平原的环境刻画与城乡变迁（1368—1912）［M］.上海:上海人民出版社,2008.

［7］苏新留.民国时期河南水旱灾害与乡村社会［M］.郑州:黄河水利出版社,2004.

［8］袁祖亮.中国灾害通史.郑州:郑州大学出版社,2009.

［9］华北平原古河道研究论文集［M］.北京:中国科学技术出版社,1991.

［10］周振鹤主编,傅林祥、郑宝恒著.中国行政区划通史(中华民国卷)［M］.上海：复旦大学出版社,2007.

［11］何炳棣.明初以降人口及其相关问题(1368—1953)［M］.葛剑雄,译.北京：生活·读书·新知三联书店,2000.

［12］侯杨方.中国人口史 第六卷 1910—1953 年［M］.上海：复旦大学出版社,2001.

［13］孟昭华.中国灾荒史记［M］.北京：中国社会出版社,1999.

［14］李文海,等.近代中国灾荒纪年［M］.长沙：湖南教育出版社,1990.

［15］李文海,等.近代中国灾荒纪年续编［M］.长沙：湖南教育出版社,1993.

［16］李文海.中国近代十大灾荒［M］.上海：上海人民出版社,1994.

［17］李文海、周源.灾荒与饥馑(1840—1919)［M］.北京：高等教育出版社,1991.

［18］李文海,夏明方.中国荒政全书［M］.北京：北京古籍出版社,2004.

［19］李文海,夏明方.天有凶年：清代灾荒与中国社会［M］.北京：生活·读书·新知三联书店,2007.

［20］李文海.历史并不遥远［M］.北京：中国人民大学出版社,2004.

［21］冯尔康,常建华.清人社会生活［M］.沈阳：沈阳出版社,2001.

［22］国家科委全国重大自然灾害综合研究组编.中国重大自然灾害及减灾对策(分论)［M］.北京：科学出版社,1993.

［23］张晓,王宏昌,邵震.中国水旱灾害的经济学分析［M］.北京：中国经济出版社,2000.

［24］韩昭庆.黄淮关系及其演变过程研究——黄河长期夺淮期间淮北平原湖泊、水系的变迁和背景［M］.上海：复旦大学出版社,1999.

［25］水利部黄河水利委员会《黄河水利史述要》编写组编.黄河水利史述要［M］.北京：水利电力出版社,1982.

［26］夏明方.民国时期自然灾害与乡村社会［M］.北京：中华书局,2000.

［27］河南省水利厅水旱水灾专著编辑委员会编.河南水旱灾害［M］.郑州：黄河水利出版社,1999.

［28］王邨.中原地区历史旱涝气候研究和预测［M］.北京：气象出版社,1985.

［29］魏丕信.18 世纪中国的官僚制度与荒政［M］.徐建青,译.南京：江苏人民出版社,2003.

［30］黄宗智.中国农村的过密化与现代化：规范化认识危机及出路［M］.上海：上海社会科学院出版社,1992.

［31］李向军.清代荒政研究［M］.北京：中国农业出版社,1995.

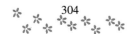

［32］蔡勤禹.民间组织与灾荒救治——民国华洋义赈会研究［M］.北京:商务印书馆,2005.

［33］蔡勤禹.国家、社会与弱势群体——民国时期的社会救济(1927—1949)［M］.天津:天津人民出版社,2003.

［34］钱钢,耿庆国.20世纪中国重灾百录［M］.上海:上海人民出版社,1999.

［35］池子华.中国流民史［M］.合肥:安徽人民出版社,2001.

［36］朱玉湘.中国近代农民问题与农村社会［M］.济南:山东大学出版社,1997.

［37］苑书义,董丛林.近代中国小农经济的变迁［M］.北京:人民出版社,2001.

［38］张丕远.中国历史气候变化［M］.济南:山东科学技术出版社,1996.

［39］陈嵘.中国森林史料［M］.南京:中华农学会,1951.

［40］孙中山.孙中山全集［M］.北京:中华书局,1981.

［41］彭云鹤.明清漕运史［M］.北京:首都师范大学出版社,1995.

［42］范宝俊.灾害管理文库(中国自然灾害史与救灾史)［M］.北京:当代中国出版社,1999.

［43］徐百齐.中华民国法规大全(一)［M］.北京:商务印书馆,1936.

［44］郑起东.转型期的华北农村社会［M］.上海:上海书店出版社,2004.

［45］周秋光.熊希龄——从国务总理到爱国慈善家［M］.长沙:岳麓书社,1996.

［46］陈国庆.晚清社会与文化［M］.北京:社会科学文献出版社,2005.

［47］易惠莉.郑观应评传［M］.南京:南京大学出版社,1998.

［48］河北省农业科学院、河北省农林厅资源利用局.河北农业土壤［M］.石家庄:河北科学技术出版社,1959.

［49］李竞雄,杨守仁,周可勇.作物栽培学［M］.北京:高等教育出版社,1958.

［50］孙绍骋.中国救灾制度研究［M］.北京:商务印书馆,2004.

［51］张艳丽.嘉道时期的灾荒与社会［M］.北京:人民出版社,2008.

四、论文

［1］谭其骧.海河水系的形成和发展［M］//中国地理学会历史地理专业委员会《历史地理》编辑委员会编.历史地理第4辑.上海:上海人民出版社,1986.

［2］张修桂.海河流域平原水系演变的历史过程［M］//中国地理学会历史地理专业委员会《历史地理》编辑委员会编.历史地理第11辑.上海:上海人民出版社,1993.

［3］钮仲勋.百泉水的历史研究——兼论卫河的水源［M］//中国地理学会历史地理专业委员会《历史地理》编辑委员会编.历史地理创刊号.上海:上海人民出版社,1981.

［4］钮仲勋,孙仲明.历史时期豫北地区主要水系之间的关系及人类改造利用的影响［J］.河南社科,1985(2).

［5］胡惠芳.民国时期海河流域的生态环境与水患［J］.海河水利,2005(2).

［6］刘红升.唐宋以来海河流域水灾频繁原因分析［J］.河北大学学报,2002(1).

［7］刘红升.明清滥伐森林对海河流域生态环境的影响［J］.河北学刊,2005(5).

［8］周振鹤.建构中国历史政治地理学的设想［M］//中国地理学会历史地理专业委员会《历史地理》编辑委员会编.历史地理第15辑.上海:上海人民出版社,1999.

［9］王建革.华北平原内聚型村落形成中的地理与社会因素［M］//中国地理学会历史地理专业委员会《历史地理》编辑委员会编.历史地理第16辑.上海:上海人民出版社,2000.

［10］王建革.清代华北平原河流泛决对土壤环境的影响［M］//中国地理学会历史地理专业委员会《历史地理》编辑委员会编.历史地理第15辑.上海:上海人民出版社,1999.

［11］邹逸麟."灾害与社会"研究刍议［J］.复旦大学学报(社会科学版),2000(6).

［12］李恩泽.卫河史源［M］//政协河南省浚县委员会文史资料研究委员会.浚县文史资料(第四辑),1991.

［13］梁勇.历代破坏太行山区林木的概览［J］.河北地方志,1988(1).

［14］董恺忱.明清两代的"畿辅水利"［J］.北京农业大学学报,1980(3).

［15］吴慧,葛贤惠.清前期的粮食调剂［J］.历史研究,1988(4).

［16］满志敏.评《清代江河洪涝档案史料丛书》［M］//中国地理学会历史地理专业委员会《历史地理》编辑委员会编.历史地理第16辑.上海:上海人民出版社,2000.

［17］朱汉国、王印焕.1928—1937年华北的旱涝灾情及成因探析［J］.河北大学学报,2003(4).

［18］竺可桢.直隶地理的环境与水灾［M］//竺可桢.竺可桢全集(第1卷).上海:上海科技教育出版社,2004.

［19］H·C·达比.论地理与历史的关系［J］.姜道章,译.历史地理,第十三辑.

[20]邓海伦.试论留养资送制度在乾隆朝的一时废除[M]//李文海,夏明方.天有凶年:清代灾荒与中国社会.北京:生活·读书·新知三联书店,2007.

[21]谢金荣.明以来漳河中下游河道之变迁[J].海河志通讯,1984(2).

[22]黄忠怀.明清华北平原村落的裂变分化与密集化过程[J].清史研究,2005(2).

[23]王加华.清季到民国华北的水旱灾害与作物选择[J].中国历史地理论丛,2003年第1辑.

[24]吴传钧.地理学的国际发展趋向[J].中国地理,1996(4).

[25]孟祥晓.明代卫河的地位及作用[J].中国水利,2010(16).

[26]鲁西奇.历史地理研究中的"区域"问题[J].武汉大学学报(哲学社会科学版),1996(6).

[27]石超艺.明以来海河南系水环境变迁研究[D].复旦大学,2005.

[28]石超艺.明清时期漳河平原段的河道变迁及其与"引漳济运"的关系[J]中国历史地理论丛,2006(3).

[29]赵永复.历史时期黄淮平原南部的地理环境变迁[M]//历史地理研究2.上海:复旦大学出版社,1990.

[30]许作民.黄泽与广润陂[J].殷都学刊,1989(3).

[31]王钧衡.卫河平原农耕与环境的相关性[J].地理,1941,1(2).

[32]杨持白.海河流域解放前250年间特大洪涝史料分析[J].水利学报,1965(3).

[33]吴德华.试论民国时期的灾荒[J].武汉大学学报,1992(3).

[34]叶依能.清代荒政述论[J].中国农史,1998(4).

[35]杨明.清朝荒政述评[J].四川师范大学学报,1988(3).

[36]谷文峰,郭文佳.清代荒政弊端初探[J].黄淮学刊,1992(4).

[37]夏明方.中国灾害史研究的非人文化倾向[J].史学月刊,2004(3).

[38]华北水利委员会.独流入海减河工程计划书[J].河北月刊,1935(3).

[39]唐亦功.金至民国时期京津唐地区的环境变迁研究[D].北京大学,1994.

[40]贾毅.白洋淀环境演变的人为因素分析[J].地理学与国土研究,1992(4).

[41]马雪芹.明清河南自然灾害研究[J].中国历史地理论丛,1998(1).

[42]池子华,李红英.灾荒、社会变迁与流民——以19、20世纪之交的直隶为中心[J].南京农业大学学报(社会科学版),2004(1).

[43]王晓卿.20世纪华北地区的水旱灾害及防救措施研究[D].中国农业大学,2005.

［44］王印焕.1911—1937年灾民移境就食问题初探［J］.史学月刊,2002
　　（2）.

［45］张祥稳.清代乾隆政府灾害救助中的"截拨裕食"问题［J］.中国农史,
　　2008（4）.

［46］殷崇浩.叙乾隆时的漕粮宽免［J］.中国社会经济史研究,1987（3）.

［47］曾凡清.略论清政府防灾救灾举措及对后世的影响［J］.农业考古,2010
　　（3）.

［48］王庆成.晚清华北乡村:历史与规模［J］.历史研究,2007（2）.

［49］王庆成.晚清北方寺庙与社会文化［J］.近代史研究,2009（2）.

［50］杨斌.历史时期西南"插花"初探［J］.西南师范大学学报（哲学社会科
　　学版）,1999（1）.

［51］傅辉.河南插花地个案研究（1368—1935）［M］//中国地理学会历史地
　　理专业委员会《历史地理》编辑委员会编.历史地理第19辑.上海:上海
　　人民出版社,2003.

［52］傅辉.插花地对土地数据的影响及处理办法［J］.中国社会经济史,2004
　　（2）.

［53］覃影.边缘地带的双城记——清代叙永厅治的双城形态研究［J］.西南
　　民族大学学报（人文社科版）,2009（2）.

［54］冯贤亮.疆界错壤:清代"苏南"地方的行政地理及其整合［J］.江苏社会
　　科学,2005（4）.

［55］王彩红.康雍乾时期河北地区的农业灾害与农民的经济生活［D］.陕西
　　师范大学,2003.

［56］李晓晨.近代直隶天主教传教士对自然灾害的赈济［J］.河北学刊,2009
　　（1）.

［57］王恩涌.关于"人地关系"的发展与认识［J］.人文地理,1991（3）.

［58］姜建设,陈隆文.从"卫河三便"之策看卫河水运价值［J］.河南科技学院
　　学报,2015（5）.

［59］陈隆文.水源枯竭与明清卫河水运的衰落［J］.河南大学学报（社会科学
　　版）,2016（5）.

［60］周媛.河流主导的浚县古代城市发展［D］.郑州大学,2011.

［61］王维.明清时期卫河水运与沿岸城镇发展趋向研究［D］.郑州大学,2017.

［62］刘卫帅.水运与卫河流域中小城镇的发展［J］.华北水利水电大学学报
　　（社会科学版）,2015（1）.

［63］郑民德,李德楠.明清漳、卫交汇及其对区域社会的影响［J］.中原文化
　　研究,2017（5）.

［64］郑民德.明清华北运河城市变迁研究——以馆陶县为例［J］.城市史研究,2017(2).

［65］闫金伟.引漳入卫及其对鲁北沿运地区的影响［J］.聊城大学学报(社科版),2011(2).

［66］刘燕宁.明清时期南运河水环境的变迁及其对区域农业的影响［D］.聊城大学,2015.

［67］胡梦飞.河患、信仰与社会:清代漳河下游地区河神信仰的历史考察［J］.山东师范大学学报(人文社会科学版),2016(6).

［68］胡梦飞.漕运与信仰:清代临清漳神庙的历史考察［J］.聊城大学学报(社会科学版),2016(6).

［69］李令福.论华北平原二年三熟轮作制的形成时间及其作物组合［J］.陕西师大学报(哲学社会科学版),1995(4).

［70］李秋芳.明清华北平原高粱种植的崛起及其原因［J］.北方论丛,2014(2).

五、资料汇编、报刊及其他

［1］王庆成.稀见清世史料并考释［M］.武汉:武汉出版社,1998.

［2］陈振汉,熊正文,李湛,等.清实录经济史资料(顺治—嘉庆朝) 1644—1820 农业编［M］.北京:北京大学出版社,1989.

［3］河北省旱涝预报课题组.海河流域历代自然灾害史料［M］.北京:气象出版社,1985.

［4］中国气象局.中国近五百年旱涝分布图集［M］.北京:地图出版社,1981年.

［5］中央气象局、中央气象研究所编.华北、东北近五百年旱涝史料［M］.北京:中央气象局研究所,1975.

［6］水利水电科学研究院.清代海河滦河洪涝档案史料［M］.北京:中华书局,1981.

［7］水利水电科学研究院.清代黄河流域洪涝档案史料［M］.北京:中华书局,1993.

［8］沈云龙.中国近代史料丛刊［M］.台北:文海出版社,1971.

［9］李文治.中国近代农业史料［M］.北京:生活·读书·新知三联书店,1957.

［10］中国人民大学清史研究所、档案系中国政治制度史教研室合编.康雍乾时期城乡人民反抗斗争资料［M］.北京:中华书局,1979.

［11］政协河南省浚县委员会文史资料研究委员会.浚县文史资料(第1—5辑)［M］.

[12]中国地理学会历史地理专业学术委员会《历史地理》编辑委员会.历史地理(1—23辑)[M].上海:上海人民出版社,1981—2008.

[13]《民国22年黄河水灾调查统计报告》,黄河水利委员会档案馆,档案号:MG1·1-7.

[14]魏县人民政府网:http://wx.hd.gov.cn/wMcms_ReadNews.asp? NewsID=296,2010年6月8日.

[15]清畿辅舆地全图(第五册)[M].

[16]谭其骧.中国历史地理地图集(清代)[M].北京:中国地图出版社,1987.

后　记

　　卫河系一条天然河流,是在古代清水、白沟、永济渠等基础上经过人工开挖、串联沟通逐渐演变而成的。历史时期,其规模虽不比"四渎",但却左右着王朝兴衰,地位极其重要。

　　东汉末期,为运输北伐军粮,曹操在今浚县西南之枋头,"遏淇水入白沟",在自然河道的基础上开挖沟渠,形成卫河雏形。之后,隋炀帝杨广以洛阳为中心开凿大运河,在汲县(今卫辉市)城西将清水连入其中。因清水系卫河前身,故卫河从此成为隋唐大运河系统中永济渠的一段。宋元时期,卫河称为御河,长期为南粮北运的漕粮通道、王朝生死存亡的经济命脉。明清时期会通河开通,将运河取直,江南漕粮无须再经由卫河北运。然因卫、运在临清交汇,卫河仍承担着河南漕运及运河水源补给的重任。直到20世纪60年代之前,卫河上依旧帆樯如织,客货船只可顺流而下,直抵天津。卫河的畅流不仅形成沿岸独特的河流文化与景观,其沟通南北交流地位的演变还影响着区域社会及中国历史的发展走向。

　　我的家乡就在卫河岸边,对卫河的历史我早有耳闻,但真正以学术研究视角审视卫河,则始于十余年前攻读博士之时。历史时期卫河的重要作用与影响加上桑梓之情让我属意于此,而当时的有关研究仅限谭其骧、张修桂等几位先生关于卫河水系形成的几篇论文,研究成果之薄弱与卫河的历史地位极不相称,故经与导师沟通,确定卫河为研究对象,并最终以水灾为切入点,探讨清至民初卫河流域的人地关系为自己的博士论文选题,开启卫河流域专题研究的先河并一直持续至今。

　　"莫听穿林打叶声,何妨吟啸且徐行"。十余年来,我努力前行,围绕卫河相继发表了一系列论文,获批从厅级、省级到国家社科基金的各级项目,这充分说明社会各界对我这一研究主题的肯定与认可,也逐渐形成了自己以卫河为对象的研究特色。尤其是2014年大运河入选世界文化遗产名录、习主席指示振兴运河文化带后,运河文化研究勃兴,卫河的问题逐渐受到关注,成果开始增多,其研究价值和意义凸显,更坚定了我持续研究下去的信心和决心。

"风雨砥砺,岁月如歌"。回首来时路,不曾留遗憾！感谢我的博导靳润成教授、硕导袁祖亮教授,是两位导师引我入学术之门,在本书出版之际还拨冗为本书赐序！是你们的教诲与鼓励让我今天能有些许成绩,提携之恩,铭刻于心！感谢南开大学常建华、余新忠等教授的不吝赐教以及在本书写作过程中给予我支持帮助和提出修改建议的所有前辈、同仁！感谢入职以来历史文化学院、社科处等部门领导、老师的关心与鼓励,篇幅所限,恕不一一列出。山高水长,永怀感恩！

本书的顺利出版还得益于河南省高等学校哲学社会科学优秀著作出版基金的资助,郑州大学出版社及出版社为本书出版设计、排版、校对的诸位老师的辛苦付出,在此深表谢意！

一路走来,还要感谢我的家人在背后的默默支持和付出！你们永远是我努力前行的强大后盾和不竭动力！

本书乃我第一本专著,虽经数次修改,奈本人才疏,又囿于资料所限,书中不当之处难免,恳请读者批评指正。

孟祥晓

2019 年 10 月 8 日于河南师范大学